江西师范大学人才引进启动经费资助项目
国家自然科学基金资助项目（No.31172142、31672344）
中南林业科技大学森林保护学湖南省"十二五"重点学科资助项目

湿地昆虫
WETLAND INSECTS

◎ 黄安平　魏美才　罗庆怀　编著

中国农业科学技术出版社

图书在版编目（CIP）数据

湿地昆虫 / 黄安平，魏美才，罗庆怀编著 . —北京：中国农业科学技术出版社，
2018. 10

ISBN 978-7-5116-3806-9

Ⅰ.①湿… Ⅱ.①黄… ②魏… ③罗… Ⅲ.①洞庭湖—沼泽化地—昆虫—介绍
Ⅳ.①Q968.226.4

中国版本图书馆 CIP 数据核字（2018）第 168772 号

责任编辑　崔改泵　李　华
责任校对　贾海霞
出 版 者　中国农业科学技术出版社
　　　　　北京市中关村南大街12号　　邮编：100081
电　　话　（010）82109708（编辑室）　（010）82109702（发行部）
　　　　　（010）82109709（读者服务部）
传　　真　（010）82106650
网　　址　http: // www.castp.cn
经 销 者　各地新华书店
印 刷 者　北京富泰印刷有限责任公司
开　　本　787mm×1 092mm　1/16
印　　张　17.5
字　　数　353千字
版　　次　2018年10月第1版　　2018年10月第1次印刷
定　　价　82.00元

《湿地昆虫》

编著委员会

主 编 著：黄安平　魏美才　罗庆怀

副主编著：于海丽　牛耕耘　游兰韶　曾爱平

编著人员：童新旺　游兰舫　游　湄　徐永新

　　　　　柏连阳　周志宏　苏　品　陈永年

　　　　　刘玉娥　李夕英　李志文　毛薪源

　　　　　王小平

内容简介

本书按照国际湿地公约（1971）和湖长制的要求探讨湿地昆虫及其治理。比较全面地介绍了国内外对湿地昆虫的研究概况，主要内容包括：湿地生态系统的主要生产者荻、芦及其伴生植物，荻、芦如何成为湿地的优势种及其在湿地的生态功能，湿地植被群落演替以及它们对湿地昆虫的分布和消长动态的影响，洞庭湖湿地昆虫种类和专一性害虫，湿地昆虫分布和六大动物地理分布区的关系，国内外湿地其他相关种类动物的研究概况，湿地植被和昆虫对水质的调控作用，国内外湿地生态系统功能修复治理的实例和经验，用分子数据分析方法研究湿地昆虫，湿地昆虫滞育的研究。

本书涉及湿地植物学、昆虫学、湿地生态学等研究领域，对湿地昆虫生态系统功能和湿地修复的研究工作具有较重要的指导意义，本书可供湖长和大专院校相关专业师生阅读，并可作为相关专业的硕士和博士研究生参考用书。

前　言

当前国内外在全球气候变化、环境、保护水资源、保护全球生物多样性（植被、动物等）方面做了大量工作，湿地昆虫的研究正处于鼎盛时期。虽然概括湿地昆虫的著作极少，但及时反映湿地昆虫的研究应该是一个有益的尝试。完整的湿地昆虫研究，必须掌握水科学（Hydrology）、植物生态学（Plant ecology）、昆虫形态学（Insect morphology）、昆虫分类学（Insect taxonomy）、昆虫生态学（Insect ecology）及昆虫生物地理学（Insect biogeography）［昆虫地理分布（Geographic distribution）］，最好还要掌握分子系统学（Molecular systematics）等知识，本书就是为这些读者设计安排的。早在1975—2013年（湖南）、1989—1993年（湖北）就有洞庭湖荻、芦害虫识别和治理的研究，并做了大量的工作，可惜的是出于经济考虑，不是从湿地和湿地生态学的视野来研究这一课题，研究范围局限于荻、芦害虫，并且未涉及湿地昆虫和洞庭湖湿地生态服务功能修复等内容。到21世纪初期，洞庭湖湿地生态专著出版（谢永宏等，2014）。鉴于洞庭湖是湖南省生态安全、粮食安全和水利安全的重要基地，并试图将洞庭湖湿地和周围城市打造成为全国重要的农业示范区，湖南大学出版社（2011—2014年）出版了10余本"洞庭湖生态经济区研究"丛书，其中赵运林等（2014）专业地从生态学角度，深入接触洞庭湖湿地生态的实质性问题，按"国际湿地公约"（1971）的内容和方法提出可行的治理方法。按"国际湿地公约"的要求继续按赵运林等的主题展开，撰写并完成本著作。

生产实际的需要和科学研究的发展，使湿地生态系统功能的研究已经提到日程上来，本书就是在这一时期产生的。它以生态学的观点，而不是单从形态学和生物学的角度审视评估洞庭湖的生态功能价值。从洞庭湖的治理历史体会到应采取比较现实的观点，实现"湿地生态系统服务功能修复"这一目标。

本书主要把获、芦作为湿地生态系统的主要生产者详细研究；讨论湿地植被群落演替和植被群落演替对昆虫的影响；湿地植被对水质的控制及湿地昆虫调控湿地水质等；并用昆虫生态学的方法研究湿地昆虫；介绍洞庭湖湿地昆虫种类，主要昆虫生物学和湿地昆虫在六大动物地理分布区的地理分布，地理分布这一章适当加入国外研究湿地昆虫时如何修复湿地的内容；介绍国外完成的和洞庭湖湿地相同种类动物和昆虫的研究成果；报道国外将分子系统学应用于湿地昆虫研究，以提高我国湿地昆虫研究的水平；推荐江苏盐城沿海滩涂湿地修复、治理和利用的成果和经验。

当前国内外湿地昆虫的研究发展速度之快，发表论文数量之多，令人钦佩。据统计1993—2015年的国外湿地昆虫论文就有886篇（web of science，http://isiknowledge.com）。

本书反映现阶段的湿地昆虫研究成果。在撰写本书过程中承蒙以下专家鉴定标本，他们是 C. van Achterberg博士（荷兰皇家自然历史博物馆）、Valentine H. C.博士（Ohio州立大学，美国）、Christopher H. C.博士（英国自然历史博物馆）、方承莱研究员（中国科学院动物研究所），并得到陈绍鹄先生、李参教授、曾赞安博士、谢永宏博士、邱道寿研究员、周善义教授、赵运林教授和万传星教授等的支持，在此一并表示感谢。

本书力求反映这一学科的主要研究内容，并将多年来的研究工作渗入其中。因世界范围之广，湿地昆虫研究论文之多，资料分散，不易求全，要收集成册亦非易事。编著者选择权威可信的专家所做的研究，祈望能在我国湿地昆虫研究中起一点作用。作为初步尝试，限于对国内外研究的理解水平及科研经验的局限性，定有不少错误和遗漏，不当之处，请不吝指正。

编著者
2018 年 6 月于长沙

目　　录

第一章 绪 论

第一节 洞庭湖的范围及其治理的紧迫性

一、洞庭湖范围

6亿年前，湖南和湖北的南部均为大海，因地壳变化成褶皱带，形成雪峰山脉，经过1亿多年地壳运动，山脉东段陷落，成原始洞庭湖盆地。当前，洞庭湖是湖南省最大的湖泊，也是我国第二大淡水湖。区域北起长江流域中游湖北荆江河南岸，南至湘阴、益阳和沅江丘岗地界，东及岳阳和汨罗湘江东岸，西临澧县、桃源和汉寿西部丘岗岸边，海拔高度一般在25~50m，洞庭湖地区总面积为18 780km²，其中湖南省面积为15 200km²，占总面积的80.9%，湖北省面积为3 580km²，占总面积的19.1%（湖南省林业厅，2011；李跃龙等，2014），亦有说洞庭湖区水系指四水水系以北，总面积31 768km²，地垮湘、鄂、赣3省（钟声等，2014）（图1.1、图1.2）。

二、洞庭湖治理的紧迫性

湿地是地球的肾脏。洞庭湖是我国第二大淡水湖，是目前长江出三峡进入中下游平原后的第一个吞吐性通江湖泊。不仅具有维系长江中下游防洪安全的功能，也是多种昆虫的栖息地。多年来长江上游和四水流域森林植被破坏严重，造成严重水土流失，中下游泥沙淤积，河床湖底抬高，植被破坏，导致植被涵养水土功能丧失。人为开发利用湖泊江滩，抢占河道，阻洪碍洪，围湖垦殖，降低了湖泊天然调蓄功能，生态环境破坏（李跃龙等，2014）。近年来由于人类不合理的开发利用（围垦）和大范围的人为水利工程（三峡水库）等因素的影响致使湿地面积不断萎缩，湿地生态环境恶化，生物多样性遭受破坏（谢永宏，2014）。为挽救洞庭湖湿地，了解湿地昆虫的种类和分布，保护野生自然资源（如荻和芦苇）是保护湿地及湿地植被的一项基础工作。

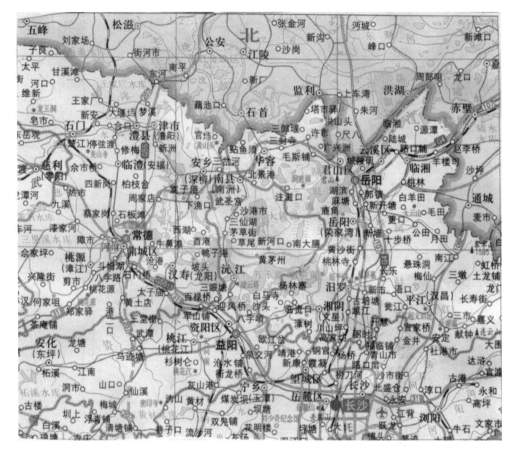

图1.1　洞庭湖（包括湖南和湖北两省）

（仿谢永宏等，2014）

三、洞庭湖湿地

自2011年至今，湖南省出版了12本关于洞庭湖的著作，其中5本讨论洞庭湖湿地，除赵运林等（2014）、谢永宏等（2014）外都没有提到湿地的定义是什么，洞庭湖为什么属于湿地。这是一个很重要的问题。湿地是指天然或人工和永久或暂时的沼泽地、泥炭地和水域地带，以及带有静止或流动的淡水、半咸水和咸水水体，包括低潮时水深不超过6m的海域。湿地既是重要的自然资源，也是人类经济社会可持续发展的战略资源，它同森林和海洋一道被称为地球三大生态系统，具有保持水源、净化水质、调洪蓄水、储碳固碳、调节气候和保持生物多样性等多种不可替代的综合服务功能，并为人类社会提供多种资源和产品（中华人民共和国国际湿地履约办公室，2013）。过去20多年来因不清楚湿地定义，没有掌握湿地生态服务功能这一重要概念，出于经济利益的考虑（造纸），只重视荻群落 [Form. *Miscanthus sacchariflours*（Maxim）Benth. et Hook. f.] 和芦苇群落 [Form. *Phragmites australis*] 昆虫的治理研究，片面使用和掠夺荻、芦资源，影响湿地的保存和稳定，洞庭湖产生的许多问题都直接或间接和荻、芦有关联。如片面追求荻、芦产量，滥用农药化肥，破坏湿地生态系统功能等。

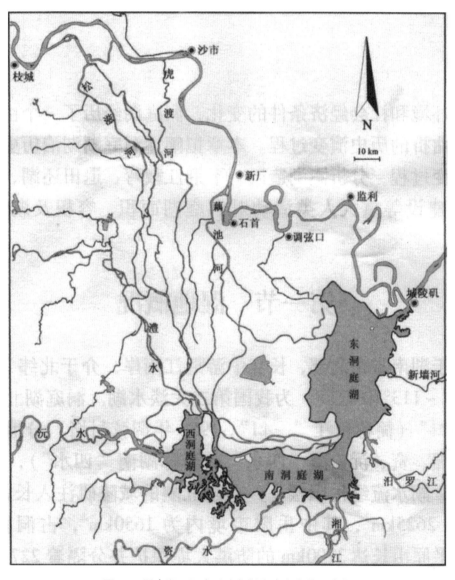

图1.2 洞庭湖，示水系（包括湖南和湖北两省）

（仿谢永宏等，2014）

第二节　生态系统服务功能

当前，已经找到对策。赵运林、董萌（2014）按国际湿地公约（1971）要求，提出了湿地生态系统服务功能的概念，并建议应用到洞庭湖修复实践中。

一、基本概念

湿地生态系统服务是湿地生态系统所提供的能够满足人类生活需要的条件和过程，即湿地生态系统发生的各种物理、化学和生物过程为人类提供的各项服务（赵运林等，2014）。生态系统服务（ecosystem services）是自然生态系统提供的资源和过程，它对人类有利（如昆虫对作物授粉、湿地过滤湖水），支持地球上的生命，提供并加入许多经济上的内容，支持人类的生活方式。生态系统服务可以起到管理环境的作用，即环境管理（Wratten et al，2013）。

二、湿地和荻、芦的服务功能

（一）调节径流，控制洪水

湿地能将过量的水分储存起来并缓慢地释放，使水分在时空上进行重新分配。过量的水分，如洪水，被贮存在土壤（泥炭地）中或以地表水的形式（湖泊和沼泽等）保存着，故可以减少下游的洪水量。湿地植被如荻、芦可减慢洪水流速，进一步减少洪水的危害。

（二）滞留与降解污染物，净化水质

湿地有"地球之肾脏"之称，是因其具有减少环境污染的作用。当水体流经湿地时因水生植物的阻挡作用，缓慢的水体有利于颗粒物的沉积，许多污染物质吸附在沉积物表面，随同沉积物而积累起来，从而有助于污染物储存和转化。一些湿地的水生植物如挺水植物，所富集的重金属浓度比周围水体高出10万倍以上。荻和芦苇等已成功地被用来处理污水，其中荻和芦苇对水体中污染物质的吸收、代谢、分解、积累和减轻水体富营养化等具有显著效果，尤其对酚、有机氯、磷酸盐和重金属盐类悬浮物等的净化作用尤为明显。通过测定太湖湿地中的芦苇根茎发现，"六六六"和"DDT"含量为水体含量的125倍和2 933倍；另有学者研究表明，在镉含量为3mmol/L的污水中，芦苇幼苗没有表现出明显受害症状，故芦苇对处理镉含量较高的

工业污水具有很大应用价值。在人工芦苇湿地中,芦苇对BOD、COD、TN和TP平均去除率分别为85.72%、76.36%、49.34%和29.39%。在芦苇根孔净化污水的研究中发现,污水经过土层一定时间处理后,得到净化,其中对TP的净化能力最大,达到85.8%~92.4%,TN为41.3%~43.5%,COD为29.8%~54.1%。以上结果表明,荻、芦湿地系统对净化湖泊和水库的水质具有非常重要的作用(赵运林等,2014)。

(三)调节气候,改善大气质量

芦苇是湿地主要的植物资源,素有"第二森林"之美称。芦苇根系从土壤吸收大量水分后,大部分通过茎叶的气孔以水汽的形态逸入大气中。其蒸腾系数为637~862,即生产1t芦苇要蒸腾70t左右的水分。这一生物调节作用能有效地净化空气,芦苇不但能够湿润空气,而且能够通过光合作用吸收空气中大量的CO_2(赵运林等,2014)。

(四)固碳服务效应

全球气候持续保持变暖,CO_2起了一定的作用,它导致了温室效应,影响全球气候变化。湿地对全球范围的碳循环有着显著的影响。湿地丰富的泥炭储存,可以作为潜在CO_2的一个重要的"汇"。湿地经过排水后,改变了土壤的物理性状,地温升高,通气性得到改善,植物残体分解速率提高,有机残体分解过程中产生大量的CO_2气体排放至大气,湿地有可能表现为碳的"源"。湿地固定碳的量包括土壤的贮存碳与植物的固定碳两个方面(赵运林等,2014)。

进一步说,湿地是陆地生态系统重要的碳库,湿地生态系统的碳贮量变化在全球陆地生态系统碳循环和全球气候变化中具有非常重要的作用。湿地经人为干扰后,碳的分解速率非常快,以至于几千年储存的碳在短短几年内释放到大气中,成为温室气体的源,大大加快了全球气候变暖的过程。因此,保护好湿地和保证湿地吸存碳的潜力尤为重要,必须制定保护湿地的相关措施(赵运林等,2014)。因为湿地作为温室气体的储存库,保护和恢复湿地可以减少温室气体的排放,增加湿地对温室气体的吸收和储存,有利于减缓气候变化的影响。最近又有研究证实以上说法,Ruffing等(2016)的研究给出了沿怀俄明州东南部山区源头河流的6个研究河段的河岸走廊的部分碳预算,以评估历史上人为干扰(大范围砍伐树木)对当代碳储存的影响。研究提出碳预算(贮存量)以生物总量表示,生物总量的详细测定是测定激流的碳的组成,包括微细和粗糙的有机物和河边的森林,也测定河流岸边地区生物总量,包括活或死的量,再生针叶树、灌木、草本植被、倒下的树木、地面的树叶和落叶层(部分腐烂树叶)。结果表明河岸地区碳储存是河流的2倍,虽然在干扰条件下,河岸地区和河流的总体碳储量相似,但是在非人为干扰的系统中,储存在河流中大树木和河流平原上倒下的树木中的碳量相对人为干扰地区明显要高一些，这些研究表明，人为干扰确实影响了该地的碳储存。所以湿地碳储存可以作为湿地人为干扰的一个定性指标。

三、湿地生态系统服务功能修复

本书从湿地生态系统服务功能修复（restoration of ecosystem services effect in wetland）的角度，配合长江生态经济发展带，提出在当前现状和实际情况下能够优先完成的或已完成但需坚持的是生态系统服务功能修复工作，具体如下。

（一）退田还湖

退田还湖最主要和直接的生态效益就是增加了湿地面积。退田还湖大大减少了人们生产和生活对湿地的影响和干扰，使圩内水草、荻、芦和鱼类等湿地生物资源得以逐渐恢复，将扩大和恢复鱼类索饵和繁殖（产卵）的场所，扩大鸟类栖息地和增加候鸟的食物源。

（二）地方湿地立法

湿地的生态系统服务功能：供给水源调节径流、净化水质、维持生物多样性、调节气候、区域生态安全（赵运林等，2014）。以上生态服务功能都要通过湿地水资源实现，所以省、市和县要给湿地立法。

（三）国家政策

2017年，中共中央办公厅、国务院办公厅发布《关于在湖泊实施湖长制的指导意见》，并初步获得成效。

四、洞庭湖湿地生态系统服务功能修复和昆虫的关系

2011—2015年出版的12本"洞庭湖生态经济区研究"丛书中，有2本明确湿地生态功能修复（Restoration）的观点（赵运林等，2014；钟声等，2014）。鉴于当前洞庭湖不如人意的状况及已有基础，生态系统功能修复是符合当前的实际情况，也是能够做到的。

（一）问题的提出

尽管生态系统服务功能和湿地功能是两个概念，但早有提出恢复湿地及其生物多样性（国际湿地公约履约办公室，2013）、保护湖区湿地功能（李跃龙等，

2014）、环境修复（钟声等，2014）、修复湿地（Batzer & Wissinger，1996）、生态修复（Brady，2002）。赵运林等（2014）把此观点详加论述，专著内提到作为消费者的昆虫，论述进一步指出生物多样性原理，要求不仅保护物种多样性，更重要的是恢复与保护遗传多样性和景观多样性。

（二）洞庭湖湿地昆虫为什么要参加湿地生态系统服务功能修复

要保护好湿地生态系统生产者——湿地植被，就必须治理湿地消费者——昆虫。当前洞庭湖已知湿地植物265种，昆虫200多种，以下章节将分别详细介绍植物和昆虫的各项研究内容，昆虫作为湿地生态系统的一个重要成员可以给予具体措施，配合湿地生态系统功能修复。

第三节　荻、芦和洞庭湖湿地的历史渊源

湿地生态系统功能修复离不开荻、芦，此外，本书为讨论洞庭湖湿地昆虫的专著就必须详细研究介绍湿地优势物种即生态系统的生产者——荻、芦。

一、历史

东晋永和年间（345—346年），由于荆江大堤的兴筑，促使荆江的河床逐渐发育。其后，在洞庭湖湖南面出现青草湖，西面出现赤沙湖，但三湖还不相连，估计面积在2 500km²以内。到唐宋时代，洞庭、青草和赤沙三湖连成一片，成为统一的洞庭湖，湖南3 500km²左右（陈心胜和谢永宏，2014）。历史过程中同时生长了荻、芦和苔草等湿地水生植被，经几百年的湿地植被群落演替，以上3种植物并未淘汰。经2004—2005年调查，植被格局演变情况如下。

洞庭湖各湿地植物群落分布面积差异显著。洞庭湖湿地中以荻群落的分布面积最大，高达9.05万hm²，其次为苔草群落，面积为2.60万hm²，再次为杨树，面积达1.94万hm²，此外，主要湿地植物群落多样性指数群落间存在明显的差异。多样性以狗牙根群落最高（0.76），其次为芦苇+杨树群落（0.53）、水芹群落（0.57）、野胡萝卜群落（0.53）和荻群落（0.53）。整体看来，洞庭湖湿地各植物群落的多样性水平不是很高，调查研究发现，随着距湖边距离的增加，荻群落多样性指数呈明显增加趋势，而苔草群落则呈现先增加后降低的变化趋势，这是物种特性及湿地水条件长期共同作用的结果（李峰等，2014）。

二、荻、芦特性

数百年来，历次湿地植被群落演替，荻、芦成长为面积最大的优势湿地物种有形态上的适应和生理上的原因。

（一）形态学

（1）叶是绿色植物重要的营养器官，它的主要生理功能是进行光合作用制造有机物，供植物生长、发育需要。因此叶的生长发育与荻和芦苇茎秆质量直接相关。

（2）荻叶片叶脉的维管束鞘由一层发达的薄壁细胞组成。鞘细胞内含很多大的叶绿体，鞘细胞周围的叶肉细胞排成"花环"形，为C_4植物的结构。而芦苇的叶片维管束鞘由两层细胞组成，内层为厚壁细胞，外层为薄壁细胞。薄壁细胞内不含或很少含叶绿体，鞘周围的叶肉细胞排成"花环"形，为C_3植物的结构。

（3）长江流域洲和滩荻苇，每逢夏、秋洪水季节，都有或长或短或深或浅的淹水情况，特别是淹水时间长，而且淹的水是浑水，植株中部和上部节位腋芽诱发5～20cm长、1～2cm粗的气生茎，其上生芽，芽又抽发为短的茎，结果形成丛生的短茎群，外形似鸡爪，取名为鸡爪茎。每条"鸡爪茎"可生芽长根，是一处繁殖体。这种茎和根的出现，是在湿地适应长江流域或洪水季节这种特殊的生态条件（环境）而形成的。"鸡爪茎"作为繁殖体，得到了比较好的效果。芦苇在淹水期间，新茎形成庞大的不定根系，在芦苇生活史中起着决定性的作用。芦苇质量，取决于淹水延缓的时间和水生不定根系的作用（谢成章等，1993）。

（4）荻和芦硅含量与几种禾本科植物籽实相比较，和水稻类似，硅的含量均较高，与荻和芦有一段时间生活在水湿地有关。硅分布于植物体中，有利于组织更加坚实，这是一种适应性。

（5）荻和芦根部所居土壤环境条件与大气条件相比，是比较稳定的，一般生理功能没什么大的变化，因此，荻和芦根的形态结构是比较稳定的（谢成章等，1993）。

（二）生理学

（1）芦苇有一定的耐盐性。

（2）荻和芦植物体中的干物质中有10%～15%来自土壤肥料，85%～90%来自光合作用所合成的有机物质，这些物质除了用于构成植物体之外，还有许多是植物各种生理活动所需的营养物质。荻和芦苇在合成有机物质的过程中，便将光能转变成化学能贮藏在有机物中。

（3）叶片内叶绿素的含量与光合速率有关，它们呈正相关，但这种相关性，仅在有叶绿素含量的范围内存在。荻的光合速率与玉米的接近，而比水稻高出50%以上，叶绿素a/b比值也同玉米不相上下，而比水稻高出0.42。从荻叶片的切片观察也证明，荻的维管束鞘细胞内含许多大的叶绿体与玉米叶的维管束鞘相似。研究证明，C_4植物的光合速率在40～80mgCO_2/（dm^2·h），叶绿素a/b值为3.9±0.6，维管束鞘细胞内含有许多大的叶绿体。从荻的光合速率和叶片结构来看，属C_4植物。

芦苇的光合速率没有进行过研究，但从叶片维管束鞘的结构来看，它的鞘细胞内不含或含很少叶绿体，属于C_3植物的类型（谢成章等，1993）。

荻、芦有以上特点才能至今仍然成为洞庭湖湿地的优势植物，若淘汰荻、芦会使湿地植被群落结构产生变化，不利于湿地稳定和修复。

第二章　与湿地昆虫研究有关的生态学理论

湿地是地球的肾脏，本章尽量反映湿地昆虫生态学内容，主要讨论洞庭湖湿地昆虫，介绍和湿地昆虫有关的洞庭湖概况，保护修复洞庭湖湿地。湿地昆虫生态学研究是有一定要求的（Batzer & Wissinger，1996），内容有讨论湿地昆虫的种群生态学和群落生态学，包括动植物群落结构、湿地昆虫和环境、植被与寄生蜂和猎物等的相互关系。按以上要求，本书有关章节详细讨论湿地昆虫（害虫和天敌）及和昆虫有密切关系的湿地植被如荻（*Miscanthus sacchariflorus*）、芦苇［（*Phragmites australis*）（禾亚科 Agrostidoideae）］及其伴生植物如虉草（*Phalaris arundinacea*）、水芹（*Oenanthe javanica*）、苔草（*Carex tristachya*）、一年蓬［*Erigeron annuus*（L.）Pers.］、辣蓼（*Polygonum hydropiper* L.）、猪殃殃（*Galium aparine*）和齿果酸模（*Rumex dentatus* L.）等。

第一节　种　群

在种群生态学方面，本书突出国外近几年发表的第三营养级别（寄生蜂）的种群动态，以区别于国内已有的生态学专著。

一、种群定义及特征

（一）种群定义

种群（population）指在一定时间内占据一定空间的同种生物个体的集合群，是物种以下的单元，是一个物种的一部分，如荻种群（silvergrass population）、芦苇种群（reed population）。数种生态相似的个体的集合群体（如寄主与寄生物之间）称混合种群。此处只讨论昆虫学有关方面的内容。

（二）自然种群的基本特征

（1）种群有一定的组织和结构，并随时间和空间而变动，具有数量特征。

（2）种群具有遗传性，并与生存条件相互作用而发展，种群具有一定基因组成，以区别于其他物种。

（3）种群是以一个整体与环境发生关系，有一定分布区域。

（4）种群数量变动的发展过程包括出生和死亡等。

种群生态学的研究分为：自然种群、实验种群、理论种群3个范围。

二、种群的结构

种群的结构也称为种群的组成，指种群内某些生物学特性互不相同的各类个体群在总体内所占的比例的分配状况，主要是性比和年龄组配，其他还有多型现象产生的各类生物型，如有翅型、无翅型等。

（一）性比

组成种群的个体成分有雌雄的区别，通常雌：雄=1：1，但由于各种环境因子的影响，使正常的性比发生变化，引起种群数量消长。

（二）年龄组配

年龄组配即种群内各年龄组〔芦毒蛾（*Laelia coenosa candida* Leech）卵、各龄期幼虫和各级蛹和成虫等〕的相对百分比（发育进度），年龄组配随时间的推移而变化。

年龄组配与湿地昆虫在苇田的发展趋势有密切的关系：一是发生期预测的依据。二是可以预见未来种群数量的趋势，具有高比例年龄小的个体，种群将急剧扩张；具有均匀的年龄分布，种群趋向于稳定；具有高比例的老年个体，种群将趋向于衰退。三是有助于了解当时种群的生存及生殖力，如芦毒蛾1～2龄为主的种群死亡率可达50%以上，而大龄幼虫死亡率较低。

（三）多型与数量增长

许多昆虫有多型（态）现象。这些类群不但在形态上有一定的区别，更重要的是在行为和生殖能力上常有显著不同。例如高粱长蝽（*Dimorphopterus spinolae*）有长翅型和短翅型，在小生境不适宜时，长翅型增多并随即迁移他处。

三、昆虫种群动态类型

一定的种群有一定的动态类型，昆虫种群数量动态，一是决定与种群的生理、生态特征及适应性，二是栖息地等外在因素。种群的种的特性及栖息地的地理特点（如地形、区域性气候、湿地水资源、植被种类和寄主等）在相当长的时间内都决定昆虫动态类型或使昆虫有相对稳定的动态类型，因此，种群数量的动态类型也是种的特性，正如昆虫的形态及生活方式是种的特性一样。掌握种群的特性和动态类型，有利于预测或估计种群变动的趋向。

（一）种群在栖息地区（地理上）的数量分布动态

在自然界常可以看到一种虫在其分布区域内种群密度差异很大，有的地区种群密度常年维持高水平状态，称为该种群发生基地和发生中心；还有种群密度波动区，就是该种昆虫有的年份发生多，有的年份发生少，这就是种群的数量分布动态。昆虫种群的消长是种群种的遗传特性受外界生物的或非生物的环境条件的影响。

（二）种群密度的季节性消长类型

湿地昆虫的种群密度随着自然界季节性消长。在一化性的昆虫中，季节消长比较简单，在一年内种群密度常只有一个增殖期，其余呈减退状态。多化性昆虫的季节性消长就复杂得多了，而且因地理条件而变化极大。现就几种重要的害虫归纳如下。

1. 斜坡型

种群数量仅仅在前期出现生长高峰，以后各代便直趋下降，如湿地黏虫。

2. 阶梯上升型

即逐代逐季数量递增，如芦毒蛾和泥色长角象（*Phloeobius lutosus* Jordan）。

3. 马鞍形

常在春、秋季节中期出现高峰，夏季常下降，如食荻色蚜。

4. 抛物线型

常在生长季节中期出现高峰，前后两头发生均少，如斜纹夜蛾和稻苞虫等。天敌昆虫因与寄主同步（协同进化），亦会出现上述类型，以天敌昆虫来说，其种群季节性消长原因是由种的主要特性及其寄主的季节性变动互相联系形成的。

四、种群的空间格局

任何一个湿地昆虫种群在湿地占据着一定的空间生活场所，拥有一定的食物供应范围和活动领域。从静止观点来看，表现为湿地昆虫种群在空间相对静止的散布状况；从动态观点来看，种群在空间上总是变化着，扩散或聚集种群空间动态就是研究种群数量在空间上分布和发展的规律（戈峰，2008）。

（一）湿地昆虫种群的空间分布图式

分布图式包括两方面的内容：分布是数量统计学上变量的分布，有潘松Poisson分布、正二项分布和负二项分布3种；图式指空间定位表现出来的图式，有随机分布、均匀分布和聚集分布3种，分布和图式存在对应关系。例如我们可以调查昆虫在苇田的分布数据判断其在湿地的空间分布型（Spatial distribution pattern）。洞庭湖湿地荻、芦是优势种，植株高大，数百亩至上千亩连片，20世纪80年代至90年代初期，游兰韶等（1989，1991）曾调查湿地荻、芦两种蛀秆害虫的种群空间分布图式。

（二）实例

1. 棘禾草螟 [*Chilo niponella*（Thunberg）]

荻、芦植株高大，生长茂密，在苇田进行病虫调查十分艰辛，研究棘禾草螟幼虫空间分布型，了解湿地昆虫空间分布格局。

（1）棘禾草螟幼虫空间分布型。选择荻和芦混生田，连续剥查190m²。剥检荻和芦2 823株，得幼虫404条，其分布型研究结果见表2.1。从表2.1得知，二代棘禾草螟幼虫在密度为每平方米2.094 7头时，符合核心分布和嵌纹分布。用聚集度指数判断种群聚集情况，见表2.2。

表2.1　棘禾草螟幼虫空间分布型及卡方检验（沅江东南湖，1988）

每样方虫数（K）	实查频次（f）	理论频次（f）			卡方值（x^2）		
		潘松分布	核心分布	嵌纹分布	潘松分布	核心分布	嵌纹分布
0	34	23.390 4	37.420 7	35.412 2	4.182 4	0.312 7	0.563
1	44	48.995 8	46.063 4	48.438 2	0.509 4	0.092 4	0.406 7
2	53	51.315 7	40.593 4	41.631 8	0.056 3	3.791 8	3.166 7
3	27	35.856 4	26.871 0	28.544	2.176 3	0.121 3	0.083 5
4	14	18.763 5	17.887 8	17.189 5	1.209 3	0.818 7	0.591 8
5	9	7.860 8	6.147 8	9.474 3	0.165 1	0.079 7	0.023 7
6	2	3.830 5	5.000 0	8.987 7	6.976 8	3.840 7	0.000 0
7	3		3.953 4			2.347 8	
8	3						
9	1						
Σ	190				15.904 4	9.403 1	4.326 7

（续表）

每样方虫数（K）	实查频次（f）	理论频次（f）			卡方值（x^2）		
		潘松分布	核心分布	嵌纹分布	潘松分布	核心分布	嵌纹分布
df=4	$x^2_{0.05}$=9.49	$x^2_{0.01}$=13.28		自由度	n-2=5	n-3=5	n-3=4
df=5	$x^2_{0.05}$=11.07	$x^2_{0.01}$=15.09		频率	P<0.05	P>0.05	P>0.05
				适合度	不适合	适合	适合

表2.2　各聚集度指数测定值

代别及类型	平均密度（条/m²）	扩散系数（I）	扩散指数（Iδ）	负二项分布k值〔Ca（1/k）〕	平均拥挤度（m*/m）
二代，荻、芦混生地分布型	2.094 7	0.531 4 I>0聚集分布	1.253 Iδ>聚集分布	0.253 7 Ca>0聚集分布	1.372 5 m*/m>1聚集分布

（2）小结。1988年，南洞庭沅江东南湖湿地苇田荻苇处于稳长期，二代棘禾草螟幼虫在荻苇田的空间分布图式（分布型）为聚集分布（表2.2），原因是雌蛾产鱼鳞状卵块与幼虫扩散能力有关。但它的幼虫寄生蜂棘禾草螟盘绒茧蜂〔*Cotesia chiloniponellae*（You et Wang）〕在田间呈不均匀分布（徐冠军等，1991）。

2. 芦苇豹蠹蛾〔*Phragmatoecia castaneae*（Hübner）〕

芦苇豹蠹蛾是洞庭湖湿地为害荻、芦的主要害虫，分布在湖南、湖北和江西等省的芦苇产区。此虫在湖南沅江一年一代，幼虫的为害从5月中旬至11月。为了解该虫在湿地苇田的空间分布格局，1988—1989年在湖南沅江东南湖芦苇场对芦苇豹蠹蛾幼虫、越冬幼虫和蛹进行调查，结果如下。

（1）调查方法。选择湿地荻、芦混生田一片，在幼虫生长期、越冬期和蛹期分别按方向连续剥查190m²（2.85分地）、298m²（4.47分地）和600m²（9.01分地）。样点以平方米为单位，分别剥检芦苇2 523株、3 842株和7 639株，得幼虫207头、119头、蛹148头。将所得资料进行频次分布的适合性测验和聚集度指标测定。

（2）幼虫和蛹的田间分布型。芦苇豹蠹蛾幼虫喜湿，常集中在沟边、低洼的芦苇地，其频次分布结果如下。

频次分布检验结果如表2.3所示，在幼虫1.089 5头/m²的密度下，该幼虫在湿地苇田呈核心分布和嵌纹分布，嵌纹分布比核心分布符合得更好。越冬幼虫0.399 3头/m²时，在湿地苇田呈核心分布和嵌纹分布，较符合于核心分布。在平均有蛹0.247 6头/m²的密度下，该蛹呈核心分布和嵌纹分布，嵌纹分布比核心符合得更好。

另外该虫各虫态扩散系数I和Ca均大于0；平均拥挤度与平均密度的比值（m*/m）及扩散指数I_δ均大于1，同样证明了上述结论。

表2.3　芦苇豹蠹蛾幼虫、越冬幼虫和蛹的频次分布（沅江东南湖，1988—1989年）

调查时间	虫态	调查株数（株）	平均密度（头/m²）	潘松分布			核心分布			嵌纹分布		
				x^2	$x^2_{0.05}$	符合情况	x^2	$x^2_{0.05}$	符合情况	x^2	$x^2_{0.05}$	符合情况
11月19—21日	幼虫	2 523	1.089 5	7.972 6	5.99	不符合	1.649 9	5.99	符合	0.960 7	5.99	符合
2月17—19日	越冬幼虫	3 842	0.399 3	4.509 9	3.84	不符合	1.372 0	3.84	符合	1.724 0	3.84	符合
3月9—10日	蛹	7 639	0.246 7	12.571 0	5.99	不符合	1.320 8	5.99	符合	0.159 4	5.99	符合

五、种群的增长模型

种群数量的增加或减少取决于种群内在的各种特性和当时当地外界环境间相互联系，其数量上的动态，就是种群的生长型，可用数学模型来加以预测未来数量动态趋势，种群的生长型按时间函数的连续或不连续，可以分为两大类型。

（一）世代不重叠离散型昆虫种群数学模型

一年一代或一年只有一个繁殖季节的昆虫种群，表现为简单的单峰，在世代虫态不重叠的情况下，可以下式表达：

$$N_{t+1}=R_0N_t$$

式中：N_t为t世代时，种群内的雌虫数量；N_{t+1}为在$t+1$世代时，种群内雌虫数量；R_0为净生殖率（增殖速率），或每代每雌虫所生产的雌性后代数。

繁殖速率R_0为恒定的或繁殖速率R_0依某些条件而变动。$R_0>1$，则种群无限增长；$R_0<1$则种群数量不断减少；$R_0=1$时，种群趋于稳定。

（二）世代重叠昆虫种群数学模型

这种模式的假定条件适合于寿命很长的动物或生活史极短的世代完全重叠的昆虫或蜘蛛种群，说明在t时间的生长，只与t时间的环境条件有关。

种群增长与密度无关，即在无限环境条件下呈几何增长（"J"形生长型），如苇田食荻色蚜。

模型：$N_t = N_0 e r_m t$

式中：N_t为t时刻的种群数量；N_0为种群初始数量；r_m为种群的内禀增殖率（潜在增殖率）；t为时间（小时、天、周和月等）；e为2.718 28（自然对数的底）。

其中，r_m指种群在一定环境条件下所固有的内在增长能力，可以用"r"代表时，则$r = b - d$（b为出生率，d为死亡率），而r_m特指在最适环境条件下种群的最大增长能力。

以上的这种生长曲线模型（"J"形生长型）由于它的前提是一个无限环境条件下，无限的食料和空间条件下生活，因此有很大的局限性。以上的农业生态系中，表现为种群开始时按几何级数迅速增加，而至一定时间后由于受到环境因素的冲击而种群数量突然激减。

（三）有限环境中的种群逻辑斯谛增长—增长速度依赖于种群密度（"S"形曲线）

分析指数函数增长时，假定其食物及空间的供应是无限的，完全排斥了种群各个体之间对资源的竞争。实际上，种群常生存在资源供应有限的条件下，随着种群内个体数量的增多，即种群内密度的上升，对有限资源的种内竞争也逐渐加剧，个体间的死亡增多或生活力减弱，繁殖减少，种群的增长速率逐渐减少。

模型：$N_t = \dfrac{K}{1 + e^a - r_m^t}$

式中：N_t为t时的虫数；t为时间；K为环境所能负担的最大饱和虫量；e为自然对数的底；r_m为内禀增长率；a为环境阻力常数，a越大N增长越慢。

种群数量的增长随密度增大不断减少，当$N_t \rightarrow K$时，种群实际增长率趋于零。"S"形种群生长曲线分5个时期，即开始期、加速期、转折期、减速期和饱和期。种群个体数达到K值就饱和。

六、混合种群的种群动态

生活在同一空间内的多个种群称为混合种群，因为在自然条件下不是单独存在的，时刻与其他种群发生联系与制约。关于种间作用关系中，混合种群的作用关系可定义归纳为：两个种群共生、两个种群竞争、两个种群相克（包括"捕食与被捕食"和"寄主与寄生物"）。与经济关系较为密切的为后两种。尤以"捕食与被捕食""寄主与寄生物"的关系更为重要，如相克过程，表现在物种关系上就是天敌与寄主的关系。考虑天敌密度及天敌的攻击力可能引起的害虫密度下降程度而作出的数量估计称为"天敌参数"。

（一）两个相互竞争的物种

当两个物种互相干扰或抑制时，称为种间竞争。通常，这种竞争是由于共同资源短缺引起的，称之为开发性竞争，有时是直接的，如有机体在寻找资源过程中损害其他个体（甚至资源不短缺时也会发生），称为干扰竞争，种间的占区行为即是一例。

LotkaV-olterra种间竞争模型如下。

首先假定在没有捕食者存在的情况下，被捕食者种群本身在无限空间内做几何级数的增长，即：

$$\frac{dN}{dt} = r_1 N$$

式中：N为被捕食者种群密度；r_1为被捕食者的内禀增长能力（即r_m）；t为时间。

而在没有被捕食者的情况下，捕食者将因饥饿而死亡，因此，其种群将做几何级数下降（负增长），即：

$$\frac{dP}{dt} = -r_2 P$$

式中：P为捕食者种群密度；$-r_2$为在无被捕食者存在的情况下捕食者的负的增长速率（或称作瞬时死亡率）。

如果被捕食者与捕食者共同生活在一个有限的环境中，那么被捕食者的增长速率将依赖于捕食者的种群密度。

$$\frac{dN}{dt} = (r_1 - \delta P) N$$

式中：δ为被捕食者逃避捕食者的能力的一个常数，或称为"逃避系数"。

同样，捕食者的种群密度的增长速度将比原来的负值水平有所上升，其上升的速度，将依赖于被捕食者的密度。

$$\frac{dP}{dt} = (-r_2 - \theta N) P$$

式中：θ为捕食者攻击的能力，或称为"攻击系数"。

以上两式组成一方程组：

$$\begin{cases} \dfrac{dN}{dt} = (r_1 - \delta P) \\ N\dfrac{dP}{dt} = (-r_2 - \theta N)P \end{cases}$$

这个方程组有周期解，即随着捕食者种群的增长，被捕食者种群逐步下降，当被捕食者种群降至一定低值时，捕食者种群也因饥饿死亡而下降，使被捕食者种群得以恢复，当被捕食者种群再升至某较高密度时，捕食者种群又得以上升。Lotka-Volterra模型有一定的局限性：①首先所假定的无捕食者或无被捕食者存在的情况，在自然界是不存在的。②种群的增长必须是连续性的。这个方程组只有在捕食者是影响被捕食者种群密度消长的决定因素时才能成立。

（二）捕食者与猎物种群的相互关系

行为生态学（Behavioral ecology）目标之一是将个体和一种群联系起来，在寄主寄生物相互作用中个体觅食的个体行为和种群动态和进化动态有联系。

（1）研究的途径有Thompson（1924）制定的一个模型，涉及一种寄生物会怎样影响一种害虫的丰富度（richness）；寄生者行为种群动态之间的更为规范的处理是Nicholson（1933）和 Nicholson & Bailey（1935）提出的另一组公式。

（2）寄生物对猎物的随机分布攻击后变为聚集动态。

（3）功能反应模型内寄生者的猎食和行为会影响到猎物的种群动态（陈永年，2016；Bonsall et al，2008）。物种之间存在着捕食和被捕食的关系，如螳蜋和蚜虫间的关系，其种类可以包括：①捕食性天敌：典型的捕食者，捕食植食性昆虫或其他捕食性昆虫。②寄生性天敌：寄生性天敌昆虫在寄主昆虫体内或附近产卵，其幼虫在寄主体内发育取食，可使寄主致死，如赤眼蜂和茧蜂等；还有一种同类相食的现象，捕食者与猎物属同一物种。定量分析捕食者与猎物的相互作用关系，捕食作用可分为功能反应和数值反应两大类。

1. 功能反应（functional response）

功能反应是用来描述捕食者的作用，从而可以估价在猎物密度上升时捕食者的作用强度及其控制效果。这些工作既是生态学中的基本内容也是生物防治中重要的基础工作之一。

Holling圆盘方程的基本公式：

$$N_a = \frac{aNt}{1 + aNt_n}$$

式中：N_a 为捕食量；a 为发现率；Nt 为猎物密度；t 为用于搜寻的时间（或试验时

间）；t_n为处理时间（捕食1头猎物所花的时间）。

公式表明，捕食者的捕食量随着猎物密度的增加而上升，但当猎物密度增加到一定限度后则维持稳定状态，这个限度就是捕食量在单位时间内的上限或叫饱和能力。

捕食性的蠼螋并不多见，因湿地食料丰富，拟垫跗蠼螋［*Proreus simulans*（Stål）］在湿地逐步成为一类完全的捕食性天敌（Yangagihara，1936；Natkanjorn，1998），分布在南亚和东南亚，栖息稻田、蔗田和玉米地或沼泽地带的低洼潮湿地区（湿地），捕食稻纵卷叶螟、稻苞虫、亚洲玉米螟、甘蔗粉蚧和飞虱等，我国台湾、湖北和湖南等地湿地有分布，在湖南是洞庭湖湿地荻、芦田常见的一类捕食性天敌，国内外少有其在湿地的研究报道，为探讨其保护利用价值，游兰韶等1992—1995年在湖南沅江和长沙对其生物学、捕食作用进行研究。

（1）材料和方法。

①材料。试验用蠼螋［*Proreus simulans*（Stål）］是越冬代蠼螋，早春从田间采回置于直径10cm，高约30cm的广口瓶内饲养，瓶内放荻叶，蠼螋成虫喂食荻色蚜，待其产卵后继续饲养得若虫。

②方法。

a. 越冬代成虫耐饥力测定：田间采集越冬代雌雄成虫各20头，室内试管分装，不供食，记载存活天数，至全部死亡，20个重复。

b. 雌雄成虫及各龄若虫日均捕食量：分成虫和4龄、3龄、2龄和1龄若虫，1～2龄若蚜密度分别设350头、300头、250头、200头和150头，24h后统计被食量，每虫态（龄）各测定10头。

c. 成虫及若虫捕食功能反应：用有机玻璃筒（直径15cm×高35.5cm），置入33cm，有4～5叶的新鲜荻枝，接入1龄和2龄若蚜及1头蠼螋，24h后统计被食量，各试验7个猎物密度和3次以上重复。

d. 成虫在不同空间条件下的捕食功能反应：不同空间大小试验有2项，一项用有机玻璃筒（直径15.0cm×高35.5cm）、广口瓶（直径8.0cm×高16.0cm）和培养皿（直径6.0cm×高1.5cm），其中不设荻枝；另一项用上述有机玻璃筒，其中分别设3荻枝、1荻枝和0荻枝3种复杂性。

（2）结果。

①生物学特性。

a. 越冬：以成虫、3龄和4龄若虫在荻蔸、土缝和残渣内越冬，越冬成虫占83.2%，3龄和4龄若虫占16.8%，在越冬地块荻、芦混生区，纯荻区和纯芦区比例分别为55.35%、39.73%和4.91%。

各龄若虫每次蜕皮后均为白色，后颜色加深，若虫分4龄，各龄若虫特征见表2.4。

表2.4　拟垫跗螳螋若虫特征

龄别	螳螋头数（头）	体长（mm）	触角节数（节）	触角长度（mm）	翅芽	尾长（mm）
1	42	3.26	8	2.51	未见	0.92
2	20	4.82	13	4.28	小	1.54
3	20	6.35	17	6.30	翅芽紧贴虫体，未翻露	2.03
4	20	10.08	18~19	9.32	外翻，凸出	3.33

注：若虫均为酒精浸泡标本，长度均为平均数

b.卵在荻叶上的分布：雌成虫常把卵产在荻株心叶及上部第1~3片叶鞘处，尤以第一叶鞘与心叶上卵多，占总卵数的63.3%和25.5%（表2.5）。因此处湿度大，蚜虫等猎物多，便于取食，每一堆卵的平均卵粒数为（23.20±0.88）粒。

表2.5　拟垫跗螳螋卵在荻叶上的分布（沅江万子湖，1993年5月）

产卵部位	心叶	第一叶	第二叶	第三叶	第四叶
卵数（粒/块）	156/7	373/15	14/2	16/1	0
卵粒百分率（%）	26.5	63.3	7.5	2.7	0

注：观察24头雌成虫产卵

②生理活动。越冬成虫耐饥能力，结果见表2.6。

从表2.6可见，在试验温度（24.24±1.16）℃条件下禁食，雌成虫可存活13~32d，雄成虫存活4~20d，雌虫耐饥能力显著强于雄虫。

表2.6　拟垫跗螳螋越冬代成虫耐饥能力（沅江万子湖，1995年5月13日—6月14日）

虫态	存活天数（d）最短	存活天数（d）最长	$x±SD$
雌成虫	13	32	21.15±2.74
雄成虫	4	20	11.45±1.97

注：♂和♀各20个处理

③捕食作用。

a.雌雄成虫及各龄若虫日均捕食量：试验温度（24.42±1.16）℃下，1~4龄若虫和雌雄成虫的日均捕食量分别为22.8头、39.9头、62.9头、86.3头、89.8头和91.8头，4龄若虫捕食量与成虫相仿。

b. 温度对攻击率的影响：不同温度下捕食量研究表明，随温度上升雌雄蠼螋攻击率加大，28℃时攻击率最大（图2.1）。

c. 雌雄成虫和各龄若虫的捕食功能反应比较：拟垫跗蠼螋对食荻色蚜的功能反应属于Holling II型，以Holling圆盘方程拟合试验数据，结果见表2.7，拟垫跗蠼螋雌雄成虫和各龄若虫对食荻色蚜的功能反应模拟曲线分别见图2.2和图2.3。

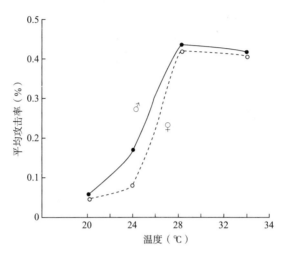

图2.1　不同温度下蠼螋对蚜虫的攻击率

表2.7　拟垫跗蠼螋对食荻色蚜的功能反应（沅江万子湖，1994年5—6月）

虫态（龄）	圆盘方程	卡方值（x^2）	瞬间攻击率（a）	处理时间（T_h）	日最大捕食量（Na_{max}）
1龄若虫	$Na=0.3314Nt/（1+0.007342Nt）$	0.648 4	0.331 4	0.022 16	45.1
2龄若虫	$Na=0.3646Nt/（1+0.004409Nt）$	0.667 6	0.365 6	0.012 09	82.7
3龄若虫	$Na=0.4140Nt/（1+0.002703Nt）$	0.890 8	0.414 0	0.006 529	153.2
4龄若虫	$Na=0.4365Nt/（1+0.002256Nt）$	2.095 0	0.436 5	0.005 176	193.5
雌成虫	$Na=0.4617Nt/（1+0.001806Nt）$	1.533 0	0.461 7	0.003 912	255.6
雄成虫	$Na=0.4568Nt/（1+0.001800Nt）$	1.653 4	0.456 8	0.003 941	253.7

从表2.7可见，拟垫跗蠼螋从1龄若虫到成虫。随年龄增大，瞬间攻击率（a）随着增大，处理时间（T_h）随之缩短，最大捕食量（Na_{max}）依次增大，说明龄期越大，搜寻速度越快，成功的机会也越大，但在雌雄成虫间捕食能力相当。

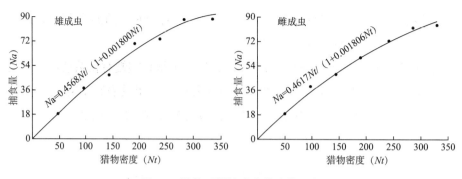

图2.2 拟垫跗螳蝽成虫的功能反应

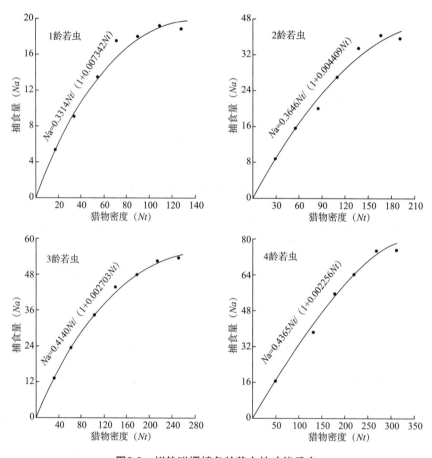

图2.3 拟垫跗螳蝽各龄若虫的功能反应

d. 成虫在不同空间条件下的捕食功能反应比较：拟垫跗螳蝽成虫在不同空间复杂程度下对食荻色蚜的功能模拟方程见表2.8。从表2.8说明，一是在容器内不设荻枝条件下，随着搜寻空间由小变大，瞬间攻击率（a）由大变小，处理时间（T_h）和日最大捕食量（Na_{max}）以培养皿和广口瓶的变化不大，而玻璃筒则表现出处理时间增多，日最大捕食量稍少；二是容器内设1荻枝时，不同空间条件下瞬间攻击率、处理时间和最大捕食量都没有明显变化，这主要和螳蝽习性有关，螳蝽一般只在荻枝心叶喇叭口附近活动和搜寻猎物，设置获枝后容量空间大小的影响被消除；三是在不同的空间复杂程度下，从1获枝到3获枝，瞬间攻击率（a）变小，处理时间稍增加，说明随着空间复杂性的提高，蟛蜞捕食成功机会加大，主要原因是虽然不设获枝的空间复杂性下降，但蟛蜞的负趋光性，常隐蔽某处不行搜寻活动或喜在获枝心叶附近活动，设一获枝实际搜寻空间减小，见图2.4至图2.6。

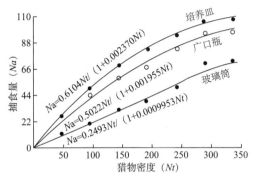

图2.4　拟垫跗蟛蜞成虫在不同空间大小（0获枝）下的功能反应

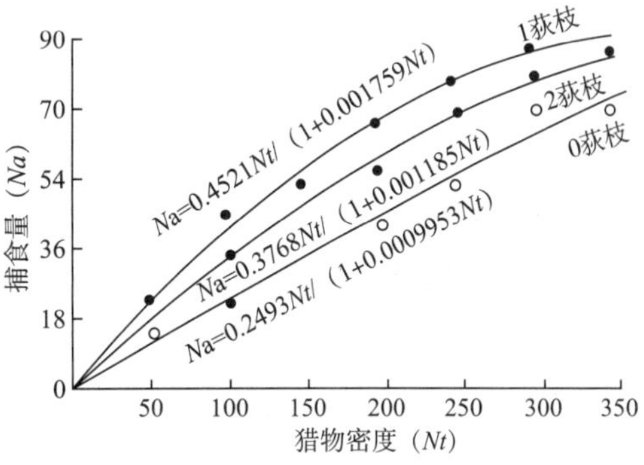

图2.5　拟垫跗蟛蜞成虫在不同空间复杂性程度下的功能反应

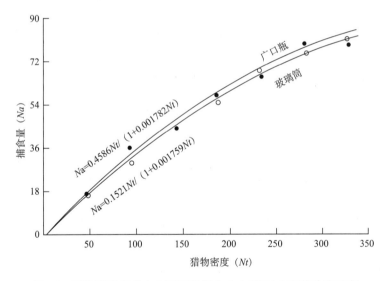

图2.6　拟垫跗蟛蜞成虫在不同空间大小（1获枝）下的功能反应

（3）小结。湿地拟垫跗蟛蜞是一类完全的捕食性天敌，产卵量大，耐饥，成虫、若虫食量大，捕食效率高，捕食多种害虫，是一类有利用价值的天敌。当前洞庭湖湿地生态系统服务功能修复拟垫跗蟛蜞的保护方法有：获、芦收割时散置草堆，冬季烧火灭丁螺时多留枝叶，提高越冬基数；湿地获、芦生长期苇田保存野芹菜（*Oenanthe sinensis*）、辣蓼（*Polygonum* sp.）等获、芦伴生植物，可保持苇田湿润的小气候，以利于蟛蜞产卵发育。

国外Wajnberg等（2008）在"寄生蜂的行为生态学"专著中，详细报道国外数十年来对功能反应的理解并介绍研究情况。

2. 数值反应（numerical response）

数值反应为捕食者捕食猎物后，对自身种群数量的动态关系。功能反应和数值反应相结合为捕食作用的总反应。捕食作用总反应有上升阶段和下降阶段，上升阶段捕食的猎物密度上升时，被捕食的百分比也增加，此时捕食作用可以减缓甚至停止被食猎物种群的增长，下降阶段猎物密度越高，捕食者造成的损失率越小，说明猎物达到这个密度以后，可以逃脱捕食者控制的范围（戈峰，2008），此报道对相关研究有参考价值。

戈峰（2008）将"寄生物寻找寄主的过程"放在第六节"昆虫种间的相互作用"这一节的"种间作用特点"内讨论，与捕食作用分析并列，这与过去的许多专著相比，是一种新的尝试，本书遵循这种新的安排，这种安排是因为湿地寄生蜂种类特别丰富，数量多。

表2.8　在不同空间条件下成虫的功能反应（沅江万子湖，1994年5—6月）

空间条件复杂性	0获枝			1获枝		0获枝	1获枝	3获枝
	培养皿	广口瓶	玻璃筒	广口瓶	玻璃筒	玻璃筒	玻璃筒	玻璃筒
圆盘方程	$Na=\dfrac{0.6104Nt}{1+0.002370Nt}$	$Na=\dfrac{0.5022Nt}{1+0.001955Nt}$	$Na=\dfrac{0.2493Nt}{1+0.0009953Nt}$	$Na=\dfrac{0.4586Nt}{1+0.001782Nt}$	$Na=\dfrac{0.4521Nt}{1+0.001759Nt}$	$Na=\dfrac{0.2493Nt}{1+0.0009953Nt}$	$Na=\dfrac{0.4521Nt}{1+0.001759Nt}$	$Na=\dfrac{0.3768Nt}{1+0.001485Nt}$
卡方值 (x^2)	1.170 6	1.366 7	3.921 6	1.151 9	1.247 3	3.921 6	1.247 3	0.912 0
瞬间攻击率（a）	0.614 0	0.502 2	0.249 0	0.458 6	0.452 1	0.249 3	0.452 1	0.376 8
处理时间（T_h）	0.003 883	0.003 893	0.003 992	0.003 886	0.003 891	0.003 992	0.003 891	0.003 941
日最大捕食量（Na_{max}）	257.5	256.9	250.5	257.3	257.0	250.5	257.0	253.7

（三）寄生蜂、寄主害虫和植物的相互关系

1. 植物-植食性害虫-寄生蜂

现将当前研究较多的植物-害虫-茧蜂间的化学通信简单介绍于后，有几个关键概念读者必须了解。

第一营养级（植物）、第二营养级（植食性昆虫）与第三营养级（天敌昆虫）之间的化学信息联系。Price, P. W. 1980年首先提出在研究植物与昆虫的关系时应该把第三营养级（天敌）考虑进来，即植物-植食性昆虫-天敌构成的三重营养关系，在湿地昆虫研究范畴内为植物与昆虫关系研究开辟了一个新的研究领域。

湿地植物虽然活动性不强，不能像动物一样通过移动来逃避来自生物或非生物的胁迫，但这并不意味着植物就只能坐以待毙，在湿地植物的一生中，为了弥补活动性不强这一弱点，它们在进化的过程中演化出各种各样的适应其环境的机制，其中就包括湿地植物从其叶、花、果和根部等释放各种化合物到其周围大气中。这些挥发性化合物往往携带某种信息，在植物与环境尤其是与其他生物之间的相互作用方面起着重要的调节作用。研究表明湿地植物释放的信息化合物（semiochemicals or infochemicals）有两类：一类信息化合物是健康和完整的植物释放的挥发性气味物质，它们在昆虫产生寄主植物定位、传粉、取食、聚集、逃避敌害、选择产卵场所和交配等方面起着重要作用。另一类信息化合物是在湿地植物受到苇田植食性昆虫取食为害后产生和释放的，又叫虫害诱导的挥发物，这些虫害诱导的挥发物不但对苇田植食性昆虫幼虫取食起着直接防御的作用，而且起着互利素（synomones）的作用，吸引捕食性或寄生性天敌攻击植食性昆虫，研究表明这些虫害诱导的挥发物可以作为相邻的同种植物个体的化学信号启动其防御功能（黄安平，2012）。

（1）挥发物的分类。植物挥发物是指一类分子量小于250，具有较高的蒸气压（>0.1hPa），在正常温度（25℃）和压力（103hPa）极易形成蒸气，沸点小于340℃的从植物表面散发的挥发性物质，包括碳氢化合物、氧化碳氢化合物和含氮或含硫有机化合物。按照植物挥发物的性质特征以及对昆虫行为的影响可将其分为两类：特异性的挥发物（highly specific volatile）和一般性挥发物（general volatile）。特异性高的挥发物是某一类植物所特有的挥发物成分；一般性挥发物在植物中普遍存在，包括含有C_6的直链醇、醛、酯类化合物、不饱和脂肪酸和萜烯类化合物。

①完整植物释放的挥发物。未受到害虫为害的植物称完整植物，完整植物也持有基础水平量的各种各样的挥发物，但是其释放率很低，数量少，如在正常情况下，完整的玉米、烟草和棉花释放的挥发物种类少并且数量很小。这些挥发物主要为单萜类、倍半萜烯类和芳香化合物，常常贮存在特殊的腺体和香毛簇里，通过开放的气孔、叶部的表皮和腺体壁等散发到周围的空气中。20世纪70年代以来发展起

来的挥发气体顶空收集法（head space sampling）加上气相色谱技术为我们认识完整植物（包括损伤的植物）的挥发物的化学组成提供了可能。

②机械损伤诱导植物释放的挥发物。植物在胁迫条件下会释放一些与正常条件下质和量不同的挥发物。乙烯是研究最早的一种植物挥发物，它是一种植物激素，植物在很多胁迫的情况下都会释放出乙烯。随后如乙醛、乙烷、乙醇以及其他6碳原子的挥发物和萜烯类化合物纷纷在植物中检出。植物叶在机械损伤后会释放大量的绿叶挥发性物质，这类挥发物在机械损伤后释放量大但是持续时间很短。这种现象不但在很多的木本植物如山毛榉（*Fagus sylvatica* L.）和灰树（*Fraxinus pennsylvanica*），而且在很多草本植物如芽甘蓝（*Brassica oleracea* L.）和黄瓜（*Cucumis sativus* Linn.）的研究中得到证实。

③虫害诱导植物释放的挥发物。植物在受到虫害后，释放的挥发物在质和量上都将发生明显的变化。虫害诱导植物释放的挥发物的成分和组成均同正常和受机械损伤的植物释放的挥发物不同，如完整的茶树枝条释放13种挥发物，而茶尺蠖取食后的茶树枝条释放15种挥发物。但是一种模拟害虫为害方式的机械损伤试验表明，重复的机械损伤诱导植物释放的挥发物同虫害为害释放的挥发物基本上一样。

虫害诱导的植物挥发物按其结构特征可以分为四大类，即绿叶挥发物、含氮化合物、萜类化合物和其他化学物质。萜类化合物在很多植物中是构成虫害诱导的植物挥发物的主要成分，萜类化合物大多数是单萜、倍半萜及其衍生物。绿叶挥发物是绿色植物释放的6碳原子的醇、醛及其脂类衍生物等，是在脂氧化酶和氧化物裂解酶等酶的催化作用下，由植物体内的脂肪酸、亚油酸和α-亚麻酸分解而成；含氮化合物含有碳-氮键，往往具有生物活性，主要有脂肪类和腈类；其他化学物质是指部分呋喃衍生物和不属于绿叶挥发物的醇、醛、酯、酮类。

当植物遭受植食性昆虫取食为害后，释放的挥发物同正常情况下释放的植物气味差异很大。一方面，因为害虫取食造成的机械损伤会立即大量地释放植物体内早已合成或贮藏的植物挥发物；另一方面，在害虫为害以后的一定时期后，在某些因素如昆虫唾液中的诱导剂的作用下，植物重新合成并释放一些新的挥发物组分，其中萜类化合物最为常见。前者可以说是对机械损伤的一种被动的反应，其特点是具有即时性，而且其释放量或释放速度同机械损伤的面积大小相关，而后者是植物对害虫为害的一种主动反应，其特点是具有滞后性。当植物的某一部位受到植食昆虫取食为害时，未受害的部位也可以合成和释放类似的挥发物。当植食性昆虫取食为害种群中某一植株时，相邻的同种植物能接受受害植物释放的挥发物信号后释放类似的挥发物启动其直接和间接防御功能。植物三级营养关系的研究表明，虫害诱导的植物挥发物，主要是那些害虫为害以后新合成释放的植物挥发物，具有明显的昼夜释放节律性，一般白天释放量高，晚上释放量低。植物挥发物释放的昼夜节律性与植食性昆虫天敌的活动规律一致性是植物、植食性害虫和天敌长期协同进化的结果（黄安平，2012）。

（2）植物挥发物对昆虫行为的影响。

①植物挥发物对植食性昆虫寄主选择的影响。目前已对近50种蛾类寻找寄主和产卵行为做了不同程度的研究，在自然环境中，植食性昆虫往往只取食少数几种或几类植物，因此寄主选择是昆虫非常普遍的一种行为。寄主植物和非寄主植物往往混杂在一起，寄主植物是一年生的，刚刚从土壤中越冬的蛹中羽化出来的成虫可能远离食物和产卵场所，迁移或扩散到达一个新的栖息地等，这些因素导致植食性昆虫必须进行寄主选择，成功地从这些场所找到食物和产卵场所对专食性的植食性昆虫种群的生存和发展非常重要。植食性昆虫可能会综合运用视觉、触觉和嗅觉这些感觉器官来识别寄主植物，研究发现嗅觉在植食性昆虫的寄主选择过程中起到非常重要的作用。植食性昆虫借助嗅觉感受器识别来自寄主植物的特异气味而对寄主植物定位，这些植物挥发物就成为植物与植食性昆虫间化学通信的信息化合物（semiochemicals）[利它素（kairomoes）]。昆虫为了繁衍后代，在产卵之前必须寻找适当的寄主，在寄主上产卵，这样后代容易找到适宜的寄主植物。植物挥发物在昆虫产卵选择过程中起着调节作用，很多的昆虫主要依靠嗅觉来寻找寄主。很多植物能产生一些有毒的代谢产物，在进化的过程中，部分昆虫通过变异来适应这些产毒素的植物，而对于那些没能适应植物的化学防御的昆虫而言，躲避也许是一种最好的保护自我和免受伤害的方法，研究表明这种躲避行为也与植物气味物质有关。

②植物挥发物对昆虫求偶、交配等行为的影响。为了下一代幼虫能找到合适的食物源，雌蛾要对产卵场所进行选择，即选择寄主植物或附近的非寄主植物。对多食性昆虫而言，来自寄主植物的挥发物是比较准确的信号，但植物挥发物的存在更有利于寻找配偶的昆虫找到适宜交配的异性昆虫。因此，植物挥发物对昆虫求偶有着非常重要的调节作用，它们指引昆虫到达交配场所。昆虫的相遇、求偶和交配等生殖行为多在寄主植物上完成，植食性昆虫的性行为往往以各种各样的形式同其寄主植物整合在一起，这种整合可以表现为寄主植物对昆虫生理和包括性信息素通信在内的行为的影响的结果。一些昆虫截取或获得寄主植物的化合物作为其性信息素或性信息素前体，另外一些昆虫例如害虫会在特定的寄主植物信号刺激下合成和释放性信息素，寄主植物的信息物质常常增强昆虫对性信息素的反应。从这种意义上说，寄主植物的信息物质调节昆虫之间的性通信。

③植物挥发物对植食性昆虫天敌寄主选择的影响。信息化合物（semiochemicals）在植食性昆虫的天敌（寄生性和捕食性天敌）寄主定位的过程中起着重要作用。这些信息化合物来源于寄主植物、植食性昆虫、与寄主植物或植食性昆虫相联系的其

他生物，亦可以说是两种或几种生物的相互作用的共同体。目前的研究普遍认为，在天敌寻找寄主这一行为的过程中，能否准确对寄主/猎物进行定位主要取决于所利用信息的可靠性和可检测性。与天敌昆虫的寄主有关的化学信息物质，以直接来自寄主本身即植食性昆虫的信息最有效，但不容易被天敌检测到，完整寄主植物产生的挥发性物质具有较好的可检测性，虽然可以指引天敌到达其寄主害虫的栖息环境，但其效果较差，虫害诱导挥发物是植物和植食性昆虫相互作用的产物，一方面它的释放量很大，具有较好的可检测性，另一方面它的合成和释放与植食性昆虫息息相关，能为天敌提供可靠的信息，从而将信息化合物的可检测性和可信性有效地结合起来。因此，虫害诱导挥发物成为植食性昆虫天敌的寄主定位信息化合物具有一定的优越性。越来越多的研究表明虫害诱导的挥发物可作为信息化合物〔互益素（Synomones）〕吸引植食性昆虫的天敌。许多植物在受到植食性昆虫取食为害后会更吸引植食性昆虫的天敌即寄生性或捕食性的节肢动物（黄安平，2012）。

（3）植物挥发物的鉴定方法。对植物释放的挥发物成分的鉴定和相对含量的测定牵涉到生物、化学和其他学科的基础或应用领域。由于分析对象的复杂性（挥发物的含量、化学结构功能）对植物释放的挥发物成分的鉴定和相对含量的测定技术要求较高，生物测定的方法如下。

①通管嗅觉仪。通管嗅觉仪在很多情况下，是一种相对简单而又有使用价值的仪器，可以用来测定昆虫对单一挥发物成分或挥发物混合物的行为活性。通管嗅觉仪按其结构和功能特点可以分为I型嗅觉仪、Y型嗅觉仪和四臂嗅觉仪3种，分别可以用来测定单味源、双味源和多味源。昆虫从嗅觉仪的一管放入，味源或对照清洁空气分别从另外两管或几管进入，在两管或几管相汇的地方混合后再吹向昆虫释放管，观察昆虫接受味源刺激后对味源或对照清洁空气的选择行为，从而判断味源的行为活性。Y型嗅觉仪使用比较普遍。嗅觉仪加上一些外围设备可以扩展其功能，丁红建等（1996）将红外录像设备应用于四臂嗅觉仪，可以标定昆虫（包括夜出性昆虫）的活动节律。

②风洞技术（wind tunnel）。风洞是一种嗅觉测定仪器，能测定昆虫对嗅觉刺激的行为反应，是在一个相对较大的空间内实现对昆虫飞行的三维活动监测，它克服了通管嗅觉仪对昆虫飞行限制的弊端。风洞技术在昆虫化学通信（如昆虫信息素、植物挥发物对昆虫行为的影响）的研究中得到广泛的应用。风洞技术能够观察昆虫对特定气体味源（合成化合物、提取物和生物体）的飞行反应，测定某一化合物的作用距离，相对通管嗅觉仪更能反映昆虫寻食行为的真实情况。

③昆虫触角电位仪（electroantennograhy，EAG）。信息化合物在昆虫化学通信（如昆虫的寄主定位、取食、寻找配偶及适宜的产卵场所等行为）中起着至关重要的作用，触角是昆虫感受这些气味物质的主要嗅觉器官。昆虫触角上存在丰富多

样的化学感受器，在信息化合物质刺激下，细胞膜的通透性加大，膜内外产生电势差，一种专门的电生理记录仪可以将电势差变化记录下来，并进行放大和比较，形成一种触角电位图，由于电位的变化幅度与化合物的种类和浓度相关，因此它可以作为评价昆虫嗅觉反应能力的标准方法。触角电位图生物测定方法具有很高的敏感性、用虫量少、简便易行、选择性，广泛应用于昆虫信息素及其他挥发性信息化合物生物测定。利用触角电位仪筛选活性成分相对其他生物测定技术效率要高，但是EAG技术也存在一定的局限性，它只能给出挥发物具有生物活性，不能提供具体生物活性的信息如挥发物对昆虫是具有吸引作用还是排斥作用。触角电位仪主要用于鳞翅目和鞘翅目等触角较大的昆虫，近年用于寄生蜂。

④气相色谱与触角电位联用技术（GC-EAG）。由于触角电位技术广泛地应用于昆虫与植物相互关系的研究中，1975年，发展了气相色谱（GC）与触角电位（EAG）联用技术（GC-EAD）。这一技术将气相色谱的高分离效率和昆虫触角的高灵敏度、高选择性的优势充分结合起来，达到对挥发物活性快速分离鉴定的目的（黄安平，2012；游兰韶等，2015）。

2. 寄生蜂-寄主

（1）生殖行为生态。

①寄生和密度（密度依赖）的关系。通过来自各个地点的寄生蜂的寄生率和寄主密度的回归关系可以决定田间寄生率是正密度依赖（positively density dependent），还是反密度制约（inversely density dependent），或是无密度依赖（density independent）。密度依赖和种群动态之间的联系为密度依赖模式的确定提供好的理由，同样，我们也想知道在田间怎样得到密度依赖的特定模式。例如，可以判定许多寄生蜂在寄主密度高的地点聚集为正密度依赖，或可以判定在寄主密度高的地点每只寄生蜂搜寻率的增加为正密度依赖。然而，检查寄生的模式不能帮助我们区分以上这两种解释。同样，这两种解释也可以用于逆密度依赖性：在较高寄主密度下处理时间限制和（或）产卵限制。对寄生率的检查也不能区分这两个假设（Heimpel & Casas，2007）。

②寄生蜂是否要聚集到寄主密度高的斑块。这一领域的先行研究来自Waage（1983），在人为设置不同密度小菜蛾幼虫为害球芽甘蓝情况下，Waage使用双筒望远镜观察了田间球芽甘蓝上自然出现寄生小菜蛾（*Plutella xylostella*）幼虫的姬蜂（*Diadegma* spp.）［姬蜂科（Ichneumonidae）］的情况，结果是姬蜂聚集在高密度的幼虫为害的球芽甘蓝上，但寄生率却为无密度依赖（density independent），在所有测试过的寄主密度中，相对应的寄生率都在70%左右。Waage（1983）提出两个假设解释尽管姬蜂聚集但又不表现为正密度依赖寄生（positively density-dependented parasitism）原因。第一个假设是寄主密度高时重寄生率（superparasitism）就高，这种假设可以让他不用从寄主角度去剖析，第二种假设是寄主密度高时，寄生蜂投入更多时间用于与搜寻寄主无关的活动，这些活动包括处理寄主的时间、种内的相互干扰，Waage（1983）经过田间和室内观察排除了种内相互干扰这一假设，Wang和Keller（2002）得出寄生密度高时处理寄主的时间确实会限制产卵率这一结论。寄主密度高时增加了处理寄主的时间，引导出一个Ⅱ型功能反应（Ⅱ type functional response），因此导致出现反密度制约（Hassell，2000）。寄主密度高时寄生蜂处理时间的制约与寄生蜂聚集的组合原则上导致无密度依赖的寄生率（density-independent parasitism）（Heimpel & Casas，2008）。相似的报道见于Thompson（1986），他发现寄生于种子潜蛾的窄径茧蜂（*Agathis* sp.）［茧蜂科（Braconidae）］对潜蛾幼虫的寄生率与潜蛾密度无关，此时在不同寄主密度斑块上的茧蜂聚集没有量化（Heimpel & Casas，2008）。

　　White和Andow（2005）使用了一种创造性的方法来操纵寄主密度，他们在Bt玉米田间选取不同尺寸的斑块来间种常规玉米（非Bt玉米），因Bt玉米对欧洲玉米螟（*Ostrinia nubilalis*）是有毒的，非Bt玉米是无毒的，可以预期非Bt玉米斑块上比周围的Bt玉米寄主密度较高，人为引入玉米螟，创造了每个斑块分别为2植株、8植株、32植株的重复斑块，其中每一植株的玉米螟密度比周围的Bt玉米植株要高很多。在这试验田间释放约1万头褐腰长体茧蜂（*Macrocentrus grandii*）［膜翅目（Hymenoptera），茧蜂科（Braconidae），欧洲玉米螟的一种专一寄生蜂］，调查褐腰长体茧蜂在3种不同尺寸斑块上的搜寻情况，并将这些观察资料和寄生率比较，此时没有发现长体茧蜂聚集到玉米螟幼虫密度高的斑块上，但寄生率却是正密度依赖，但在一个小区发现的进行寄主搜寻的褐腰长体茧蜂的数量却是和褐腰长体茧蜂在此小区内的寄生率水平没有明显的相关性。

　　总之，以上各项研究发现寄生蜂（包括两例茧蜂）的寄生率和寄生密度无关，即使寄主密度很高时，寄生率也不一定会很高。

　　③寄生蜂是否利用斑块中的所有寄主。寄主斑块利用应是和密度依赖有关系的，在大斑块中增加寄生蜂的驻留和产卵的时间更有可能导致正密度依赖。不管寄生斑块大小，寄生蜂在斑块内花费同样时间和（或）产下同样数量的卵，就可能出现逆密度依赖。

　　寄主斑块利用（host patch use）决定密度依赖的寄生率，采用田间调查研究和类似技术，已在多个寄主-寄生蜂系统中做了研究（Heimpel & casas，2008）。现举一个蚜茧蜂寄主斑块利用的例子，Völkl（1994）进行了玫瑰蚜茧蜂（*Aphidius rosae*）的田间研究，将玫瑰蚜茧蜂人工释放在有蚜数量为19～42头不等的不同斑块上，发现蚜茧蜂更喜欢降落在有蚜虫群体的玫瑰灌木上，并且在有蚜虫的玫瑰嫩芽和灌木上比在无蚜虫的嫩芽和灌木花的时间较多，蚜茧蜂在每一蚜虫群体的产卵数、驻留时间及产卵率和蚜虫群体大小无关。这种不相关性都在玫瑰单个嫩枝和灌木丛两个不同的空间尺度发现，而且导致两个不同的空间尺度都出现寄生率的反密度依赖模式（inversely density-dependent pattern）。Völki（1994）解释指出在这种情况下，斑块间的飞行时间非常短，导致斑块利用率低。类似情况在寄生灰松蚜（*Schizolachnus pineti*）的另一种蚜茧蜂中也观察到（Heimpel & Sasas，2008）。

（2）生殖对策（reproductive strategies）。昆虫面临的问题就是采取什么生殖方式才能使生殖的广义适合度（fitness）达到最大。想象有一头雌性豆象（*Callasobruchus maculatus*）发现一株豇豆并试图在豇豆上产卵，应该产多少粒卵最为合适，豆象要考虑的幼虫食料短缺，产一粒卵可以保证一头幼虫独占一株豇豆资源，但可能造成资源浪费，产多粒卵可能造成幼虫之间资源竞争，并造成耗尽雌豆象的资源，不能完成发育，寿命缩短。雌豆象面临着产一粒卵和产多粒卵的选择（尚玉昌，1998）。在寄生蜂研究方面使用分子标记技术发现寄生欧洲玉米螟的褐腰长体茧蜂（*Macrocentrus cingulum*）雌蜂都行多胚生殖（Polyembryonic），只能寄生到一头寄主幼虫，总体上说此蜂的寄生率相对低，但表现出高水平的重寄生（superparasitism）。生殖对策为钻蛀性的欧洲玉米螟幼虫钻入玉米之前的很短一段时间，就被褐腰长体茧蜂寄生并产入大量的蜂卵（Heimpel & Casas，2008）。

（3）田间寄主种类选择。在一个田间直接观察小型寄生蜂的开创性的研究中，Janssen（1989）在田间自然环境背景下追踪果蝇（*Drosophila*）幼虫的两种寄生蜂开臂茧蜂（*Asobara tabida*）和*Leptopilina heterotoma*。Janssen把体视显微镜搬到田间，体视显微镜固定在三脚架上，观察这些寄生蜂在发酵的苹果、梨或在有汁液流出受为害的树上搜寻或攻击果蝇幼的情况，Janssen通过录音和把数据记入日志本的方式记录了寄生蜂搜寻寄主的细节，在1984年和1985年的两个夏季，总共进行了19.5h的观测，提供了有关寄生蜂在田间和果蝇寄主遭遇比率，处置寄主时间的新数据。这些寄生蜂在实验室环境中的行为之前已经得到了很好的研究。为了帮助解释这些观测数据，田间采集寄主，在实验室使用采集寄主饲养寄生蜂，并在实验室中获得两种茧蜂对9种果蝇的处理时间的数据。Janssen的主要发现之一是开臂茧蜂（*Asobara tabida*）和*Leptopilina hererotoma*两种蜂和其寄主幼虫之间的遭遇率较低，范围在0.2～5.0次/h。在Janssen（1989）研究地点出现的9种果蝇中，3种果蝇［微暗果蝇（*D.subobscura*）、不移栖果蝇（*D.immigrans*）和似果蝇（*D.simulans*）］育出的茧蜂占整个茧蜂数的97%。田间采集的这3种果蝇数量比例接近。

在这些果蝇中，微暗果蝇是开臂茧蜂（*A.tabida*）和*L. heterotoma*两种茧蜂较适合的寄主，似果蝇适合做茧蜂*L.heterotoma*寄主，却不适合做开臂茧蜂（*A.tabida*）的寄主，不移栖果蝇对两种寄生蜂都不适合。然而，考虑到不同寄主的相对丰度并且假设不同寄主物种的可探测性没有差异（在实验室看来是这样），那么就有可能和茧蜂*L.heterotoma*相遭遇的寄主近1/3是不适合的寄主（*D.immigrans*）和开臂茧蜂（*A.tabida*）相遇的近2/3的寄主是不适宜的寄主（*D.immigrans*或*D.simulans*）。尽管如此，田间所观察到的遭遇到果蝇寄主的两种寄生蜂33头中，拒绝接受寄主的只有3头，可见在田间这些寄生蜂乐意接受不适合的果蝇寄主。

（4）寄生蜂避免捕食者捕食（Intra-guild predation，IGP）的策略。

①通过选择产卵行为来避免捕食者捕食。Taylor等（1998）首次报道了一个关于避免捕食者捕食研究事例，这个事例目前已经得到很好地研究。这项工作采用豌豆蚜（*Acyrthosiphon pisam*）和它的若虫寄生蜂蚜茧蜂（*Aphidius ervi*）作为研究对象。像其他蚜虫寄生蜂一样，*A.ervi*不过是一个包括数种普通捕食者在内，攻击豌豆蚜的共同体的成员之一，在这个共同体的一种常见的真正的捕食者是七星瓢虫，当瓢虫幼虫或成虫取食被寄生的蚜虫或在蚜虫尸体内的寄生蛹时充当了蚜茧蜂捕食者角色。Taylor等人（1998）比较了在当前或之前有瓢虫成幼虫觅食的叶子进行寄主搜寻的寄生蜂雌蜂的斑块驻留时间，蚜茧蜂在当前或之前有瓢虫栖息的植株所花寻找寄主时间约为在瓢虫从未栖息的植株所花费时间的一半，这些资料显示了蚜茧蜂（*A.ervi*）避免将卵产在可能被瓢虫取食寄主上的风险，也显示了仅仅是七星瓢虫释放的化学信息素，就可引起蚜茧蜂雌蜂的避免捕食者捕食行为（Snyder & Ives，2008）。

Nakashima和Senoo（2003）、Nakashima等（2004）的报道提供了有关蚜茧蜂（*A.ervi*）避开七星瓢虫（*C.septempunctata*）另外的细节，在实验室简易的选择装置内放置蚕豆（*vicia faba*）叶片，其中处理叶片已让瓢虫成虫或幼虫在其上爬行达24h，对照叶片上无瓢虫爬行。他们记录了上述两种类型叶片上蚜茧蜂驻留的时间，蚜茧蜂在处理叶片上驻留的时间很短，在10min观察时间内蚜茧蜂驻留时间小于30s。但这种威慑作用只是在有限的时间起作用，处理叶片对蚜茧蜂寻找寄主最多有18h的威慑作用，此后这种影响就会消失。之后对起威慑作用的化学物质进行分离鉴定，发现这种威慑作用是由瓢虫爬行时沉积在其"足迹"内的两个体表碳氢化合物（在几种瓢虫体表很常见）之一造成的。瓢虫也使用这些碳氢化合物来避免产卵于之前其他甲虫已访问过的斑块中，或许可以反映出瓢虫体表化学物质无处不在。仅仅将活性碳氢化合物喷洒在无瓢虫的植株表面就可以引发蚜茧蜂斑块逃避行为，这种行为与瓢虫接触过斑块引发的蚜茧蜂的行为相似，而且蚜茧蜂对蚜虫寄生率大概会下降50%（Snyder & Ives，2008）。

②操纵寄主的行为可以避免被捕食者捕食。Brodeur和Vet（1994）公布了有关寄生蜂通过操纵寄主行为来抵御捕食者的更不寻常的事例。粉蝶盘绒茧蜂（*Cotesia glomerata*）离开寄主菜粉蝶（*Pieris rapae*）结茧化蛹，这只难逃一死的菜粉蝶幼

虫爬到盘绒茧蜂的蛹茧上，通过朝靠近的捕食者作出的轻弹行为来保护盘绒茧蜂蛹茧。不确定寄主粉蝶幼虫的行为是物理上地推开捕食者，或是以自身为诱饵来引诱捕食者攻击，导致捕食者因取食过饱不再攻击盘绒茧蜂蛹茧。

③寄生蜂对捕食者捕食的物理防卫。寄生蜂攻击同翅目常在寄主死亡时引起寄主表皮物理硬化，形成了所谓的木乃伊。无疑这种硬化层在寄生蜂在寄主体内结茧化蛹时提供了抵抗恶劣的环境条件的物理防卫作用，但是，另一个好处就是抵御捕食者捕食。例如，Hoelmer等（1994）研究了瓢虫（*Delphastus pusillus*）对寄生蜂——粉虱丽蚜小蜂（*Encarsia transvena*）的捕食者捕食，这种寄生蜂寄生烟草粉虱（*Bemisia tabaci*）。瓢虫对捕食未被寄生和含幼龄期寄生蜂的寄主粉虱捕食率没有差异，但随着寄生蜂的发育，这些瓢虫捕食者逐步地避免捕食这些被寄生的粉虱寄主。瓢虫的回避行为显然是由寄主体内发育的寄生蜂——蚜小蜂诱发的烟草粉虱表皮硬化引起的，表皮硬化阻止了捕食者捕食，其他一些作者报道了类似的由硬化的木乃伊阻止捕食者捕食的案例。

寄生蜂蛹茧的物理防御能消除捕食者捕食对害虫数量调节的破坏性效果。Colfer和Rosenheim（2001）研究过瓢虫（*Hippodamia convergens*）对寄生棉蚜（*Aphis gossypii*）的蚜茧蜂（*Lysiphlebus testaceipes*）捕食者捕食。在田间试验笼子内，瓢虫对蚜茧蜂的捕食作用十分明显，瓢虫将蚜虫干尸（木乃伊）减少了98%以上。与只有蚜茧蜂存在的试验区相比较，同时有瓢虫和蚜茧蜂的试验区内蚜虫数量的抑制作用仍然十分明显。饲养试验中，相对干尸而言，瓢虫更爱取食未被寄生的蚜虫，大概是干尸阻止了瓢虫的捕食（Snyder & Ives，2008）。

3. 全球气候变化和寄生蜂种群动态

（1）背景。在整个历史时期，地球的气候都是高度可变的。科学界大都一致认为，全球气候变暖的主要原因以及所有大陆气候条件的变化，都是由于人为因素对大气造成的影响。20世纪70年代以来的全球气温反常现在已经大大超过自然变化的界限。全球平均温度的升高是由于温室气体的增加而引起的，主要是二氧化碳（CO_2），这与化石燃料的燃烧有关。全球变暖正在影响世界许多地区的洪涝和干旱风险，主要是通过改变干旱和雨季的时间与强度。变暖极地地区积雪的减少将导致冻土融化，另一重要温室气体甲烷（methane）从冻土层迅速释放，甚至在将来会加大温室效应。大气中对流层臭氧（O_3）的形成与燃料燃烧过程中氮氧化物（NOx）的释放有关。O_3是一种在对流层下部浓度增加的植物毒性温室气体，可以显著减少植被对CO_2的吸收。平流层臭氧层的下降与全球气候变化有关，其屏蔽太阳紫外线辐射的能力下降。陆地生态系统中的三级营养关系相互作用（草食者、分解者等）被认为对UV-B辐照度的变化敏感。未来，对于陆地生态系统而言，相比O_3耗尽引起的紫外线变化，气候和土地利用的变化引起的UV-B和UV-A辐射的变化将更加重要（Holopainen，2008）。

（2）气候变化对生态系统的影响。近年来有大量的证据表明，生态系统对气候条件的快速变化作出了反应。气候的变化可能影响自然界，其影响方式为极端天气事件频率的增加，或者逐渐延长偏离了当地生物种群适应的"正常"条件时的天气的时期。气候变化的增加本身可能影响专一性和多食性物种，它们的适应能力不同，例如，专一性的膜翅目寄生蜂追踪鳞翅目寄主的能力会减弱，而拥有更广泛寄主的寄生蝇类似乎能很好地缓冲气候的波动。在大多数情况下，高温会对植被造成长期的干旱和盐分胁迫，而在另一极端，偶然的飓风、暴雨和洪水也会导致生态系统结构和功能的剧烈变化。降水的变化可能会放大一系列种群的波动，导致植物物种及其特有草食动物的迅速灭绝，包括它们的寄生蜂。生态系统中最具特色和规模的影响是由气候变暖引起的，这导致了欧洲草食昆虫种类分布向北极移动。

在生态系统内这一层次上，气候变暖经常会造成植食性昆虫和它们的天敌包括寄生蜂在时空上的不同步性。这种寄主-寄生蜂不同步性会影响随后的寄生蜂的种群大小以及同一栖境内寄主种群形成的群落的发展速度。

生态系统的功能基于初级生产者如绿色植物或浮游微藻（planktonic microalgae）的兴旺。因此，任何影响植被的环境条件变化都通过更高营养级被放大。化学生态学定义为由生物产生的化学物质介导的生态相互作用。因此，特定生物产生涉及种间相互作用的化合物的能力的，接收信号的生物感知这种化合物的能力的，甚至是起调节作用的化合物的分子不易受或易受环境退化影响的倾向的任何改变都会影响寄生蜂的化学生态。特别是寄生蜂因处于在食物链的最高营养水平而受到影响（Hdopainen et al，2013）。

（3）气候变化对植物次生代谢化学物的影响。气候变化对植物次生代谢化学物的影响是多方面的，因为这些化学物质合成是通过多种代谢途径，其中某些化合物的合成依赖初生代谢产物，而许多次生代谢产物由环境胁迫或变化诱导产生。涉及气候变化的化学生态学与植物次生化学密切相关，因为上层营养水平的相互作用通常对植物、对非生物环境变化的反应敏感。

生物和各种非生物胁迫，单独或联合，会诱导植物产生生理反应，例如，通过诱导氧化应激，导致活性氧（ROS）迅速积累。ROS是诱导植物防御反应的重要信号分子，还激活其他几种信号传导途径。这些途径的相互作用和平衡可以决定植物细胞是否仍然存活或是否因活性氧ROS而诱导植物细胞死亡。局部细胞死亡是植物中重要的防御反应，以抵御臭氧（O_3）、刺吸式和吮吸式昆虫或植物病原体引起的损伤。ROS激活的信号转导负责诱导植物防御，主要通过3个途径：①脂肪酸途径，涉及茉莉酸JA先导信号，例如产生绿叶挥发物和萜类化合物。

②莽草酸途径，导致水杨酸信号转导和苯丙素、苯的合成。③乙烯途径，在植物不同的生长发育阶段和环境胁迫恢复阶段控制乙烯生成。

目前提出了一个简略的观点，指出水杨酸信号（SA）主要诱导植物对活体营养型病原体及一些以韧皮部为食的昆虫的抗性；茉莉酸（JA）诱导植物对死体营养型病原体、以韧皮部为食的昆虫和咀嚼型口器昆虫的抗性。非生物和生物胁迫引起，并由JA和SA信号控制的植物次生化合物的主要类群的大多数被认为是一种抗氧化剂。这些化合物包括类黄酮等酚类化合物（phenolic compounds），例如，类黄酮（flavonols）、原花青素（pronanthocyanidins）、黄酮醇（flavonols）、儿茶素（catechins）、生物碱类（alkaloids），及各种有类异戊二烯（isopvenoid）骨架的萜类化合物（terpenoids）。

正如以上总结的，典型的植物对氧化胁迫的反应是增加抗氧化剂的产量，包括生物合成各种类异戊二烯。有机挥发物类异戊二烯在引起植物防卫方面有重要的生态学作用，即通过吸引捕食者和寄生蜂到植物起了间接防卫作用。近来有关类异戊二烯的生态功能和对环境稳定的研究越来越活跃（Holopainen et al，2013）。

（4）气候变化有关的非生物胁迫因子和寄生蜂种群。在气候变化参数中，温度被认为是影响通过挥发性有机化合物吸引寄生蜂和其他天敌的间接植物防御功能和多级营养关系相互作用的主要非生物因子。除了植物的信号产生和寄生蜂的信号感受之外，间接防御的另一个重要组成部分是大气中化学信号的存留时间。与气候变暖有关的氧化性空气污染物能明显缩短大气中害虫诱导的挥发性有机物（VOCs）的滞留时间，于是就会影响到这些信号的强度、质量和持续时间。除了植物产生的挥发性物质，由昆虫寄主释放的挥发物，例如由蚜虫释放的警戒外激素等，对吸引寄生蜂也很重要。空气污染物和气温变化的影响在决定由挥发物介导的自下而上的寄主昆虫-寄生蜂之间的通信效率起了很大的作用。

同利用挥发性物质作为信号一样，寄生蜂还可以利用视觉信号来定位寄主昆虫。例如，广谱性寄生蝇——日本追寄蝇（Exorista japonica）（双翅目，寄蝇科）由黏虫（Mythimna separata）的幼虫为害玉米后玉米释放的气味所吸引，但是黏虫寄主植物的颜色会影响寄生蝇对寄主黏虫的嗜好。寄主植物的颜色，如叶色素的合成或叶子衰老的症状，可能对环境因素的变化非常敏感，并可能影响寄生蜂对环境的视觉感受。气候变化引起的各种变化和各种变化因素之间的潜在相互作用对寄生蜂化学生态的影响是巨大的。

图2.7概述了目前公认的受气候变化影响的主要因素的直接和间接影响。多种非生物因素以及营养级之间和营养级内部过多的生态相互作用决定了我们的生态系统和食物网对不断变化的气候的总体反应（Holopainen et al，2008）。和气候变化有关的多种非生物因子组合的胁迫作用会同样影响有机体对氧化作用的防卫，图2.7内

每一种类型的胁迫作用对有机体和有机体不同营养水平间（三级营养水平）（Ⅰ、Ⅱ、Ⅲ、Ⅳ）的相互作用都有特定的影响。紫外线（UV）、红外线（IR）、臭氧（O_3）、挥发性有机化合物（VOC）、二氧化碳（CO_2）这些因素可能对寄生蜂化学生态学行为有严重的不利影响。本节重点关注气候变化对寄生蜂化学生态学的影响。下一部分将继续评论这些直接的影响和它们是如何影响寄生蜂能感觉的挥发性物质，同时还评论气候化对其有相互作用的有机体的间接影响。

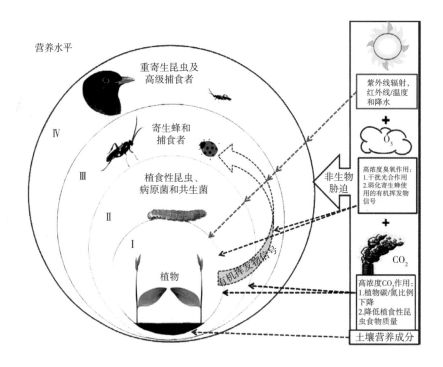

图2.7　气候变化对生态系统的作用和相互影响

（仿Eric Wajnberg，2013）

（5）气候变化对寄生蜂的直接影响。温度的变化对寄生蜂的活动和休眠期以及寄生蜂的分布和与寄主的同步性有显著的影响。Hance等（2007）的综述全面报道了寄生蜂对变化的环境条件（如极端温度）的直接生理反应。

外界干扰如更频繁的热浪、干旱期、极端的地球降水事件和空气污染物可能影响外界干扰从其环境中感受化学和视觉信号的生理功能。

（6）气候变化和自下而上的控制效应[①]（bottom-up effect）对寄生蜂的影响：寄主昆虫和寄主植物质量。植物、植食昆虫及它们的寄生蜂和捕食者之间建立的三级营养相互作用被认为具有长期的共同进化历史。不同营养级的3个物种的存在，加上它们在食物链中的具体贡献和作用，以及个体（物种）之间的相互关系，无论是在自己的还是在下营养级或上营养级，都可能使这种多营养级相互作用对外部干扰极为敏感。

大多数寄生蜂已经适应了通过植食昆虫为害植物所释放的挥发物的成分来定位和识别它们的寄主害虫，例如，植食性昆虫的卵寄生蜂可以根据特定的挥发物（VOCs）来定向，例如这种特定的挥发物来自针叶树的针叶，由寄主昆虫产卵诱导释放的。特别是食叶幼虫的寄生蜂，会使用以位置特异性的信号，例如从受损的叶边缘释放出来的挥发物，以及从叶子上的虫粪和幼虫吐出的丝发出的信号。例如当小菜蛾（*Plutella xylostella*）的茧蜂，菜蛾盘绒茧蜂（*Cotesia vestalis*）降落到已被寄主害虫攻击的植株上时，茧蜂会首先达到叶片的已受损部分，然后集中精力搜寻叶片表面，很少注意附近的寄主幼虫。有些研究显示害虫为害诱导的有引诱作用的植物挥发物可成功地增加寄生蜂寄生率，并表明害虫诱导的挥发物的量是由植物操控的。Holopainen（2011）总结道，在这些研究中，有植物释放挥发物的植株寄生蜂寄生率比对照植物高37%～180%。最近研究的植食性昆虫为害植物与寄生蜂之间的挥发物通信，目的是为了改良通过从释放器中释放最具吸引力的植物挥发性化合物来进行害虫生物防治（Kaplan，2012）。

影响植物的虫害诱导挥发性化合物释放能力（如生长、成熟、气孔功能、底物可用性和挥发物的合成途径的变化等）的全球气候变化因素的任何变化都会影响到寄生蜂。此外，当信号化合物的浓度因降解而被稀释时，影响虫害诱导的挥发物在大气中的存留时间的氧化污染物会干扰寄生蜂的寄主定位。控制臭氧浓度的实验室试验表明臭氧能减少虫害诱导的单萜、萜烯同系物（homoterpene）、倍半萜烯（sesquiterpene）的浓度，也会减少起源于氧脂素（oxylipin）途径的C_6绿叶挥发物浓度。大气中这些低浓度的起信号作用的化合物直接反映在寄生蜂，如小菜蛾盘绒茧蜂（*C.vestalis*）的行为上。

正因为内寄生蜂的幼虫与寄主有非常密切的联系，它们必须能够在寄主幼虫中解毒植物产生的化合物。有证据表明寄主植物中防御化学物质的含量会影响蝴蝶幼虫的表现，但寄生蜂的反应可能是多种多样的。气候条件的变化，如白天温度增

---

①　解释不同营养层之间相互作用时采用上行控制效应和下层控制效应理论。前者指较低营养阶层的密度，生物量等决定较高营养阶层的种群结构，植物生产力决定了害虫种群密度，害虫的生产力决定了天敌的密度；后者指较低营养阶层的群落结构（多度、物种多样性）依赖较高营养阶层的物种结构，如寄生蜂的密度决定了害虫寄主的种群密度，上下两种效应相对应，为控制群落结构（戈峰，2008）

加，可能对植物分泌的防卫化合物的浓度就有显著影响。例如，人们发现在长叶车前（*Plantago lanceolata*）中，环烯醚萜苷梓醇（iridoid glycosides calalpol）的浓度以一种与温度有关的方式增加，长叶车前植株上的环烯醚萜苷梓醇和其他环烯醚萜苷（iridoid glycosides）物质会影响专一性和多食性鳞翅目食叶昆虫和它们寄生蜂的行为。Reudler等（2011）曾报道为害车前的专一性蝶类庆网蛱蝶（*Melitaea cinxia*）的幼虫和蛱蝶寄生蜂菜蛾盘绒茧蜂（*Cotesia melitaearum*）行为并未受长叶车前分泌的环烯醚萜苷含量变化的影响，Reudler（2011）也预测到高度专一性的物种会有这种反应。和专一性相比，多食性的甜菜夜蛾（*Spodoptera exigua*）和螺纹夜蛾（*Chrysodeixis chalcites*）则对植株上高浓度的环烯醚萜苷表现出很敏感的行为，这显示了植株分泌的专一性防卫化合物对多食性害虫很有效。令人关注的是，多主寄主的姬蜂（*Hyposoter didymator*）和缘腹盘绒茧蜂（*Cotesia marginiventris*）的发育时间与它各自多食性寄主并不一致。姬蜂的发育时间并没有受寄主摄入的环烯醚萜苷影响，但多寄主的缘腹盘绒茧蜂在寄主摄入高环烯醚萜苷的条件下，发育确实更快，但成蜂寿命变短。这些例子展示了为什么单主寄生的寄生蜂能够对寄主植物分泌化学物质的变化敏感的原因。

因此，由于气候变化因素影响寄主植物防御化学的变化，进而对植食性昆虫及其寄生蜂的影响可能是物种特有的，而且在多种气候驱动因素的作用下不易一概而论。在更复杂的系统中，过寄生蜂对植物产生的毒素变化的反应也可能在过寄生蜂的行为中发挥作用。

在更复杂的生态系统中，过寄生蜂对植物毒素的反应受初寄生蜂行为方面的影响，过寄生蜂是寄主昆虫的第二级寄生蜂，对寄主昆虫第一级寄生蜂的性能有很大影响。

最近的一项研究（Van nouhuys et al，2012）表明，无论是专一性的还是广谱性过寄生蜂都能应对寄主昆虫幼虫体内的各种水平的植物防御化合物，这使它们能够面对一系列潜在的化学挑战。这也可能表明，如果过寄生蜂不直接受到气候变化相关非生物压力的影响，过寄生蜂能够很好地适应任何由气候引起的寄主体内植物衍生毒素的变化。

4. 性比和寄生蜂种群动态

（1）基因突变和性比。性别分配理论（sex allocation theory），假定自然选择造成性比（即雄性后代的比例）的变化，如果性比对自然选择有响应，那么种群中必然存在决定性别比例的遗传变异。已有研究证明寄生蜂中存在决定性别比例的遗传变异。在单寄生的赤眼蜂（*Uscana semifumipennis*）中已发现决定性比的加性遗传变异（additive genetic variation）。一系列的研究发现群集的金小蜂蝇蛹金小蜂

（*Nasonia vitripennis*）的单雄系（isofemale）中存在性比差别，而且在人工选择试验过程中自交系间性比发生变化。在这两种小蜂中也发现与雌虫交尾的雄蜂存在性别分配效应。性比不一定是一个复杂的特性，性比通常和许多因素相关联，如繁殖力、寿命、各种环境条件，包括寄主质量、其他产卵雌蜂的存在。基因的相关特性最后会间接影响性比，比如和性比有关的遗传变异可能会受制于繁殖力的变异数量。实际繁殖力（产卵的数量）常和性比有关，尤其是在以固定顺序产下雌雄蜂和（或）每一窝卵都产下固定数量雄蜂的物种。Antolin（1992）用反应规范和双列杂交检测了金小蜂（*Muscidifurax raptox*）的几个品系（strains）的基因突变。虽然品系间存在少数决定性比的差异，但性比和繁殖力有着强烈的关联。繁殖力选择也许会限制性比的选择，因为性别比例的选择是频率依赖的，而繁殖力的选择是定向的（Ode & Hardy，2008）。

（2）性别决定机制。性染色体（sexchromosomes）同性别决定有明显而直接的关系，性染色体上有基因，这些基因的遗传方式会和性别有关。从行为生态学角度来看，如果性别决定机制影响或限制性别分配优化和寄生蜂交配选择，那么研究寄生蜂的性别决定机制也许会得到关注。从生物防治角度来看，如果性别决定机制影响大量培养的效果（mass rearing effciency）或者释放后种群的建立（post-release population establishment）和田间消长动态这些因素，那么研究寄生蜂的性别决定机制也许会变得有兴趣。寄生蜂染色体是单-二倍体（haplo-diploid），雌蜂从受精卵（二倍体，有一套成对染色体）发育而来，雄蜂从未受精卵（单倍体，有一套不成对染色体）发育而来，了解倍性（染色体组的倍性）和性别两者间的广义关系需要了解决定性别的遗传机理。膜翅目寄生蜂中有几种起作用的性别决定机制，某些机制得到了很好的研究，而另一些机制才开始探索。抛开单倍体变雄蜂，二倍体变雌蜂的这一特定的机制不说，相对一些生物而言，例如，具有二倍体-二倍体（染色体）的性别决定机制（因为交配的雌性个体可以通过控制卵子受精的行为控制后代的性别），目前普遍认为寄生蜂对后代的性别有较高程度的控制。

（3）性别决定假设。在单倍体-二倍体中，是不存在像哺乳动物的x、y染色体那样的异型的性染色体。雌、雄动物有相同比例的染色体，但唯一的不同是染色体组数。Ode和Hardy（2008）指出已提出5种寄生蜂性别决定机制，但没有一种能适合所有物种的研究，而且大多数机制不能用当前的证据支持。为了充分解释观察到的性别模式，还需要进一步修改这些观点。

①受精决定性别（fertilization sex determination，FSD）。性别是由受精事件决定的，而不是倍性决定的。虽然受精决定性别（FSD）机制是在研究多倍体寄生蝇丽蝇蛹集金小蜂（*Nasonia vitripennis*）后提出，但最近使用此物种的更多的研究排除了受精决定性别（FSD）作为一种候选机制。

②基因平衡决定性别（genic balance sex determination，GBSD）。在此机制作用下，性别由一组剂量补偿雄性基因（dosage-compensated maleness genes）和一组剂量补偿雌性基因（dosage-dependent femaleness genes）决定。雄性基因的作用在单倍体和二倍体的后代中的效果相同，但雌性基因在二倍体后代中的效果是单倍体后代效果的2倍。如果在单倍体中而不是二倍体中，雄性基因的作用超过了雌性基因，则单倍体将会发育成雄蜂，而二倍体将会发育成雌蜂，但并无很好的证据表明基因平衡决定性别（GBSD）这一机制起作用，而且许多膜翅目种类昆虫的实例排除了这个机制，因为在这些种类中观察到二倍体发育来的雄蜂现象。

③母系（母亲）影响性别决定（Maternal effect sex determination）。这也是一个基于平衡的假设。在这种机制下，来源于母亲的细胞质成分导致单倍体发育成雄蜂，但在二倍体中，这种作用被雌性化的核成分（基因位点loci）抑制。同基因平衡决定性别（DBSD）一样，母亲影响性别决定（MESD）假说不能用于解释产生二倍体雄性的物种。

④染色体组印迹性别决定（gemonic imprinting sex determination，GISD）。在染色体组印迹性别决定机制下，在发育过程中，一个或多个位点的差异性地烙印在母亲和父亲的个体发育中，未受精卵只包含起源于母亲和带有母亲烙印的基因位点，发育为雄性。受精卵包含带有父亲烙印的基因位点，最后发育为雌性。虽然染色体组印迹性别决定作为丽蝇蛹集金小蜂性别决定的机制，但最近的一个试验证据表明发育成雌蜂不需要来自父亲的基因位点，因此至少对丽蝇蛹金小蜂而言，性别决定是由一个更为复杂的机制决定的。Ode和Harday（2008）介绍下述认可的互补性性别决定。

⑤互补性性别决定（complementary sex determination，CSD）。在互补性性别决定机制中，性别由含有多个等位基因（等位基因由野生型基因突变产生）的单个基因位点决定。未受精卵发育成单倍体雄性（在性别决定位点上是半合子），受精卵既可发育成雄性，也可以发育成雌性，这取决于性别位点上的合子，在性位点上是杂合的个体发育为雌性，而纯合的个体发育为二倍体雄性。互补性性别决定和以上所讨论的4个性别决定假说的机制不同处在于：目前有许多可信的证据，多种寄生蜂存在互补性性别决定，事实上从最初描述麦蛾柔茧蜂（*Habrobracon hebetor*）开始，单位点互补性性别决定（Sl-CSD）和（或）雄性二倍体已记录于文献，在膜翅目至少已记录有40种，这似乎是膜翅目昆虫祖先的性别决定机制。但在进化上这种性别决定机制是有变化而不稳定的，在科（family），属（genus）中，互补性性别决定可能在一种寄生蜂中存在，但却不存在于另一种寄生蜂中，特别在小蜂总科（Chalcidoidea）内不存在。单一位点的互补性性别决定也许是多位点（ml-CSD）涉及性别决定的几个位点的任何之一，其杂合子足以发育成雌蜂，但有时发现多位点互补性性别决定，只在少数种类检测到，例如管氏肿腿蜂（*Goniozus nephantidis*）

并不存在多位点互补性性别决定和单位点互补性性别决定。已知6种弯尾姬蜂（*Diadegma*）［姬蜂科（Ichneumonidae）］存在单位点互补性性别决定，不存在二位点互补性性别决定（tl-CSD），或不存在多位点互补性性别决定，而在几种寄生蜂中也没有确定有二位点互补性性别决定。最近用菜蛾盘绒茧蜂（*Cotesia vestalis*）的研究证明，其性比、二倍体雄蜂的形成和二位点互补性性别决定有关（Ode & Harday，2008）。

（4）性别分配和沃尔巴克氏体（Wolbachia）。Ode等（2008）认为许多节肢动物包括瓢虫、寄生蜂有多个科在内的共生细菌，其中沃尔巴克氏体（Wolbachia）［α亚门的立克次体（α-proteobacteria）］是研究的最好的属。目前已知的沃尔巴克氏体（Wolbachia）来自至少70种寄生蜂。据估计18%～30%的昆虫种类被沃尔巴克氏体感染。这些内共生细菌会通过多种途径影响性别分配，其中包括如下几种。

①杀死雄蜂后代（killing male offspring）（杀雄），指沃尔巴克氏体（Wlobachia）引起雄性宿主胚胎或幼虫死亡的现象，可分胚胎死亡的早期杀雄、雄性幼虫或蛹死亡的晚期杀雄（任顺祥和陈学新，2008）。

②宿主细胞质不亲和（cytoplasmic incompatibility，CI），在某些情况下造成生殖隔离（reproductive isolation）。指沃尔巴克氏体造成不同地区同种宿主种群产生由细胞质因子引起的雌雄生殖不亲和，并不是由细胞核引起的雌雄生殖不亲和（任顺祥等，2008）。

③产雌孤雌生殖（parthenogenesis induction，PI），指沃尔巴克氏体只通过细胞质传递给卵细胞，所以沃尔巴克氏体诱导宿主进行产雌孤雌生殖，其宿主产后的卵细胞的第一次减数分裂或有丝分裂初期发生染色体不向两级分离而融合成二倍体，由未交尾的昆虫宿主可以产雌性后代（任顺祥等，2008）。

④雌性化雄蜂（ferminizing males），某些宿主在性别分化时，因沃尔巴克氏体的存在造成宿主（寄生蜂）体内造雄腺不能正常分泌造雄激素，造成精巢不能正常发育而成为卵巢的现象（任顺祥和陈学新，2008）。

沃尔巴克氏体以上4种方式对昆虫宿主（寄生蜂）的生殖起调控作用。

5. 寄生昆虫搜寻寄主和产卵动态研究

寄生昆虫行为生态学有丰富的理论，例如寄生昆虫行为影响着寄主-寄生昆虫的动态。湿地寄生昆虫种类及数量都比较多，它们在湿地斑块（patch[①]）上搜寻寄主和产卵行为的报道较少，其原理亦不详，现将有关研究整理如下。

---

① ＊害虫寄主分布于可能存在着寄生昆虫的一个取食空间称为一个"斑块"，害虫寄主分布的自然单位，如一个个的植株上，一个植株就是一个斑块，寄生昆虫会在有寄主的斑块上搜索寄主（徐汝梅等，2005）

（1）研究背景。作为一门学科，种群生态学主要讨论个体的出生、死亡和扩散如何影响种群的分布和丰富度的变化。个体差异常常被忽略，而种群则作为同性质的个体集合物来对待。相反，行为生态学聚焦于个体决策如何被进化改变，而不必涉及该行为和种群的关系。虽然行为生态学的首要目标之一是将个体和种群现象联系起来，这个目标已被遗忘多年，但现在来说是当代进化生态学中的一项挑战。在这一节，我们将探讨将个体搜寻寄主的行为与在寄主-寄生昆虫相互作用过程中的种群和进化动态之间联系起来这一主题上。

因寄主昆虫和其膜翅目、鞘翅目或双翅目的寄生昆虫之间的寄生关系有生物学和生态学的特征，这种特征让我们能详细考察它们在个体行为、种群与进化3个层次上的生态学。与捕食性昆虫不同，只有成年雌性的寄生昆虫寻找寄主，而雄性、雌性和幼年捕食性昆虫都必须搜寻和取食猎物。对寄生昆虫搜寻和产卵行为的描述定义了这种类型的相互作用，而将这些行为与种群动态关联起来是一个古老的课题和一个当代的挑战。此外，至少对单寄生昆虫而言，产卵行为和适合度收益（fitness gain）之间的密切关系提供了一种独特的方式，它将个体行为和种群动态同进化过程联系起来。

在探索寄生昆虫个体的寄生行为和种群动态之间的联系的首选方法之一是由Thompson（1924）开发的一种模型，当时Thompson关注生物防治和寄生昆虫是怎样影响害虫种群的丰富度这一主题。在他的模型中，他假定寄生昆虫会在每个寄主昆虫产一粒卵，产卵量正好等同于被寄生的寄主数量，同时假定寄主和寄生蜂之间的相遇是随机发生。虽然它能准确地描述寄生昆虫释放到寄主丰度高的区域时的两者的相互作用，当寄主稀少，寄生昆虫搜寻效率变得重要时，这种寄生蜂个体搜寻寄主行为模型就无法提供对种群水平寄生昆虫和寄主相互作用的一个合适的描述。

Nicholson（1933）以及Nicholson和Bailey（1935）提供了一个更规范化处理寄生昆虫个体行为和种群动态之间联系的方式。使用汤普森（1924）类似的方法，这些作者提出了两个不同的和重要的关联行为与动态的假设：①寄生昆虫遭遇寄主的次数与寄主密度成正比。②这些遭遇随机发生。

这些假设隐含着个体行为的思想，寄生昆虫个体寻找寄主（与寄主密度成正比），寄生昆虫和它的寄主之间每一次相遇是一个概率事件。这种描述尽管隐含，却是一个简单的从个体行为到种群水平的缩影。

$$\begin{cases} H_{t+1} = \exp(r) \cdot H_t \cdot \exp(-a \cdot P_t) \\ P_{t+1} = H_t \cdot \left[1 - \exp(-a \cdot P_t) \right] \end{cases}$$

式中：r为寄主（H）的内禀增长率；a是寄生昆虫（P）的搜寻效率。Nicholson和Bailey（1935）模型（见上公式）中，寄生昆虫个体寄生行为是用一个特定的寄主不被随机搜寻的寄生蜂寄生的概率来表示，这个概率由泊松分布的零值项［exp（$-a·P_t$）］表述。这些早期的理论模型（Thompson，1924；Nicholson & Bailey，1935）为阐述不同的寄主或寄生昆虫的行为怎样影响种群动态提供了理论和方法基础，在过去的几十年里，阐述这些模型导致了描述寄主-寄生相互作用生态理论的快速发展（Hassell，1978；Hassell，2000；Murdoch et al，2003）。

综述与寄生昆虫搜寻寄主相关的见解和概念，探讨空间异质性，最佳觅食和行为级别如何影响着我们对寄生昆虫寄生的细节理解。因为本书讨论湿地昆虫，暂不研究讨论寄主-寄生昆虫相互作用的种群和进化动态方面的研究成果，只讨论与寄生昆虫搜寻猎物生物学有关的最近的话题。

（2）搜寻寄主理论。

①理论。搜寻寄主及搜寻寄主理论可以用以下3个标准来定义：决策假设、扩散假设、抑制假设（Stephens & Krebs，1986）。决策假设可以定义宽泛的策略集，但是，就简单的搜寻寄主理论而言，决策集中于攻击那些寄主和何时离开一群寄主（van Alphen et al，2008）。扩散假设是用来比较不同决策的结果，而抑制假设定义讨论那些因素制约扩散假设和决策假设之间的关系（Stephens & Krebs，1986）。在本部分，主要目标是讨论就决策、扩散和抑制而言对寄主搜寻行为的不同描述，并以例子说明这些是如何导致得出不同的而且经常是相反的对种群和进化动态的预测。

基本统计理论预测，个体行为导致的仅仅是局部之和。例如，如果寄生昆虫个体在对寄主的分散攻击上的行为互不干扰，那么寄生的总体分布将由中心极限定理（central limit theorem）来预测，寄生的分布遵循随机分布。这是我们的零假设，而且我们还会问，在种群层面上，就动态和演变而言，非随机分布的攻击是如何扩大到影响聚集动态？

对寄主的随机分布式的攻击造成的影响是导致寄主和寄生昆虫间关系不稳定而且常为离散的振荡（Nicholson & Bailey，1935），这些动态的核心是功能反应（单位时间每头捕食者捕食猎物的数量）。功能反应模型（Solomon，1949，Holling，1959）是我们理解寄主搜寻和此种行为如何能进一步影响种群动态的基础。简单的功能反应假设寄生昆虫连续遇到寄主和每个寄主提供固定的适合度（后代）。如果一个寄生昆虫决定攻击一个寄主，那么必须在追逐、捕捉和（或）产卵在寄主上投入固定时间。在广义上这种处理时间成为将行为和种群动态联系起来的功能反应模型一个元件。

Holling（1959）的圆盘方程的一个简单的推导就是基于考虑被征服和被攻击的寄主数（He）是以下各项的一个函数：（ i ）攻击系数α，其单位为寄主/时间；（ ii ）可用的寄主（H），即猎物密度；（ iii ）可供搜寻时间（T）；（ iv ）处理每个寄主所需的时间（T_h）。因此：

$$H_e = \frac{\alpha \cdot T \cdot H}{1 + \alpha \cdot T_h \cdot H}$$

（上式或写为：$N_a = \dfrac{\alpha \cdot N \cdot t}{1 + \alpha \cdot N \cdot t_n}$）

式中：α为攻击系数，即瞬间攻击率；N为猎物或寄主密度，即可用猎物或寄主；T为可用于搜寻的时间；T_h为处置时间，即处理每头寄主所需时间。

寄主被攻击数（H_e）与寄主种群大小（H）的关系是一个凸状函数线，其中有搜寻效率和处置时间之间的比率确定的渐近线（图2.8）。将所遇的寄主表达成为被攻击寄主的比例的函数说明随着寄主种群数量的增加，被攻击寄主的比例下降。这种寄主密度提高降低死亡率的作用导致了种群动态不稳定，特别是可预见这种功能反应模型导致不稳定的（有时不持久）寄主-寄生昆虫动态。

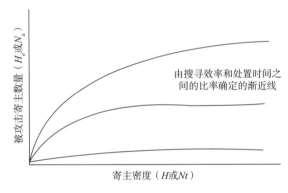

图2.8　功能反应II型

（仿Michael & Carlos，2008）

②空间异质性[①]（spatial heterogeneity）。在异质环境中，寄主分布在不同密度斑块（patch）中，一些寄主凭借其空间分布相对不易受到攻击。这是假定寄生昆虫是以一种非随机的方式搜寻寄主的。例如，Hassell（1978，2000）比较详细地讨论了为何寄生昆虫倾向于聚集在寄主密度较高的斑块。非随机搜寻寄主导致不同的寄生的空间分布，可以用以下公式的幂律关系简单描述：

$$\beta_i = c \cdot \alpha_i^{\mu}$$

式中：β_i为第i个斑块内寄生蜂相对于寄主的比例；c为一个标准化常数；μ描述聚集反应强度。如果$\mu=1$，寄生昆虫反应与寄主密度变化呈线性关系，如果$\mu>1$，寄

①　自然环境在时间和空间上都不是均匀的，也不是不变的，环境常由一些适宜于某物种生存和繁殖的斑块网络和一些不适合的斑块所组成

生昆虫聚集高密度的斑块，当$\mu \to \infty$，寄生昆虫优先进入密度最高的斑块。这种非随机寄主搜寻导致斑块之间寄生水平之间的差异，并预计产生各种寄生模式。在一般情况下，每个斑块内寄主密度和寄生强度之间的相关性同密度的关系可能是正向的，逆向的，或不相关。已有很多研究者尝试将大量的寄生模式的研究进行分类。在Lessells（1985）、Stiling（1987）、Walde 和Murdoch（1988）、Hassell和Pacala（1990）的综述中预测了这3种模式即正密度依赖、逆密度依赖和无密度依赖出现的频率以及它们由此产生的种群动态的重要性。

由Hassell和May（1973，1974）提出的原始理论指出聚集性行为和寄生的非随机分布会导致寄主密度和被寄生寄主的比例之间呈正相关。这一理论的提出说明不同的行为会导致不同的寄生模式与局地性种群动态预测。例如，Hassell（1982）表明如果寄生昆虫对斑块分布的寄主有行为（聚集）反应，同时如果在一个斑块搜寻寄主受一些限制因素（如处理时间）的影响，那么可以呈现出不同类型的寄生模式。这种斑块到斑块寄主搜寻模式（Hassell，1982）说明了在确定非随机寄主搜寻是如何影响寄主和寄生昆虫之间动态相互作用时，考虑复杂的（常常是互相冲突）行为的必要性（Michael & Carlos，2008）。

③最佳搜寻（optimal foraging）。消费者（如寄生昆虫）更有可能是非随机地搜寻寄主，换言之，它们采用一种所谓差异化的斑块–时间分配策略，这就涉及最佳搜寻的概念（MacArthur & Pianka，1966；Emlen，1973；Charnov，1976）。在搜寻理论方面，最佳搜寻是指寄生昆虫为了最大限度地提高资源的捕获率，进而提高生殖适合度而将搜寻时间进行理想分配。个体层面上的斑块利用理论，即边际值原理（Charnov，1976）主要基于斑块间的搜寻时间和通过差异化的斑块驻留时间获得的边际收益（van Alphen & Bernstein，2008）。斑块间的搜寻时间长和收益好的斑块会更易于让寄生蜂延长斑块驻留时间。通常，寄生昆虫会耗尽所搜寻的斑块上的资源。例如非杀卵抑性寄生蜂（non-ovicidal idiobiont parasitoids）麻痹寄主，这些寄主就不再会成为其他搜寻健康寄主的寄生蜂的搜寻目标了。

随着时间推移，斑块可利用性下降，要想使自己的搜寻最佳化，此时，寄生蜂必须作出选择，即在收益递减曲线的哪一点上离开斑块，去搜寻别的地方。为了最大限度地提高寄主搜寻率和产卵率，寄生昆虫选择攻击一个斑块的寄主，直到切线与收益递减曲线之间尽可能达到正切（图2.9）。如果栖息地包含各种不同的斑块（不同的寄主密度或质量），那么最佳解决方案就是驻留在每个斑块，直到各斑块的寄主寄生率相当于整个栖息地净寄主寄生率（van Alphen & Bernstein，2008）。因此总体趋势是寄生昆虫穷尽利用各斑块，直到所有斑块具有相同的寄主寄生率（Michael & Carlos，2008）。

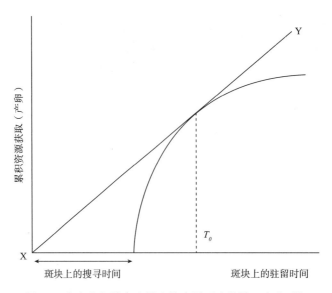

图2.9 寄主全部被寄生的斑块内最适宜的搜寻寄主时间

图中曲线表示随时间推移，斑块上的寄生昆虫获得的累积资源。最佳的寄生昆虫应该选择在斑块上驻留足够的时间以获得最大的寄生率和相正切曲线（直线XY），寄生昆虫应该在 T_0 时离开斑块

（仿Michael & Carlos，2008）

④寄生昆虫在斑块上理想自由分布概念。理想自由分布（ideal free distribution，IFD）是同最佳搜寻相关的一个种群水平上的概念。在此情形下，寄生昆虫以一种进化稳定方式分布它们的搜寻活动。在理想自由分布下，寄生昆虫可以自由地在一系列斑块中分布它们的搜寻活动，寄生昆虫倾向于优先搜寻回报率最高斑块。理想自由分布假设寄生昆虫是无所不知的，用于飞行的时间是有限的，不同斑块中寄生昆虫应当具有等同的平均适合收益（fitness benefits）。如果一个斑块有丰富的寄主资源，则寄生昆虫应当在资源消耗代价（由同种消费者）和由丰富的寄主资源带来的收益之间做一权衡。

已使用多种不同的寄主-寄生昆虫相互作用对这一理论进行田间和室内的验证。例如，利用圆柄姬蜂（*V.canescens*），Tregenza等（1996a，1996b）探讨了对有干扰的和理想的自由搜寻结果的预测。他们发现，寄生昆虫适合度（收益率）随着斑块中寄生昆虫密度增加而下降（干扰的影响）。更重要的是，他们证明采样行为和感知障碍也影响了寄生昆虫在不同寄主密度斑块上的收益率，并且证实了在试验的初始阶段寄生昆虫活动更频繁些。随后，寄主-寄生昆虫相互作用的田间研究证明，寄生昆虫的搜寻分布不一定遵循理想的自由分布。实蝇（*Terellia ruficauda*）的寄生蜂（金小蜂*Pteromalus elevatus*，*P.albipennis*，种小蜂*Torymus* sp.A，*Torymus* sp.B）的寄主搜寻更多发生在孤立斑块上的寄主上，而不是在拥挤的斑块上的寄主。有人认为，这可能导致逆密度依赖寄生模式[①]。虽然就寄生昆虫的行为而言，通过处理时间限制，这种寄生模式背后的机制很好理解，干扰和斑块间的寄生昆虫的分布之间的相互作用很可能涉及各种不同行为的组合和揉和。事实上，Bernstein等（1988，1991）的模型表明，依靠个体经验和学习，非全知（non-omniscient）动物的觅食行为也能导致一个理想自由分布。Hoffmeister等（2008）寄生昆虫行为生态学的实例表明，寄生昆虫有学习行为。在这些模型中，寄生昆虫个体先对总体的寄主可用性环境的评估，然后决定是否离开斑块，这导致出现迁移斑块利用方式（migration patch exploitation patterns）的混合。

如果理想自由策略（ideal free strategies）更可能涉及行为的揉和，那么这对个体的局部分布和由此产生的种群动态有着广泛的影响。众所周知，寄生昆虫以寄主为食，也以寄主为产卵对象。这种育卵（synovigeny）的资源的依赖性可能影响预期寿命和总体生殖成功。例如，Sirot和Bernstein（1996）使用随机动态方法，证明当寄生昆虫和寄主处于环境的不同部位时，会出现一个状态依赖的理想自由分布，并由同种个体数量和相互干扰程度决定。这对寄主-寄生昆虫交互作用的种群动态有影响。

一个更可能但很少探讨的搜寻分布是由理想等级分布（ideal despotic distribution）来描述的。这种寄生昆虫的分布可以发生在具有结构化等级层次（structured hierarchies）的物种中。在这里，自由分布可能不再适用，因为个体无法在所有斑块中自由活动。最初到达斑块的可能获得资源，并获得最高的适和度报酬（例如，所有寄主都是易被寄生，而且重寄生的代价较低），但平均适合度在不同斑块中不同。

获取同种个体存在的信息，并与同种个体互作，通常是搜寻寄主成功的更可靠指标，而理想等级分布可能是一个将个体行为与更广泛的聚集动态联系起来更现实的框架。

（3）队列、个体行为和群体动态。从这种等级分布和结构化等级层次可以得出一个推论，就是个体形成某种队列[②]（或生殖偏差即寄生昆虫个体之间的不同产卵率），某些个体在斑块上有获得更高的适合度的驻留时间。将队列理论应用到行为生态学中（Newell，1971）并用它来优化搜寻理论，虽然这种尝试相对不成熟，但可能提供了有用的方法。有了这样的方法，我们可以思考个体行为是如何转化为更广泛的群体活动方式。为了达到这种目的，可以将单个搜寻者（即寄生昆虫）忽略不

---

①　反密度依赖寄生模式：检查寄生可以反映出寄生密度高时不一定寄生率高，寄主密度高时寄生蜂搜索寄主时间会缩短，和（或）控制产卵（Heimpel & Casas，2008）

②　队列Queues的含义是多个拟寄生昆虫个体在一起的寄生行为，其内涵并没有达到种群的范围和内容

计，在这样的尺度上测量和分析搜寻者（即寄生昆虫）的特征。以上这种假设也是可能存在的，因为在某一个环境中搜寻可能会遇到许多与之相互作用的其他搜寻者（即寄生昆虫）。要想理解这些，策略就是把搜寻活动和搜寻者（即寄生昆虫）的分布视为一个队列。到达斑块上的每一个寄生昆虫都由此斑块提供寄主（产卵），然后离开此斑块。这可能描述一个等级结构（例如，生殖偏差）或斑块上的不同驻留时间。因此，到达和离开规则的细节可能不同，可以假定一个代表这个队列的随机模型，并引申出一些基础的概率分布（带有未知参数）。另一方面，可以假定，如果有大量的搜寻者（即寄生昆虫），由到达和离开规则引起的寄生昆虫数量的相对变化可能是微不足道的，与观察到的到达数相比，到达斑块的搜寻者（即寄生昆虫）随机波动的不确定性将很小。特定斑块上的队列的大小［$Q(t)$］可以非常简单地描述为：

$$Q(t) \approx Q(0) + (\lambda-\mu) \cdot t \quad (4)$$

式中：λ 和 μ 分别是单位时间 t 的到达率和离开率，如果 $\lambda < \mu$，队列减少，如果 $\lambda > \mu$，队列增加。对于一些平滑累积到达函数（A），瞬时到达率可以定义为：

$$\frac{dA(t)}{dt} = \lambda(t) \quad (5)$$

图2.10表示了一条典型的寄生昆虫到达和离开斑块的曲线，整个时间段里到达率和离开率是恒定的。

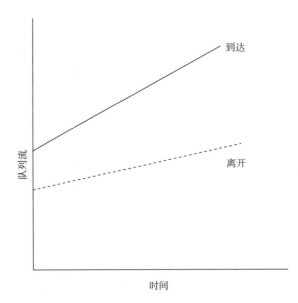

图2.10　时间依赖到达［$A(t)$］和非时间依赖性离开（D）队列流的示意图

两条曲线之间的差值给出了瞬时时滞（斑块驻留）和两线之间的面积是总时滞

$A（t）$和$D（t）$之间的任何点间差值为瞬时时滞（瞬时斑块驻留时间），总时滞（总的斑块驻留时间）可由$A（t）$和$D（t）$之间的面积或通过积分获得：

$$Q(t) = A(t) - D(t) = \int_{t\min}^{t\max} \left[\lambda(s) - \mu \right] ds \qquad （6）$$

因此，如果$dQ/dt=0$，等待产卵的搜寻寄主的寄生昆虫数量会达到最大值。当λ（t）$=\mu$时这种情况会发生。从适应性的角度来看，其含义是寄生昆虫个体应该根据当地环境同种寄生昆虫的数量来作出寄主搜寻的决定。就未来的生殖成功而言，长队列在成本上是不可行的。这一基本理论的随机版本可以推导出来。例如，如果在时间t内到达和离开斑块的寄生昆虫接近正常且在统计学上是独立的，那么搜寻寄主的寄生昆虫队列的大小的差异是$A（t）$和$D（t）$之间的差值。当队列长度的均值变化仅仅是到达期望值和离开期望值之间的差异，队列长度的变化方差为：

$$Var[A（t）-D（t）] = Var[A（t）] + Var[D（t）]$$

例如，如果到达率和离开率是常数（一个潘松分布过程）

$$E[A（t）] = \lambda \cdot t$$

$$E[D（t）] = \mu \cdot t$$

则队列长度的方差为：

$$Var[Q（t）] = t \cdot （\lambda + \mu）$$

队列长度与时间呈线性关系，与到达斑块和离开斑块之间的差值也呈线性关系，而标准差则随着$\sqrt{t}$和到达与离开之和的平方根的增加而增加。这意味着理解队列长度的方差以及之前的斑块的寄主搜寻水平，对寄主搜寻决定至关重要，队列过长可能会限制寄主搜寻活动，先前局部环境的到达和离开亦可能会限制寄主搜寻活动。就生殖偏差而言，通过应用和发展这些随机模型就可以很好地理解斑块驻留时间或寄主搜寻活动。

了解斑块驻留时间或何时离开斑块去搜寻其他斑块的规则对链接行为、动态和进化具有非常重要的意义。如前所述，投入非产卵活动的时间可能影响个体适合度和对种群动态的聚集效应。一个斑块上消费时间的概念、这些行为的决定因素和离开斑块相关的机制已经利用寄生昆虫进行了深入的探讨。Waage（1979）利用寄生蜂姬蜂（_V.canescens_）表明在斑块上驻留时间由寄主密度和产卵率决定，两者都导致较长的驻留时间。离开斑块不仅受最后一次产卵时间影响，而且也受斑块上的所有产卵的影响。这种对斑块质量的行为评估比简单的阈值模型或随机变量提供了更准确的评估（通过寄生昆虫响应的）。更彻底的是，这些离开斑块的规则的最好的表述是概率模型，这个模型描述寄生昆虫个体每个时间单位离开斑块的机会（假定个体在斑块中）。Haccou等（1991）报道了在每次产卵事件和在每次离开斑块并重新进入斑块之后，果蝇幼虫寄生蜂（*Leptopilina heterotoma*）如何重置离开斑块倾向。正如所预料的那样，每增加一次产卵事件，离开斑块倾向就会减少。在产卵之间长时间的寄主搜寻会增加寄生昆虫离开斑块的可能性，虽然返回斑块的倾向对随后离开斑块的时间影响不大。

正如Waage（1979）所指出的，寄主密度也会影响斑块驻留时间。随着斑块密度的增加，离开斑块的概率预计将下降，因为与健康寄主的相遇带来的预期适应度将会抵消搜寻新斑块的活动成本。在低密度或均匀密度环境中，寄生蜂如圆柄姬蜂（*V.canescens*）的产卵活动减少了在斑块中的花费时间。事实上，这里的关键点是寄生昆虫所掌握的在一个斑块中寄主可用性的信息是怎样地可靠？可靠的信息需要一个倒计时机制，均匀分布可以获得这些信息的一种特殊情况。随着产卵的积累，每一个产卵事件导致当前的寄主可用性水平下降，这种倒计时机制允许寄生昆虫个体将斑块驻留时间调整到斑块的初始收益性，并获得了适合度收益。据说这些离开斑块规则是受显著的遗传变异控制的。探索同种个体之间的相互作用，Wajnberg等（2004）也说明个体之间相互作用的细节是很重要的。其他个体遗传控制的竞争优势的知识似乎对确定斑块驻留策略和离开斑块规则至关重要。通过考虑将特定行为或策略视作状态依赖过程，可以实现对所有这些寄主搜寻模式的近似描述。是否在特定的斑块中搜寻寄主取决于寄主密度、在斑块中已经产卵的数量、同种个体的存在以及重新进入的斑块的次数。这种状态依赖决定了寄主搜寻的成功，在强调这一点时，Wäckers（1994）指出寄生蜂微红盘绒茧蜂（*Cotesia rubecula*）的营养状况影响到它在搜寻用于产卵的寄主和生存资源之间的选择。这种状态依赖的行为信息将一个明确的、额外的时间要素引入到具有重要的聚集种群动态结果的寄主搜寻行为中。

七、协同进化（co-evolution）

协同进化指一个物种的性状对另一个物种的性状的反应而进化，而后一物种这一性状本身又是对前一物种的反应而进行（戈峰，2008）。

（一）洞庭湖湿地植被演替和竞争物种间的协同进化

在洞庭湖，芦苇是挺水植物，荻是湿生植物，两者对栖息地的要求自然不同。荻、芦是两个不同的种，究竟两者在湿地分布的关系怎样？现以湖北省荻、芦分布的情况来说明。根据调查，湖北省荻、芦种群分布的面积达40多万亩[1]，荻岗柴、荻刹柴和芦三者产量可以看出，荻（岗柴、刹柴）的成分占主要。但在清朝光绪甲午年即公元1894年编著的《沔阳州志》第五卷食货部分中，有芦苇而无荻的记载，即今松滋市王家大湖万余亩苇场的建群种基本上是芦苇，就可以证实当年湖泊生长的高秆植物主要是芦苇（谢成章等，1993）。那么湖北省荻、芦为何由原来的芦苇为主变成如今的以荻为主呢，下面从植被演替方面进行论述。

从荻、芦的结构来看，芦的通气组织较荻的发达，适生于水中，称谓挺水植物或水生植物；而荻则是湿生植物，通气组织不及芦的发达，故不宜长期生长于水中。湖北省素有"千湖之省"的称谓，现在的仙桃、洪湖、汉川、汉阳等地过去是一片泽国，适于芦苇生长，而今由原来的低处被雨水冲刷的淤泥壅塞，部分水面变为陆地。长江、汉江的许多洲滩的不断形成也是这个缘故。因此，地理环境逐年在变化，原来适生芦苇的地方如今适生荻了［亦称为群落演替（community succession）］（姜汉桥等，2004）。

另外，由于兴修水利，围湖造田，部分水面被利用种植农作物，大批的芦苇被砍掉，加之芦苇的产量不及荻，因此，人们也有意地淘汰芦苇。由于地理环境的变化和人为的选择，使得芦苇和荻这两个不同种的消长发生了变化。这种演替关系，也说明了水生植物可以演化为湿生植物（谢成章等，1993）。

湖南从植物种类组成的水生生态类型来看，以湿、中生植物为主，如芦苇、荻、藨草、苔草、萎蒿、水芹等。承受泥沙淤积是滩地植被的一个显著特征，当泥沙因缓慢淤积而抬高时，过湿的和积水的环境不断发生变化，这种变化逐渐不利于沼泽植物芦苇群落生长，而利于湿生植物（湿生芦荻群落）生长。这样，沼泽逐渐消亡，而这种滩地植物逐渐形成（赵运林，2014）。

湖北江汉平原湿地和湖南洞庭湖湿地毗邻，是同一年代的产物。按谢成章等（1993）查阅1894年的《沔阳州志》，荻、芦作为野生湿地资源至今有120多年的历史。湖南洞庭湖湿地有77种昆虫（王宗典等，1989），湖北洞庭湖有243种（徐冠军，1989），为害荻、芦严重的有6种单食性（monophagous）或寡食性（stenophagous）害虫或称优势类群，它们是泥色长角象（*Phloeobius lutosus* Jordan）（荻粉长角象）、芦苇豹蠹蛾（*Phragmataecia castanea* Hübner）、荻蛀茎夜蛾（*Sesamia* sp.）、棘禾草螟［*Chilo nipponella*（Thunberg）］、芦螟［*Chilo luteellus*（Motschulsky）］、芦毒蛾（*Laelia coenosa candida* Leech）等。前5种是蛀茎秆害虫，进入洞庭湖湿地之后，因环境稳定，数十年的寄主植物经过自然选择取食适宜自己的食物，逐渐食性相对专一，形成狭生态位。如芦苇豹蠹蛾在洞庭湖为害芦，

---

① 　1亩≈666.7m^2，全书同

在印度为害芦竹（*Arundo phragmites*），泥色长角象在洞庭湖为害荻，但在亚洲有些国家为害甘蔗（？），拟垫跗螳螂在南亚和东南亚栖息湿地、稻田、蔗地，捕食甘蔗粉虱、飞虱等，在洞庭湖湿地捕食食荻色蚜，表明寄主专化性是进化的方向（徐汝梅等，2005）。在洞庭湖湿地，以上害虫是单食性，只为害荻。在同一荻、芦植株上，多种害虫并不栖息在同一生态位。如湿地荻、芦田中，芦苇豹蠹蛾蛀食地下茎，棘禾草螟、芦螟幼虫蛀食地上茎，芦毒蛾为害叶片。以上几种竞争物种的协同进化通过物种生态位分离来表示，竞争的结果是几个物种充分利用资源，而又共存。

总之，所有一切如食性专化性、狭生态位等都是过去百年来洞庭湖湿地环境稳定造成的。

（二）植物防卫——植物挥发物和寄生蜂

长期自然选择过程中，植物对昆虫的为害有一系列的抗性反应，形成一套自卫的化学防御手段，制造毒素对付植食性昆虫，分泌可挥发性物质驱赶害虫，产生代谢物质干扰害虫生长发育。昆虫对付植物防卫机制的办法是产生特殊的酶解毒，即昆虫和植物形成了协同进化关系（戈峰，2008）。

植物使用各种方法，专一性的、综合的防卫方法来对抗对植物的各种攻击。植物的防卫有各种类型的构造或使用诱导的方法。植物化学防卫物影响害虫的寄生蜂有两种方法：一种是调整寄主的质量，另一种是寄生蜂直接接触未代谢的植物毒物，接触昆虫寄主血淋巴。有害虫诱导的植物化学挥发物（HIPVs），如绿叶挥发物（GLVs），挥发的萜（volatile terpenes），它是由害虫为害植物组织后释放，能吸引寄生蜂和捕食性天敌。下面介绍植物有效的防卫途径表达方法。

植物的协同进化表现在：在植物最开始受伤害处，植物对自己受到的伤害以信号表示出来，基因表达方式是激活伤口物质的流出量（留注），结果是产生毒物，和（或）产生挥发物，此一毒物和挥发物诱导出对未来害虫的为害出现抗性。已知对害虫的为害可出现不同的组合的植物防卫途径。根据植物对植物防卫的调节方式，研究出有3种植物激素水杨酸（SA）、茉莉酸（JA）和乙烯（TA），其他植物激素如脱落酸（ABA）在植物防卫作用的调节上也很重要。

1.刺吸式（吮吸式）口器昆虫

植物病原菌及取食植物韧皮部的刺吸式（吮吸式）口器昆虫（如蚜虫、粉虱、叶蝉）能引发植物的防卫途径，这些植物防卫途径和由生物营养植株病原菌激活的防卫途径相似。植物病原菌的诱导物（如脂类、多糖和肽）和植物受体结合释放有效的氧核素（ROS）（图2.11），氧核素能诱导超级敏感反应（HR）（图2.11）差不多杀死植物细胞，产生抗生命物质，限制病原菌传播。这种防卫策略能非常有效地防治生物营养植物病原菌，因为这些病原菌需要活的植物组织，在这些组织上生存，活性氧核素（reactive oxygen species）也刺激有内吸抗性（SAR）的水杨酸（SA）的生成，并诱导出水杨酸对大量植物病原菌和对刺吸式（吮吸式）口器昆虫如粉虱、蚜虫的抗性，和植物病原体所做的相同。刺吸韧皮部昆虫其丝腺分泌物的诱导物（蚜虫）和吮吸性昆虫其细胞内含物（蓟马）诱导出植物体病原体抗性基因（pathogen resistance gene）会有增加。其他植物病原菌能诱导出调节茉莉酸（JA）和乙烯（ET）防卫途径，结果诱导出有影响力的对这一类病原菌抗性和对许多其他刺吸性（吮吸式）口器昆虫的抗性。

　　和咀嚼式口器昆虫造成损伤反应后形成挥发产物相比，较少知道取食韧皮部昆虫［刺吸式（吮吸式）口器昆虫］造成植物伤害形成挥发物的途径，但知道蚜虫为害植物后产生的类萜和C_6混合物的挥发物能吸引寄生蜂（Ode，2013）。

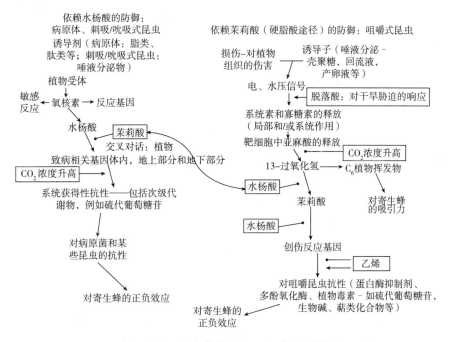

图2.11　水杨酸（SA）和茉莉酸（JA）引发的植物防卫途径

在这些途径内介绍主要植物激素以及环境的胁迫作用（小框内是说明）。

箭头代表植物防卫作用的途径，此一循环系统内防卫作用是因受到抑制剂的作用

（仿Ode，2013）

2. 伤口反应和咀嚼式口器昆虫

　　与刺吸式（吮吸式）口器的害虫不同，咀嚼式口器昆虫能适成广泛的植物组织损伤，并能继续移动并损伤整株植物，有时在植株之间活动，消耗新的植物组织，

由咀嚼式口器害虫造成的物理损伤在相似的植物中会有基因表达，但不完全相同，是由机械损伤引起，咀嚼式口器昆虫的反应常有高度的种的专一性，包括产生局部和全部的威慑性产物，消化后的抑制性产物，毒物以及对害虫有拒避作用，对天敌有吸引能力的挥发物。茉莉酸是脂肪酸代谢途径的关键部分，它大部分是在这些反应中存在，已在茄科（solanaceous）植物中，如番茄中得到充分研究。

电、水压、化学信号会激发植物对昆虫为害后伤口的反应，这些信号可能就会部分起作用，或通过韧皮部和（或）经木质部传遍植株全身，来引发脂肪酸途径（octadecanoid pathway）。其中已被很好地研究了的信号是系统素（systemin），一种寡肽，几种茄科植物韧皮部传导的植株开始受伤的信号。其细胞原生质膜中系统素缠绕而成的蛋白引发亚麻酸的释放，是一种对于脂肪酸途径的重要底物。认为来自唾腺和回吐分泌物中的植食性昆虫的专一性的诱导物（Herbivore-specific elicitors）是昆虫对植株伤口流注下的防卫反应。脂肪氧化酶（LOX）将亚麻酸转变为13-过氧化氢（13-hydroperoxide）。13-过氧化氢经过一个水解途径，通过过氧化氢酶（HPL）产生愈伤激素（包含在伤口治愈中）和C_6挥发物，即绿叶挥发物，它们之中许多是用来阻止植食性昆虫的取食以及它们的天敌的捕食（Heil，2008）。13-过氧化氢的另一个重要途径就是经过一系列的酶促反应转变为茉莉酸（JA），通过茉莉酸和它的结合物激活了一套伤口反应基因（wound response genes）。伤口反应基因的表达最后产生了有毒的防卫化合物，防卫化合物可以抗拒植食性昆虫，产生的挥发物可以驱虫，或对植食性昆虫有毒，常吸引天敌，将来能防止植食性昆虫和病菌进一步的为害。抗植食性昆虫的化合物由脂肪酸途径产生，包括抗消化蛋白（蛋白酶抑制剂）、抗营养物质酶（多酚氧化酶）以及一套专一植物毒素即生物碱、葡糖异硫氰酸、呋喃香豆素。已知植物激素脱落酸（ABA）可激活脂肪酸途径（图2.11），但乙烯可能拮抗或促进伤口反应基因的表达，这取决于参与的植物-害虫系统。

虽然咀嚼式口器昆虫对植物造成的伤害或植物对伤口的反应其结果在许多方面是类似的，但认识到这些反应并不相同是重要的，相比于机械伤害，一般害虫的伤害会造成挥发性化学物产量的增加，并会产生害虫专有的挥发性化学物的混合物。植食昆虫回吐物和口器的唾液的分泌物中的专一诱导物会造成茉莉酸产量的升高和伤口反应基因表达加剧。同样地，某些豆象的产卵液可以作为害虫专门的诱导物，最后能提高对甲虫幼虫的防卫能力（Doss et al，2000）。在某些情况下，在无伤口存在时使用昆虫回吐物足以引发对害虫的脂肪酸防卫途径。况且，一些害虫回吐物导致防卫基因的表达，此种基因的茉莉酸/脂肪酸代谢途径是独立的。这些诱导物可使植物调整它们的反应以适应对抗专一性的害虫。

八、集合种群（metapopulation）

徐汝梅等（2005）和戈峰（2008）分别引入集合种群的概念。因破坏比较严重的洞庭湖湿地景观中生存的一些昆虫会以集合种群的形式存在。将种群、集合种群介绍如下，并采取戈峰（2008）的注释。

传统意义上的种群又称局域种群（local population），由一群个体组成的种群；集合种群又称异质种群，是一组局域种群构成的种群，空间上相互隔离，功能上又有联系的若干亚种群，是通过扩散种定居而组成的种群。局域种群昆虫种群小，有灭绝风险，通过邻近区域种群昆虫的扩散和定居得到补充可重新建群，由许多地方昆虫种群组成高一层次（范围更大）的系统称为集合种群。集合种群包括区域种群和更高层次的空间和地区。湿地的芦毒蛾、棘禾草螟为集合种群。

徐汝梅等（2005）和戈峰（2008）介绍集合种群持续生存的4个必要条件：离散的区域繁殖种群，在适宜生境以离散斑块的形式存在；所有区域种群均有灭绝的风险，区域种群有重建可能，昆虫的生境斑块不可过于隔离而阻碍局部种群的重建；区域动态的非同步性、异步性足以保证在当前的环境条件下不会使所有局域种群同时绝灭。

陈浩君和徐汝梅（2008）介绍了经3年研究（1998—2000年）大网蛱蝶（*Melitaea phoebe*）和金黄蛱蝶（*Polygonia caureum*）集合种群的研究成果。

第二节　群　落

1975—2013年，通过研究分析洞庭湖湿地植被和昆虫群落结构特征，明确主要害虫的生物学特性、生态学以及洞庭湖湿地昆虫群落的优势种。

一、定义

群落是占有一定空间、生活在一定面积的环境中有相似的自然资源需求的几个或多个种群的集合体。群落包括了植物、动物和微生物等各个物种的种群，这些种群共同组成了生态系统中有生命的部分。每个群落有自己的分布区，且独立于邻近的群落。在一个群落中，物种是多样的，生物个体的数量是大量的。群落的生物之间有食物链和能量转换的联系，因而具有极复杂的相互关系。群落除了有一定的结构以外，在时间过程中，还具有一些动态的特征，例如发展和演替。因此，群落的特征绝不是其组成物种的特征的简单总和，在群落内有着联系协调控制的机制，使它在变动过程中，保持了相对的稳定性，这些相互关系使群落内有着联系协调控制的机制，使它在变动过程中，保持了相对的稳定性，这些相互关系使群落成员间存在着统一性，从而这些成员有生存在一起的可能。然而，各物种在时间和空间上还是可以相互置换的，因此功能相同的群落有可能由不同的物种组成。

二、群落的特征

生物群落具有一系列可以描述和研究的属性，这些属性不是由组成它的各物种所包括的，而是说它只是在群落总体水平上才有的一些特征。

群落是植物与动物的复杂聚合，群落和它的环境有不分割性，群落内不同有机体的类群叠置，群落内有机体之间的能量和物质相连，群落内各种有机体的群落学重要性不同，群落内随时间界限（时间过程）有群落演替（succesion）。在一个群落中所有物种的种群起的作用不都是完全相等的。一个种群或几个种群在群落的发育或能量转换过程中，常常由于一个或几个种群的数量、大小和在食物链中的地位深刻地影响着自然环境和群落的组成，这样似乎决定整个群落的性质，这样的物种称为群落中的优势种。在洞庭湖荻、芦、苔草、水蓼等是植物优势物种。根据主要优势种的生活型把它称为草甸沼泽群落（谢永宏等，2014）。

三、湿地植被

植被决定昆虫种类。谢永宏等（2014）对200多种湿地植物资源进行初步的区系分析和群落生态学研究，前者的结论为洞庭湖湿地植物区系属华东植物区系中亚热带区系成分向北温带区系成分的过渡地带。后者群落生态学研究将湿地植物资源归类为14种湿地植被群落，特征为湖南省洞庭湖湿地植被类型主要包括水生植被、草甸、沼泽植被。面积较大的水生沼泽植被按照生活类型划分又可分为3类，分别为沉水植物群落、浮生水生植被及挺水植被。其中沉水水生植被主要的群落类型有苦草群落、金鱼藻群落、穗花狐尾藻、马来眼子菜、菹草群落等；浮生水生植被主要类型为莲群落、荇菜群落、水鳖群落、浮萍群落等；挺水植物主要群落类型为芦苇群落、薹草群落、香蒲群落等。草甸植被主要为分布于各大典型洲滩的荻群落、藕草群落、苔草群落、辣蓼群落、蒌蒿群落、水芹群落及紫云英群落等；典型木本植物群落主要有杨树群落、鸡婆柳群落和旱柳群落等。其中杨树群落是自20世纪70年代以来随着洞庭湖湿地水位不断下降人为种植所生成的一种典型植被群落。而旱柳群落主要分布于洞庭湖大堤沿岸，主要用于防洪防浪（谢永宏等，2014）。植被演替始终是荻群落和芦苇群落占优势，可列表剖析如下。

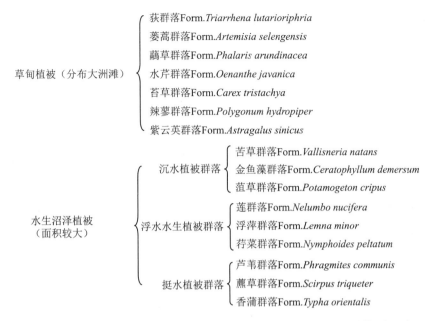

下面我们选择几种和昆虫关系密切昆虫取食越冬的湿地植被群落详细介绍。

（一）荻群落

多年生根茎禾草，中生植物。主要分布在海拔27m（洞庭湖东部）或30m（洞庭湖西部）以上遭受季节性洪水泛滥的高洲滩上。一般2月初萌发，7月下旬开花，10月底停止生长而逐渐枯黄，在湖区湿地高度为4～6m，粗0.5～3cm，是洞庭湖洲滩上面积最大、较典型的一类群落类型。群落土壤为潮土和沼泽化草甸土。群落下层其他草本稀少，主要伴生种有䅟草、水芹、短尖苔草、弯囊苔草、红穗苔草、一年蓬、辣蓼、紫云英等。该物种在洞庭湖地区是一种重要的野生植物资源，主要用于造纸和手工艺品制造。

（二）芦苇群落

多年生禾本植物。此群落分布与荻群落相似，主要分布高度为29.6～36cm。多见于洲滩低洼沼泽地及河流低洼处，也可生长在湿生生境及中生生境。在洞庭湖湿地，该物种可与荻混生，也可单独成为优势群落。群落密度为20～40株/m²，盖度可达70%～85%。群落优势种为芦苇，常见伴生种为短尖苔草、弯囊苔草、猪泱泱、刺果酸模等。在洞庭湖湿地至少有6种专一性的害虫为害荻、芦，它们在湿地荻、芦的伴生植物䅟草（*Scirpus triqueter*）、苔草（*Carex* sp.）内越冬，如芦毒蛾（*Laelia coenosa candida* Leech）幼虫，多食性的肾毒蛾（*Cifuna locuples* Walker）2～3代幼虫则以荻、芦基部的伴生植物大马蓼（*polygonum* sp.）为食。非专一性的曲牙锯天牛［*Dorysthenes hydropicus*（Pascoe）］以幼虫在荻的地下茎越冬。

四、湿地昆虫群落的组成特点和结构特点

（一）湿地昆虫群落的组成特点

湿地昆虫群落由多种湿地昆虫种群组成，分成3类。

1. 优势种

群落组成中每个成分在决定整个群落的性质和功能上并不具有相同的地位和作用，常有一个或几个昆虫种群，其数量大小影响着其他种类昆虫的栖境，称为昆虫群落的优势种（dominant species）（戈峰，2008），洞庭湖已知77种昆虫中，有6种优势种，如芦毒蛾、泥色长角象、荻蛀茎夜蛾、棘禾草螟、芦螟、芦苇豹蠹蛾。

2. 从属种

除优势种外，湿地昆虫群落中的其他物种称从属种（subordinate species），如直翅目（Orthoptera）、半翅目（Hemiptera）的许多种类。

3. 中性种

湿地生态系统中，有些种类昆虫成群地结合在一起，如果把它们去除，不会使群落发生变化，对生态系统的结构和功能影响不大，如湿地的双翅目蝇类叫中性种，也有叫冗余种（戈峰，2008）。

（二）湿地昆虫群落的结构特点

1. 湿地昆虫群落的时间结构

群落结构随时间而有明显的变化，又称群落的时间格局（temporal pattern）（戈峰，2008）。如荻、芦苗期，地上茎、地下茎生长发育时期，叶期昆虫的群落组成不同，此时由一种群落类型转变为另一种群落类型，称群落的发展演替。荻、芦苗期可以有大螟（*Sesamia inferens* Waker）蛀食，叶期为芦毒蛾，地上茎时期为棘禾草螟、芦螟、泥色长角象，地下茎时期为芦苇豹蠹蛾。

2. 湿地昆虫群落的垂直分层结构

在群落的每一层次中，栖息着一些可以作为各层特征的昆虫，它们以这一层次的植物或植物的这一层次为食料，以这一层次为栖息场所，这是昆虫在群落中的分层现象（戈峰，2008）。荻、芦的地下茎、地上茎、叶部都有不同的昆虫群落，具体说，芦苇豹蠹蛾取食为害地下茎，泥色长角象、荻蛀茎夜蛾、棘禾草螟、芦螟蛀食为害地上茎，芦毒蛾食叶。

3. 湿地昆虫群落的营养结构——食物链和食物网

群落中所有生物种群通过取食和被取食的关系形成的营养连锁结构，称食物链（戈峰，2008）。食物网是由食物链交错形成的。为了说明湿地昆虫群落中食物链及食物网结构的复杂性，这里以湖南省洞庭湖湿地内荻、芦的6种害虫泥色长角象、荻蛀茎夜蛾，棘禾草螟、芦螟、芦苇豹蠹蛾、芦毒蛾的原寄生及重寄生昆虫及捕食性昆虫作为例子。这6种害虫以荻、芦为食，荻、芦和伴生植物过冬，均属于鳞翅目和鞘翅目昆虫，荻和芦是食物网的基础，6种害虫的原寄生昆虫和重寄生昆虫如下。

姬蜂科（Ichneumonidae）

夹色姬蜂（*Centeterus alternecoloratus*）

二化螟沟姬蜂（*Gambrus wadai*）

横带沟姬峰（*Goryphus basilaris*）

菲岛抱缘姬蜂（*Temelucha philippinensis*）

茧蜂科（Braconidae）

芦螟盘绒茧蜂（*Cotesia chiloluteelli*）

棘禾草螟盘绒茧蜂（*Cotesia chiloniponellae*）

夹色盘绒茧蜂（*Cotesia alternicolor*）

螟黄足盘绒茧蜂（*Cotesea flavipes*）

汉寿盘绒茧蜂（*Cotesia hanshouensis*）

螟蛉盘绒茧蜂（*Cotesia ruficras*）

芦苇豹蠹蛾原绒茧蜂〔*Protoapanteles*（*Protoapanteles*）*phragmataeciae*〕

中华茧蜂（*Amyosoma chinensis*）

姬小蜂科（Eulophidae）

荻蛀茎夜蛾羽角姬小蜂（*Sympiesis flavopicta*）

缘腹细蜂科（Scelionidae）

芦毒蛾黑卵蜂（*Telenomus laelia*）

飞蝗黑卵蜂（*Scelio uvarovi*）

金小蜂科（Pteromalidae）

绒茧蜂金小蜂〔*Trichomalopsis apanteloctena*（重寄生）〕

寄蝇科（Tachinidae）

日本追寄蝇（*Exorita japonica* Townsend）

玉米螟厉寄蝇（*Lydella grisescens*）

大螟拟丛毛寄蝇（*Sturmiopsis inferens*）

湖南省洞庭湖湿地的捕食性天敌数量和种类也十分丰富。鞘翅目步甲科：蠋步甲（*Calathus halensis*）、黄胸丽地甲（*Callistoides pencallus*）、中华广肩步甲（*Calosoma chinense*）、艾步甲（*Carabus elysii*）、胸黄缘青地甲（*Chlaenius inops*）、绒毛曲斑青地甲（*C.micans*）、黄足隘步甲（*Patrobus flavipes*）、角胸步甲（*Peronomerus auripilis*）、广屁步甲（*Pheropsophus occpitalis*）；虎甲科：星斑虎甲（*Cicindela kalae*）；隐翅虫科：青翅蚁形隐翅虫（*Paederus fuscipes*）；瓢虫科：多异瓢虫（*Adonia vanegata*）、展缘异点瓢虫（*Ainsosticta kobensis*）、黑缘红瓢虫（*Chilocorus rubidus*）、七星瓢虫（*Coccinella septempunctata*）、异色瓢虫（*Leis axyridis*）、龟纹瓢虫（*Propyaea japonica*）、黑背毛瓢虫（*Scymnus babai*）、长突毛瓢虫（*Scymnus yamato*）、黑背小瓢虫（*S.kuwamurai*）；脉翅目草蛉科：中华草蛉（*Chrysoperla sinica*）；半翅目猎蝽科：八节黑猎蝽（*Ectrychotes andreae*）、二色赤猎蝽（*Haematoloecha nigrorufa*）、日月猎蝽（*Pirates arcuatus*）、黄纹盗猎蝽（*Pirates satromaculatus*）、黄足猎蝽（*Sirthenea flavipes*）；蜻蜓目：夏赤蜻（*Sympetrum darwinianum*）、大黄赤蜻（*S.uniforme*）；革翅目：拟垫跗螋（*Proreus simulans*）、黄足肥螋（*Euborellia pallipes*）；螳螂目：拟宽腹螳螂（*Hierodula saussurei*）。

湿地内害虫数量较多，但仍有一定数量的捕食性天敌捕食，起了一定的控制作用。上面以荻、芦田生物群落作为例子，讨论食物链和食物网的问题，所讨论的仅是湿地昆虫群落的一部分，从这部分昆虫群落看，食物网的结构是相当复杂的，但可以看出昆虫群落的结构是相对独立的。可见，要控制害虫种群数量，必须先研究昆虫群落。

五、群落多样性与稳定性

（一）群落多样性

群落内物种多样性是物种丰富度和物种均匀度的综合指标。多样性指数综合了物种丰富性（丰富度）和均匀性（均匀度），常用的有香农-威纳指数（Shannon-Wiener）和辛普逊指数（Simpson）两种（孙儒泳，1992）。

1. Shannon–Wiener指数

（1）Shannon–Wiener指数公式及含义。

$$H=-\sum_{i-1}^{s}(P_i)(log_2P_i)$$

式中：H为群落的Shannon-Wiener多样性指数；S为种数；P_i为群落中第i种的个体比例。如第i种个体数目为n_i，总个体数目为N，则$P_i=n_i/N$。

举例如下：分别从A、B、C、D四块有相同作物的地里取样，得到3个物种分别在这四块作物地里的数量分布频率如表2.9，样品A只采到2个物种，以1号物种为优势，平均每100头取样的昆虫中它占90%，2号物种只占10%；样品B亦采到两个物种，它们的数量各占50%；样品C采到3个物种，以1号物种为主，占80%，而2号、3号物种各占10%；样品D也采到3个物种，但个体数量各占33.3%。

表2.9　各物种个体数量不同的群落样品的多样性指数

地块	总样品中每物种个体所占比例（%）			总计	物种数目	多样性指数 H'
	物种（1）	物种（2）	物种（3）			
A	90	10		100	2	0.33
B	50	50		100	2	0.69
C	80	10	10	100	3	0.70
D	33.3	33.3	33.3	100	3	1.10

从表2.9可看出，这四块作物地里的昆虫相结构是很不相同的，它们在群落中的分布亦很不一致。这四块地里的昆虫相包含着2个变量：一个是物种数目，另一个是每个物种的个体数量。用P_i来代表各物种在总样品中所占的数量比例，用Shannon-Weanver（1963）的多样性指数（H'）来比较这块地里昆虫相的结构，分别得H'为0.33、0.69、0.70与1.10，这里：

$$H' = -\sum_{i=1}^{S} P_i tn_e P_i$$

式中：H'为多样性指数，s为所有的物种数目，P_i为第i个物种的个体在样品总数中所占的比例（$i=1$，2，3，4…）。可见，物种多的样品与分布均匀的样品多样性指数H'高，而物种的个体数差别很大及不均匀的群落样品，其多样性就比物种个体数量几乎一样多的样品指数H'低。一个群落中的物种数目及各物种所包含的个体数量，在一定程度上不仅反映了该群落的特征，而且体现了群落的发展阶段和稳定程度。当一个群落包含了更多的种类，而且每个种类的个体数量比较均匀地分布时，它们之间就容易形成一个较为复杂的相互关系，从而使各个物种随着群落的趋于稳定而保持相对的平衡状态。多样性指数是常用的一个测定群落组织水平的指标，它不但反映了群落中物种的富集度、变异程度或均匀性，而且也在不同程度上反映了不同的地理、自然环境条件与群落的发展情况。它从数量上直接表示出一个群落的种间结构关系，同时H'也从数字上告诉我们，在调查取样中一个样品个体所属物种的不确定程度，H'值愈小愈容易确定优势种在取样中出现的概率愈大，因此它是一个信息论公式的模拟，包含了很多难以计算的内容。

从营养阶层上来看，物种的多样性在很大程度上受营养阶层间功能关系的影响。昆虫的取食量或捕食量能影响被食植物物种或被捕食动物物种的多样性。适量的取食常常能减少优势种的密度，而使竞争中原来占次要地位的物种更好利用空间与资源。而过度取食会减少被食植物被捕食动物的数量而最后只剩下一些不适口的物种。动物的多样性与群落中的捕食者数目有关，也和这些捕食者没有独占重要自然资源有关。在群落中取走一个最主要的捕食者，就会发生一连串的种间结构的重新调整，经常会使群落中的多样性下降，连一些原来根本不属于这食物链的物种也会受到牵连而被排斥。

（2）均匀性指数。孙儒泳指出（1992）在香农-威纳指数中，包含着两个成分：种数、各种间个体分配的均匀性（equiability 或 evenness）。各种之间，个体分配越均匀，H值越大。如果每一个体都属于不同的种，多样性指数就最大；如果每一个体都属于同一种，则其多样性指数就最小。那么，均匀性指数如何测定呢？可以通过估计群落的理论上的最大多样性指数（H_{max}），然后以实际的多样性指数对H_{max}的比率，从而获得均匀性指数，具体步骤如下：

$$H_{max} = -S \left(\frac{1}{S} \log_2 \frac{1}{S} \right) = \log_2 S$$

式中：H_{max}为在最大均匀性条件下的多样性值；S为群落中种数。

如果有S个种，在最大均匀性条件下，即每个种有$1/S$个体比例，所以在此条件下$P_i = 1/S$，举例说，群落中只有两个种时，则：

$$H_{max} = \log_i 2 = 1$$

这与前面的计算是一致的，因此，可以把均匀性指数定义为：

$$E = \frac{H}{H_{max}}$$

式中：E为均匀性指数；H为实测多样性值；H_{max}为最大多样性值。

表2.10的例子可以说明均匀性指数的计算。

表2.10　应用香农-威纳指数计算多样性和均匀性（Krebs，1978）

种类	P_i	$-(P_i)(\log_2 p_i)$
A	0.521	0.490
B	0.324	0.527
C	0.046	0.204

（续表）

种类	P_i	$-(P_i)(\log_2 p_i)$
D	0.036	0.173
E	0.026	0.137
F	0.025	0.133
G	0.009	0.061
H	0.006	0.044
I	0.004	0.032
J	0.002	0.018
K	0.001	0.010
总计	1.000	H=1.829

从表2.10可以得出：

$$H_{max}=\log_2 S=\log_2 11=3.459$$

$$E=\frac{H}{H_{max}}=\frac{1.829}{3.459}=0.53$$

2. Simpson指数

孙儒泳（1992）提出Simpson指数。测定多样性的方法还可由概率论导出。辛普森Simpson指数是这样提出问题的：从无限大小的群落中，随机地取得两个标本（个体），它们属于同一种的概率是多少？

如果从寒带森林，随机地取两株树，它们属于同一种的概率就很高。相反，如在热带雨林取样，两株树属同种概率就很低。应用这种方法，就可以得到一个多样性指数，即辛普森Simpson指数。

辛普森多样性指标=随机取样的两个个体

属于不同种的概率=1-（随机取样的两个个体）

属于不同种的概率=1-（随机取样的两个个体属于同种的概率）

如果某种i的个体占群落中总个体的比例为P_i，那么，随机取同种两个个体的联合概率就应为[$(P_i)\times(P_i)$，或(P_i^2)]。如果将群落中全部种的概率总和起来，就可得到普森指数：

$$D=1-\sum_{i=1}^{1}(P_i)^2$$

式中：D为辛普森多样性指数；P_i为群落中属i种的个体的比例。

例如，前面所说的3个假设的群落

群落A：$D=1-(1^1+0^2)=0$

群落B：$D=1-[(0.5)^2+(0.5)^2]=0.5$

群落C：$D=1-[(0.99)^2+(0.01)^2]=0.02$

Simpson指数对稀有种作用较小，而普通种作用大，变化范围从0到（$1-1/S$），其中S为种数。

（二）群落的丰富度

此处，再详细解释群落多样性内的丰富度。群落的丰富度（richness）是指一个群落所包含的物种数目的多少，有时也称之为物种多样性（species diversity）。虽然物种多样性是群落多样性的一个重要方面，但物种多样性不等于群落多样性，这是两个概念。

群落是由许多物种组成的。地球上各种各样的生物群落，有的群落物种特别丰富，有的群落物种特别稀少。物种最多的群落可能是热带雨林，物种少的群落大多出现在寒冷的地方和干燥的地方。例如，马来半岛的低地原始森林。在2hm²面积就记录了200种以上的树种；在美国田纳西州和南卡罗来纳州的森林中，同一面积约有25种；而在英格兰的森林中，大概只有10种。又如，在北海道亚寒带的针叶林中，其树木几乎是由针松和椴松两种组成；在亚利桑那州的沙漠中，却只有仙人掌生长。在动物中，美洲北部约23万km²范围的面积中所繁殖的大陆鸟类，其中冻土地带的种数为30～50种，在加拿大南部的塔伊加是120～130种，在加利福尼亚南部和墨西哥的查帕拉尔是160～170种，而在热带雨林则多达500～600种。昆虫群落也有类似的情况。以农田昆虫群落为例，在不同作物上的昆虫种类数差别较大，即便是同一种作物，也会由于生境条件不同，群落的物种数不一样。

对于任何给定的群落，例如一个孤立海岛上的群落，决定其物种数目的主要因素有5个。首先是历史的因素，即为了定居所需要花的时间；其次是两个重要的外因，即潜在定居者的数量和距定居者来源地的远近；最后是与生活小区结构多样性有关的两个内因，即生活小区的大小和物种间的相互作用。

历史因素对群落丰富度的影响是很明显的。可把群落的形成和发展分为4个不同的阶段，即无相互作用阶段、有相互作用阶段、共摊和进化阶段，说明处在不同发展阶段的群落，其物种数是不一样的。在无相互作用阶段，物种数目较少，不存在对资源的竞争问题，到了相互作用阶段，由于出现了捕食和寄生物种，导致许多物种走向灭亡或被排斥，而另一些物种则定居下来。在共摊阶段那些能共存和充分利用资源的种类保存下来，允许更多的物种进入。进化阶段使物种更加有效地利用空间和资源，共存物种仍进一步增加。

一个群落的物种数目多少，除了与群落的发展阶段有关外，在很大程度上还取决于为该群落提供物种的物种库大小及群落离物种库的距离。1966年，Wilson和Simberloff在佛罗里达海湾一些岛上，发现了生活在美洲的红树林（*Rhizophora mangle*）上所有节肢动物物种（昆虫和蜘蛛）。1966年底和1967年初，他们在岛上进行了幕罩熏蒸试验，除了一些蛀木的昆虫外，所有节肢动物都被杀死。此后他们就监视这个生境物种的再定居过程。开始时定居进行得很快，物种数目超过区系破坏前的平衡值，但很快又下降到新的平衡状态。试验结果表明，越是远离大陆的岛屿，物种数目越少，定居速度也较缓慢；相反，距离大陆较近的岛屿，不仅物种数目较多，而且定居速度也较快。

另外，生境中的资源状况是影响群落丰富度的最重要因素。生物有机体为了生存和繁衍，不仅需要占据一定的空间，而且需要利用一定的资源（如取食营养），因此资源的数量和质量对群落的物种数目起了很大的调节作用。群落中资源的数量和质量之间有一定的幅度组合关系，它们对现存种群大小物种的数目产生影响。如资源的数量影响每个种的种群大小的同时，资源的质量幅度却影响着物种的数目。

（三）种-多度关系

种-多度（species-abundance）关系研究的是群落中各个物种个体数量的分布规律，或群落中每个物种的个体数量占总个体数量的比例，称种-多度。在自然界绝大多数生物群落都包含有许多物种，这些物种在多度方面差异很大，有些物种个体数量多而常见，有些物种个体数量少而稀罕。前者如荻、芦田的芦毒蛾，后者如芦苇豹蠹蛾原绒茧蜂［*Protoapanteles*（*Protoapanteles*）*phragmataeciae*（You et Zhou）］。

在研究群落的种-多度关系时，有两个值得注意的问题，一是生物群落即指一定区域或一定生物总体，在这里，所选择的区域或生境通常是生态学家认为方便的实体，而且这种实体具有同质性，如一块稻田、一个果园、一个鱼塘等。二是为了研究工作的方便，在规定作为研究对象的具体群落时，往往不可能同时考虑指定区域内的所有生物。例如，在一片森林中，不可能同时考虑每一类型的生物：哺乳动物、爬行动物、两栖动物、节肢动物以及所有的植物和微生物。人们通常只考虑选取分类学上的某一个类群作为研究对象，如棉田节肢动物群落、苹果园的昆虫群落，甚至为了统一取样方便，可以是稻田，荻、芦田的寄生蜂群落或诱虫灯下的昆虫群落等。由此可见，在规定一个群落时，必须做两方面的选择：一是确定采样的区域或空间；二是确定那种生物类群作为研究对象。

自然界生物群落的一个共同特征是大量的绝大多数物种，依次是具有较多个体的物种，但会逐步倾向于减少。采样中经常是只有一个个体的物种数的情况最多，有2个、3个、4个……个体的物种数的情况会逐渐减少。在实际工作中，对于特定的区域或空间，要确定某个生物类群的物种数目及每个物种的个体数量是可以做到的。

既然绝大多数生物群落都具有上述共同的特征，那么，在研究群落的种-多度关系时，就没有必要直接列出每一物种的个体数，而只需要列出具有r个个体数的物种数n。首先要研究r与nr的定量关系，具体做法读者可查阅有关资料。

（四）群落中物种的优势度指数（Y）

该指数是表示动物群落中某一物种在其中所占优势的程度，公式表达具体如下：

$$Y=n_i/Nf_i$$

式中：N表示各采样点所有物种个体总数；n_i代表第i种的个体总数；f_i表示该物种在各个采样点出现的频率，当$Y>0.02$时，该物种为群落中的优势种。

（五）生态位宽度（niche breadth）

生态位宽度指物种对资源开发的利用程度。生态位宽度定量的方法很多，先要把资源分成若干等级，调查记录各物种对各个资源等级的数值，再应用以下公式计算生态位宽度，使用Shanon-Wienner多样性指数的生态位宽度。

$$B_i = \frac{\lg \sum N_{ij} - \left(\dfrac{1}{\sum N_{ij}} \right)\left(\sum N_{ij} \lg N_i \right)}{\lg r}$$

式中：B_i为i物种的生态位宽度；N_{ij}为i物种利用j资源等级的数值；r为生态位资源的级数。

（六）影响群落多样性的因素（影响群落结构形成的因素）

自然界各种类型的生物群落，它们的多样性有很大差别。即使是同一个类型的昆虫群落，也由于所处的空间位置或发展阶段不同等原因，多样性呈现较大的差异。例如，同样是棉田昆虫群落，由于棉田所处的生境不同，或由于棉花的不同生长发育阶段等因素，群落的多样性的变化很大。在全球范围内，生物群落的多样性从高纬度的两极往低纬度的赤道有逐渐增加的趋势（特殊生境形成的生物群落，如高山生物群落和土壤生物群落除外）。为什么在热带地区有更多的物种？影响群落多样性的因素是什么？群落的整个结构是如何形成的，不同的解释如下。

1. 时间学说

认为所有的群落都随着时间的推移而趋于多样化，因此，老的群落比新的群落物种更丰富。根据时间长短还可以把这种学说分为进化时间学说和生态时间学说。进化时间学说认为，多样性的高低与群落的进化时间有关。热带群落比较古老，进化时间较长，并且环境条件稳定，很少经受灾害性（如冰川时期的冰川侵袭）的气候变化，所以群落的多样性较高。相反，温带和极地群落从地质史上讲是比较年轻的，遭受灾害性气候变化较多，所以群落的多样性较低。

生态时间学说考虑较短的时间，认为物种把分布区扩大到尚未占领过的地区需要一定的时间。根据这个学说，温带地区的群落是尚未饱和的，但从热带扩大到温带需要有足够的时间，有的物种可能被某些障碍挡住，另一些物种则可能已经从热带进入温带。由此可见，有效时间越长，群落将积累越多的物种。人工栽培的生物群落也经常是如此，例如，一个果园在幼龄阶段总是物种稀少，随后逐渐增多。关于群落多样性的时间学说，目前仍有争议。

2. 空间异质性学说

持这种观点的人认为，自然界的环境越复杂多样，其异质性越高，那么，依赖于环境的动、植物群落就越复杂越多样化。例如，地形变化越复杂，或植被垂直结构越复杂，群落内部的小生境就越丰富多样，栖息在那里的昆虫种类也就越多。调查稻田昆虫群落时发现，靠近山边的田块物种数比位于宽阔地带的田块多，这是由于山区的稻田生境复杂，山上的昆虫容易迁移到田中，同时山区经常是单、双季稻混栽，单季稻又是以种植生育期长的品种为主，这种栖境适于更多物种生存。总之，环境不一致，导致昆虫群落组成和结构在空间上的异质性。

3. 竞争学说

温带和极地的自然选择主要是物理环境所控制，而在热带地区，生物竞争在物种进化和生态位特化中显得更为重要。因为在热带地区，某一栖息地有更多的物种能共存在一起，所以食物类型和栖息地要求受到更大的限制。热带地区的物种比温带地区的物种具有较小生态位和较好适应性。在温带地区，物种的死亡率经常是灾变性的，即与密度无关，如干旱或严寒，物种的生态对策多数是增加生殖力和发育速率的r选择；而在热带地区，物种的死亡率与密度和竞争有关，物种的生存对策多数是增加抗逆性和竞争力的k选择。

4. 捕食学说

认为在热带地区有更多的捕食者和寄生者，此时被食者的种群数量下降，使得它们之间的竞争大为减少。竞争的减少又允许有更多的被食者物种共存下来。根据这个假说，在热带地区的被食者物种之间的竞争比温带区要少一些，但这种假说与前面的竞争假说相对立。然而，这方面的例证是很多的。例如，在海洋浮游生物中，沿着纬度多样性梯度增长，捕食者物种的比例是逐渐增加的；在华盛顿沿海的潮间带无脊椎动物中进行试验，在多岩石的潮间去除一种捕食性动物（*Pisaster* sp.），结果发现，那里的无脊椎动物由原来的15种减少到8种，原因是去除这种捕食者后，一种贻贝（*Mytilus* sp.），逐渐发展成优势种，把一些别的种类从系统中排挤出去，使群落向单纯化的方向发展。可见群落的多样性与捕食强度有关。另如被捕食者是泛化种（generalist），捕食使种间竞争缓和，促进群落内物种多样性提高，如被选择捕食的为优势种［特化种（specialist）］，则捕食提高了群落的多样性（戈峰，2008）。

5. 气候稳定性学说

认为气候稳定的地区，有更多的物种存在。在长期的进化过程中，地球上唯有热带的气候可能是最稳定的，所以，通过自然选择，那里出现了大量狭生态位的和特化的物种。例如，热带的许多昆虫是狭食性的，甚至是单食性的。在纬度较高的地区，自然选择更有利于广适性的物种。在环境条件比较稳定的深海中比自然因素变化较多的浅海中，物种数目要多得多，因为物种在稳定环境中生态位变窄，使每单位面积或空间共存更多的物种。

6. 生产力学说

认为环境稳定性增加，需要用于调节生存和生殖的能量（如昆虫为了觅食和求偶的活动所需的能量）就减少，于是就有更多的净生产力，而净生产力的增加，又支持了更多的种群，增加了遗传多样性，使种间联系得到发展，所以物种的形成过程加快，机会也更多。由此可见，生产力学说与气候稳定性学说是密切关联的。

上述这些学说实际上包括6种因素，即时间、空间、竞争、捕食、气候和生产力。这些因素可能同时影响着群落的多样性，只有在特定情况下所起的作用程度不同而已。各种因素之间是相互联系和相互影响的，因此，不同学说之间往往不好截然划分界线。更普遍的解释可能是在不同的生物群落内这些因素的相互作用产生不同的影响。应当指出，上述6种因素都是自然因素，实际上人类的影响力最大。戈峰（2008）又认为主要因素有4个，即种群密度、种间资源、种间竞争和天敌调节。

（七）群落的稳定性

稳定性的4个含义（即两层含义），即现状的稳定、时间过程的稳定，抗变动能力和变动后能恢复原状的能力的情况。

假如有两块菜地，一块是单作的圆白菜地，另一块是圆白菜加上其他许多种植物的混作菜地。单作菜地里经常有蚜虫、叶甲，各种鳞翅目幼虫交错发生，需要防治的害虫一种接一种连续不断；混作菜地里的虫害显然轻得多，这是一个在生产实践中常遇到的自然群落平衡现象。为什么单作物群落比混种作物的群落易于波动？生态学上的理论基础是什么呢？

这两个群落的差异实际上是群落稳定性方面的差异。关于上面两块圆白菜地群落的稳定性则包含着两个问题：一个是群落的营养结构，另一个是群落内种群在时间与空间上的变动。前者牵涉群落内部物种之间营养关系上有多少能流途径问题，后者是物种在超维空间环境中对生境适应的结果。下面先从营养结构方面来讨论能流途径问题。

首先，从捕食者与被捕食者或害虫和天敌的关系中比较单物种或混合物种营养联系的群落结构。图2.12有4个不同的群落营养结构，其中的捕食者与被捕食者的很不相同。每图中A、B、C、D代表被食者，E、F、G、H代表捕食者，每一条线表示捕食联系，也就是能流的途径。甲图中捕食者与被食者的关系十分专一，是单种联系；乙图中捕食者G可以捕食被食者A、B、C和D中的任一种来作为食物；丙图是两个营养阶层的捕食关系，G可以捕食E、F，而E与F又分别可以捕食A、B和C、D；丁图是一个较为错综复杂的两个营养阶层交错的捕食关系。假如每条线能流的量是相同的话，甲、乙与丙的食物链路线都为4条，甲为AE、BF、CG和DH，乙为AG、BG、CG、DG，丙为AEG、BEG、CFG与DFG，每一条能流的量各占1/4；而丁的食物链路线有8条，AEG、AEH、BEG、CFH、CFG、DFH、DFG，每一条能流的量为1/8。

这里提出一个代表群落稳定状态的指标——稳定性指数，用定量的方法来比较不同群落的食物链的平衡状态。

甲、乙、丙型食物链的稳定性 $= -\sum P_i \ln P_i = -(4 \times 0.25 \times \ln 0.25) = \ln 4 = 1.38$

丁型食物链的稳定性 $= \sum P_i \ln P_i = -\ln 8 = 2.8$

又如在5个物种组成的一个群落中（图2.12戊），被食者只1种，而捕食者有4种，每种捕食者可以捕食处于它下面营养阶层的被捕食者，这样一共可以有8个捕食途径，也就是有8条能流路线，这个只有5个物种的群落与上面的具有8个物种的丁型食物链类型几乎具有相同的稳定性。可以看出，群落结构的复杂性可使能流链索的复杂性增加，而能流路线可选择范围的增加又能显著地增加群落组成的稳定性。

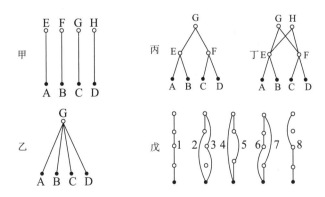

图2.12　群落中被食者与捕食者间的几种食物联系，每一联系中通过等量的能量

（仿南开大学等，1980）

其次是种群在时间与空间上的变动问题，从它所包含的内容来讲有3个方面。

①在一段时间过程中物种因质相互组合能稳定地保持下来，这是群落中物种"质"的变化问题。②在一段时间过程中物种间发生的某些数量关系能稳定地维持下来，这是群落中物种"量"的变化问题。③在经外界扰动以后，群落有保持稳定的调节能力，这是群落中物种"质"与"量"的保持问题。

这些内容都能影响群落的生产力稳定程度，也能影响群落中各物种变动的测定。群落的如下3个特性可作为决定稳定程度的指标：①当扰动一个群落系统时，所需要加上去的扰动强度。②群落从平衡状态的位置上被扰动后可能移动的幅度或距离。③群落变动以后恢复到原来的平衡状态所需要的时间。

因为，随着自然条件的变化，一个群落组成总会在不同程度上受到一些扰动而发生波动。稳定性亦可以认为是对一定扰动的自我平衡调节机制。群落中的物种数目（不论是捕食者或被食者）的增加，常能提高群落的稳定性。每一营养阶层内捕食者的捕食幅度（捕食路线的多寡，选择的余地）也是决定稳定性的因素，尤其是群落中那些物种数目多而种群个体数量并不太多的稀见种，在保持群落稳定性中经常起重要的作用，食物网越交错复杂，群落内各物种对环境的变化或来自种群内部的波动，由于有了一个容量较大的反馈调节系统，就可以得到更大的缓冲。这里所说的食物网交错复杂，是说能流路线多一些，如果某一条能流路线受干扰被堵塞不畅通，可有其他路线补偿起调节作用。但食物网的复杂性涉及物种的数量或多样性，多样性高了，食物链就可能复杂而组合得更完善一些。

（八）群落多样性与稳定性的关系

生物群落的多样性与稳定性的关系是生态学研究中一个长期争论、悬而未决的主题。一种观点认为，群落的多样性或系统的复杂性将导致稳定性。另一种观点则认为，群落越多样或系统越复杂就越不稳定，总之争论很大。

1. 多样性导致稳定性

比较早期的生态学研究结果普遍认为，一个群落的物种越多，不论是植物、动物或微生物种类的增加，经常能够提高群落的稳定性。群落中的那些稀见种，虽然个体数量不多，但在保持群落稳定性方面经常起着重要的作用。因为物种数是多样性的一个重要方面，所以物种数增加，群落的多样性就提高了，食物网就可能复杂而组合得更加完善。一个交错复杂的食物网，由于能流路线较多，形成一个容量较大的反馈调节系统。因此，当外界环境的突然变化而对群落产生扰动作用时，这个反馈调节系统可以得到缓冲，如果某一条能流路线受干扰而不能畅通，可有其他路线补偿，起调节作用。这种通过自我平衡调节机制来实现对外界环境的抗扰动能力和受到干扰后恢复原状的能力，充分体现了群落的稳定性。

生态学家Elton（1958）在讨论这个问题时，列举了许多实例阐明多样性可以导致稳定性。①例如，Gause在实验室对原生动物所做的试验表明，简单系统很难获得稳定性。②一个小岛与一块大陆比较，由于小岛上的物种较少，在那里有更多空生态位，所以新的物种更容易侵入。③在人类耕作的农田生态系统或有人类居住的区域，害虫更容易暴发成灾，其原因是物种多样性比未受人类扰动的自然系统低；同样是自然生态系统，热带雨林很少像温带地区的同类群落那样经常发生病虫害，因为热带雨林有较高的物种多样性。④杀虫剂的使用，由于消除或削弱捕食性天敌和寄生性天敌的作用，降低了作物群落的物种多样性，从而容易引发害虫的暴发成灾。

上述这些例子说明，群落中物种的多样性与稳定性有关。但是，在某些情况下，由于群落中存在较多强选择性的种类，即具有较多食性专一的种类，导致单一食物链，使食物网趋于简单化，因此，网结的多少并不单纯地取决物种的多少，还与这些物种的食性范围有关。正如图2.12所示的那样，5个物种的戊型组合与8个物种的丁型组合的能流路线都是8条，它们的物种数目虽然不同，但能流稳定性却相似。同样，甲到和丁型都是8个物种，但稳定性几乎差1倍。这里用能流路线来代表稳定性，而用物种数目代表多样性，显然是不完全的。此外，物种多样性在群落的不同发展阶段是变化着的，多样性并不是随着自然系统的发展而直线上升，通常早期群落的多样性急剧上升，而后期的变化却有所波动，有时是下降趋势；稳定性则在群落趋向"顶极"的过程中，几乎是逐步增加的。由此可见，群落的多样性在一定程度上反映了它的稳定性，但又不完全等于稳定性；多样性只是稳定性的一个尺度，但不是唯一的测定标准。

2. 多样性导致不稳定性

20世纪70年代初，Gardner和Ashby（1970）根据数学模型研究了生态系统的稳定性，提出了与生物生态学家相反的观点，认为生物群落的多样性将导致系统的不稳定性。此后，May等人（1972，1973，1976）进一步扩充和完善了这个结论，认为生态系统的波动是非直线的，复杂的自然系统经常是脆弱的，热带雨林这一复杂系统比温带森林更易受人类的扰动而不稳定。在许多实例中，如一些沼泽地、海滨群落或羊齿植物群落，虽然物种数目不多，但系统却是稳定的。共栖的多物种群落经常由于某一物种的波动而牵连到整个群落。

在稳定性的研究中，为了方便复杂性概念能与群落模型联系起来，Gardner和Ashby（1970）提出连接度（connectance）作为复杂度的度量方法。连接度表示了一个生态系统中两个物种之间相互作用的概率。C可以定义为群落矩阵A中非零元素的百分比，即食物网中种间实际的连接和可能的拓扑连接数目的百分比。他们利用Monte-Carlo的方法，计算了$S=4$，7，10（S为物种数）三个系统的连接度和稳定性，发现系统的稳定性随着连接度的增加而迅速下降，而且存在一个临界点（$C=13\%$）。当$C>13\%$，种数越多，稳定性下降速率越大。事实上，早在20世纪50年代初期，Ashby在研究神经网络的稳定性时就计算出，在完全连接的情况下（$a_{ij}\neq0$），神经网络的稳定性随着变数（S）的增加而以指数方式下降。

不同于Gardner等的数值计算方法，May（1972）用分析方法分析了一个大系统（S很大），补充和拓展了前者的研究结果。May进一步指出群落系统从稳定趋向不稳定的临界过渡值随3个系统参数［物种（S）、平均连接度（C）和种间相互作用强度（a）］的变化而变化。因为群落中种群相互作用的强度是有限度的，所以可以假设群落矩阵A中的元素a_{ij}符合平均数为零、方差为a的概率分布，a表示种间平均相互作用强度。May提出系统稳定性定理：当以$a<(SC)^{-1/2}$时，系统的稳定性概率为P（S，a，c）q→1，当$a>(SC)^{-1/2}$时，P（S，a，f）→0。虽然这个定理是从较大系统中得到的，但对于S较小的系统，此法与MontrCarlo法模拟的结果仍很接近。因此$a/(SC)^{-1/2}$可作为稳定性指数。

Angelis（1975）利用生物量的概念，建立生态系统模型来分析稳定性行为，Angelis在模型中特别强调了生物量从一个营养级向另一个营养级流动的生态效率（r）。r较大时系统倾向于不稳定，r较小时系统倾向于稳定。r较大时，种间依赖性很大，系统比较脆弱。从生态学的角度说，多样性大的系统能更有效地利用环境资源，所以当环境条件发生变化时，该系统也要比多样性小的系统脆弱。

从上面的讨论中可以看出，理论生态学家的研究结果表明多样性导致不稳定性。事实上也有许多例子说明多样性导致不稳定性。

May的理论过分依赖数学方法，使用的系统只是人工模拟为主，离实际相差甚远，也只是模拟简单的几个物种系统，有待深入（戈峰，2008）。戈峰（2008）另有多样性–稳定性的8点总结，并指明进一步研究的方向。

3. 荻、芦田昆虫群落的多样性与稳定性

荻、芦田昆虫群落由于受到人类的支配和扰动，其多样性与稳定性的相互关系及表现形式更加复杂。大多数学者认为，一个原来多样性很高的自然群落，经过人类的开发扰动，一般会降低多样性，产生不稳定性。这种不稳定性往往是荻、芦害虫发生频率较高的原因之一。例如，与荻、芦相比，荒漠生境受人为干扰少、演化历史长而处于比较稳定的状态，因此，昆虫群落也比荻、芦稳定。也有人认为，在由人工控制的荻、芦生物群落中，结构链单纯而易于瓦解，致使群落稳定性较低。

在荻、芦业生产上，人们日益认识到，通过改变环境，调整耕作制度，合理安

排作物布局和天敌的保护与助长措施，可以增加天敌的种类和数量，改变获苇田生物群落的组成，提高群落的多样性和稳定性，从而达到抑制虫害发生的目的。近年来，获苇田保留部分杂草，都证明有利于改善生境条件，提高群落的多样性和稳定性，减少害虫发生为害。

（九）湿地昆虫群落的多样性、稳定性研究实例

1. 中国

从昆虫生态学研究的范畴来说，湿地昆虫生态学是近几年兴起的领域，研究湿地昆虫的多样性和稳定性是治理湿地和修复湿地生态系统服务功能的途径之一。自2005—2014年中国湿地昆虫研究处于高潮。现在有75例湿地昆虫研究（Web of science http：//isilnowledge.com）使用昆虫群落生态学常用的5个研究指数或标准即Shannon-Winener物种多样性指数，Margalef丰富度指数，Pielou群落均匀度指数，Simpson物种优势度指数，生态位宽度评价湿地昆虫群落的各项内容。本研究试图筛选出有湿地昆虫群落特色的内容并结论介绍如下。

（1）湿地昆虫群落多样性随时间变化呈现动态规律（董琴，2013）。

（2）为研究因互花米草（*Spartina alterniflora*）入侵而给九段沙河口湿地昆虫多样性带来的影响，于2004年5月到2005年10月间对3个典型植物群落中昆虫多样性作了连续调查。研究期间，共采集到昆虫11 300头，经鉴定为97个种，隶属于12目69科。互花米草群落中昆虫的物种数、个体数量以及Shannon-Winener多样性指数均显著低于土著植物芦苇（*Phragmites australis*）群落和海三棱藨草（*Scirpus mariqueter*）群落中的3项指数；而Simpson优势度指数较土著植物群落中高。聚类分析结果表明，芦苇与海三棱藨草群落中昆虫群落结构更为相似。互花米草的入侵将可能导致九段沙湿地昆虫多样性的降低和群落结构的改变（高慧，2006）。

（3）2012—2013年对安徽省安庆市菜子湖湿地昆虫进行了系统研究。通过调查湿地3种主要生境，农田、滩涂-草丛区、草丛-灌木区。在菜子湖上述的3种生境中，湿地昆虫种类丰富度为农田区生境>滩涂-草丛生境>草丛-灌木区生境。Shannan多样性指数和ACE估计值在3种生境间比较结果表明，滩涂-草丛区与农田区差异显著，与草丛-灌木区无显著差异，农田区和草丛-灌木区差异显著，3种不同生境昆虫群落相似性指数平均值为0.25 ± 0.02，以双翅目（Diptera）、半翅目（Himeptera）、直翅目（Orthoptera）为优势类群，以上情况表明植被类型和人工围垦显著影响湿地昆虫群落多样性（葛洋等，2014）。

（4）为了探讨湿地不同生境对昆虫物种多样性的影响，对东北扎龙湿地8种生境的昆虫进行了系统调查，共捕获昆虫分属11目58科143种：其中直翅目、双翅目、

蜻蜓目为扎龙湿地的优势类群，不同生境中，草原草甸昆虫多样性最高，湖边生境多样性指数和均匀度指数均较高，杂草甸均匀度最低，聚类分析和主分量分析结果表明，不同生境的昆虫群落相似性与水资源状况和植被类型有关，捕食性类群种类数和个体数量对昆虫群落稳定性具有重要的调控作用，湖边生境昆虫群落稳定性最强，湿草甸稳定性最弱，湿地水资源状况能影响昆虫生存生境，进而影响昆虫群落的组成和分布格局（顾伟，2011）。

（5）2006年对北京野鸭湖湿地膜翅目昆虫群落进行了调查，对4个样带的膜翅目昆虫群落组成、多样性及生态分布特征进行了初步研究，共捕获膜翅目昆虫标本45 006头，隶属于31科。研究结果表明，该地区膜翅目昆虫以跳小蜂科、姬小蜂科为优势类群，旋小蜂科、缘腹细蜂科、蚜小蜂科、金小蜂科、缨小蜂科、棒小蜂科、环腹瘿蜂科、分盾细蜂科、姬蜂科、茧蜂科、蚁科共11个科为常见类群。利用多样性指数（D）、优势度指数（C）、多样性指数（H'）、均匀度（E）及群落复杂性指数（C_i）等对不同样带膜翅目昆虫群落的结构特征进行了比较分析，不同样带多样性指数（H'）从高到低依次是芦苇样带、扁秆草-绵毛酸模叶蓼样带、稗-水蓼样带、牛鞭草样带；不同月份多样性指数（H'）从高到低依次是9月、8月、10月、5月、7月。在4个样带中，环境条件比较复杂的扁秆草-绵毛酸模叶蓼样带和稗-水蓼样带膜翅目昆虫的物种数最多，指数H'和C_i较高，聚类和排序结果显示，不同样带膜翅目昆虫之间差异显著。研究结果表明，野鸭湖湿地膜翅目昆虫群落的组成丰富，重视湿地多样化生境的保持，对湿地膜翅目昆虫的多样性具有明显意义（刘萍，2008）。

（6）通过选取扎龙村、烟筒屯、土木台和育苇场4个样地以诱集夜间活动的昆虫为主，探讨东北扎龙湿地昆虫群落结构，结果表明，扎龙湿地夜间活动的昆虫分属14目54科139种，以鳞翅目、鞘翅目和双翅目为优势类群。各区域昆虫群落种-多度关系均表现为对数正态分布。物种丰富度为扎龙村>烟筒屯>育苇场>土木台，而群落多样性和均匀度均为烟筒屯>扎龙村>土木台>育苇场，Shannon-Wiener多样性指数（H'）与均匀度（J'）和物种丰富度（S）时间动态关系表现为：烟筒屯Shannon-Wiener多样性指数（H'）与均匀度（J'）和物种丰富度（S）均一致；扎龙村和育苇场Shannon-Wiener多样性指数（H'）与均匀度（J'）一致，而与物种率丰富度（S）弱相关；土木台Shannon-Wiener多样性指数（H'）与均匀度（J'）和物种丰富度（S）均表现为弱相关。研究得出扎龙湿地总体环境质量较好，但局部地区（如土木台）有退化的趋势（马玲，2011）。

（7）对东北扎龙湿地昆虫群落的空间和时间生态位以及主要植食性昆虫类群的营养生态位进行调查研究表明，主要昆虫类群空间和时间生态位宽度[①]差异均不大，

---

① 生态位宽度指生物有机体利用资源的范围（杨利民等，2001）

各昆虫类群间存在程度不同的生态位重叠和种间竞争现象，各主要昆虫类群间生态位相似性比例系数均较大，蜘蛛类群对昆虫群落的调控作用显著；但直翅目昆虫除与蜘蛛类生态位重叠指数较大外，与其他捕食性昆虫均较小，说明直翅目昆虫受其他捕食性昆虫的影响有限，且在同一营养级内直翅目昆虫具有较大的竞争优势，在其个体数量较多时仍然需要采取一定的人为措施进行调控（马玲，2012）。

（8）研究九段沙湿地国家自然保护区海三棱-藨草群落、芦苇群落、互花米草群落和光滩4种生境中昆虫群落的结构和季节性变化规律，探讨湿地植被同昆虫群落的关系，表明昆虫群落组成和结构与所处生境中的植被密切相关：①4种生境中的昆虫群落结构组成明显不同，优势类群也不尽相同。②从整体上比较，昆虫群落多以在芦苇群落中的最高，多样性指数（H'）和均匀度（E）在互花米草群落中最高，优势度指数（C）以在互花米草群落中最低。③各生境的昆虫群落个体数量均在夏季最高，冬季最低（彭筱葳，2006）。

（9）对野鸭湖湿地自然保护区段的妫水河南岸的不同生境进行了地表昆虫多样性调查，采集昆虫标本，共有7目25科，其中膜翅目（38.2%）和鞘翅目（30.4%）数量较多，膜翅目中数量最多的是蚁科，鞘翅目中数量最多的是步甲科；在科级水平上，样带Ⅲ的地表昆虫多样性指数最高（1.802），均匀度也最高（0.612），样带Ⅱ的丰富度最高（2.845）；所调查的地表昆虫在4个不同的样带中的数量分布差异不显著（$P=0.115$）。结论为植被多样性影响地表昆虫的整体分布，不同地表昆虫类群对应不同生境，并对生境表现出不同的分布倾向（张海周，2009）。

（10）2007—2008年对宿鸭湖湿地节肢动物群落结构调查研究，共采集到昆虫13目144科，同翅目、双翅目和半翅目为宿鸭湖湿地昆虫群落的优势类群，膜翅目、缨翅目、鞘翅目和直翅目属于常见类群。内涝湿地、环湿高地、滩涂湿地3种类型调查湿地中，环湿高地昆虫的类群数大于滩涂湿地和内涝湿地（赵红启，2009）。

（11）对北京白河湿地14个样地夏季昆虫群落的结构特征进行了比较分析，主要结果如下：①共捕获昆虫标本15目149科，其中各样地分别捕到44～75科。②Shannon-Wiener多样性指数（H'）与Pielou均匀度指数（E）显著正相关（$r=0.942\,9$，$P<0.001$），而与丰富度（S）相关不明显（$r=0.237\,9$，$P>0.05$）；H'在物理环境和植被比较复杂的浅水带样地和紧邻水库的样地较高，而在较干燥的草地和植被稀疏的河边卵石滩样地较低，群落复杂性指数（C_j）的变化与H'大致相似但与丰富度的相关性（$r=0.541\,9$，$P<0.05$）明显高于均匀度（$r=0.336\,3$，$P>0.05$）。③寄生性功能群的丰富度与植食性功能群及中性功能群显著正相关，相关系数分别为0.816 1（$P<0.001$）和0.771 0（$P<0.01$），显示出对于寄主昆虫分布特征的高度依赖性。④聚类和主成分分析表明，不同样地昆虫群落的组成呈现明显分异，反映出湿地昆虫对于栖息地特定小环境的比较明显的选择性。要重视湿地多样化生境的保

持，对于湿地昆虫多样性的维持有重要意义（钟丽霞等，2013）。

研究表明，①多样性指数（H'）指群落中包含的物种数目和个体在种间的分布特征。均匀度在（Shannon-Wiener）指数中，包含种数和各种间个体与分配的均匀性2个成分，个体分配越均匀，H'值就越大。优势度（动物群落中某一物种在其中所占优势的程度，优势度指数Y）和物种丰富度（S，群落中昆虫种类的数目）等方面对不同生境昆虫群落结构和季节性变化进行了比较，发现湿地昆虫群落结构与栖息地植被密切相关（葛洋等，2014；彭筱葳，2006；张海周，2009）。②从湿地昆虫群落功能方面，认为捕食性昆虫物种数和个体数对扎龙湿地昆虫群落稳定性具有极其重要的调控作用，不同生境间昆虫群落相似性和植被类型及水资源状况相关（顾伟，2011）。③外来物种入侵影响湿地稳定（中华人民共和国国际湿地公约履约办公室，2013）。介绍一个实例，苏兰等（2012）在一篇综述中归纳了高慧（2006）的研究结果如下：原先外来植物群落的昆虫多样性常常低于土著植物群落的昆虫多样性。上海市九段沙河口湿地外来植物互花米草与土著植物芦苇（*Phragmites australis*）在植被高度、生物量、空间复杂性方面相似。后来互花米草（*Spartina alterniflora*）的植被高度和生物量又明显高于土著植物海三棱藨草（*Sclrpus mariqaeter*），但是，互花米草群落中昆虫物种数和个体数显著低于土著植物，并且昆虫优势类群也明显不同，互花米草群落的优势类群为双翅目，而芦苇群落和海三棱藨草群落的优势类群则包括双翅目、半翅目、同翅目、鞘翅目、膜翅目昆虫。根据外来物种影响湿地稳定，彭筱葳（2006）认为是与互花米草引种九段沙湿地时间较短，当地昆虫还未适应互花米草群落有关。

中国湿地昆虫研究进行较早，持续时间较长的有王宗典、游兰韶、杨集昆（1975—1989）报道已定名湖南省洞庭湖湿地昆虫77种，有种的生物学特性研究，以后陆续报道已定名洞庭湖湿地昆虫（游兰韶等，2003；van Achterberg et al，2013）。中国目前各地大多数湿地昆虫研究处于调查阶段，更多的研究是在湿地演替过程中昆虫的多样性研究方面，研究时间周期较短（多为2年），多数湿地昆虫只能鉴定到目和（或）科，困难在于不能正确鉴定到属和（或）种，影响分析的准确性，有待加强。此外，是否是真正的湿地昆虫，也应有一定时间的观察，如在湿地植被上取食、栖息、越冬、转换寄主等的研究。

2. 国外研究

如上所述，中国的研究多是湿地昆虫多样性的调查阶段，本书收集国外自1993—2015年的近886篇文献，择较有特色而国内尚未研究的内容报道。

（1）因城镇化的发展，过去30年，智利Intercomunal Area（Biobio Region地区），已失去了多于23%（1 734hm²）的湿地。为此要在本地区的7个沼泽评价生境性状特征［形态度量（morphometric）湖治学、植被］和昆虫群落间的关系，评价城镇化对湿地生态系统多样性的影响。昆虫的多度、种的多样性和发源地呈原始状态而未受污染以及水内氧的浓度有关，后一性状可用于预测昆虫群落的结构，发源地呈原始状态而未受腐蚀污染，湿地的面积、植被多样性、水内氧的浓度和昆虫种的多度密切相关，但水的传导率、水的密度和昆虫种的多度无关。昆虫的多样性因生境的多变而减少，多变如生境消失、生境碎片化、生境单一和湿地污染。因此，昆虫可以作为城镇化过程中其操作是否影响湿地生态系统的指示物（Villagran-Mella，2006）。

（2）异色瓢虫［*Harmonia axyrids*（Pallas）］原产地亚洲，有17个变型，在欧美许多国家是入侵种，缘于引入作生物防治用，防治温室蚜虫和介壳虫，在中国本土用于防治松干蚧。此欧美国家的侨居种能迅速占领许多生境，如森林、草地、湿地及农作物。本研究的异色瓢虫生境有森林、作物、草地、庭园、橘园，可栖息的植物有106种，和其捕食猎物有关的植物有89种，应引起注意（vandereycken，2012）。在洞庭湖湿地本种捕食高粱蚜和挑粉大尾蚜（王宗典等，1989），安徽菜子湖湿地有分布。

（3）用遗传学的基因技术研究同种不同种群的植物或同种不同种群的昆虫的亲缘关系。

猪笼草（*Sarracenia leucophylla* Raf.）仅限于分布美国东南部，例如佐治亚州（Georgia）湿地，是昆虫授粉，异型杂交的湿地多年生草本植物，对大范围湿地造成威胁。为了解繁殖的种群及种群间是否有差异，使用18个基因位点，检查猪笼草10个种群的遗传多样性。结果表明遗传多样性和地理（地区）距离明显相关，因地理距离形成隔离作用。即除基因流的因素之外，地理分布起了重要的隔离作用（Wang，2004）。

在欧洲缺乏营养和仅有中度营养的湿地，如泥塘、沼泽已变得越来越萎缩，湿地内的动植物受到威胁，因而增加生境破碎化，生境间的同种昆虫的个体进行交流，结果是基因流变弱乃至消除。使用14个基因位点的电泳技术分析波兰和立陶宛处于受威胁状态的捕食性天敌*Nehalennia speciosa*［蜻蜓目（Odonata）、螅科（Coenagrionidae）］的11个种群的基因结构，结果是所有种群的基因多样性低（A：1.32；H：2.6%，Ptot：29.2%）；不同种群的螅（*Nehalennia speciosa*）之间没有明显的差异（包括破碎程度、生境类型、种群大小），种群间的基因差别也低（FST：2.0%），没有发现地区性的地理种群。观察到因基因距离造成的种群的隔离，但不明显。从这些研究结果可以认为，保存*Nehalennia speciosa*这一物种应注意本地大的种群，因种群结构没有变化。此外，捕食性的*Nehalennia speciosa*可以重新引入到它已绝灭的斑块（湿地）和适合的地点，一般来说，这种安排是可行的，因它们的种群基因是同种同质的（Bernard et al，2010）。

（4）首次展示评价研究湿地昆虫化石的论文。研究在英国进行，两种相反的生态系统：①稍隆起的泥炭坑，昆虫化石为甲虫，地点在Hatfield Moore和南约克郡。②浅湖生态系统，昆虫化石为摇蚊科（Chironomidae）幼虫无颚齿，地点在Slapton Ley、Frensham大塘、Fleet池塘、Barnes湖。总结：假如从生态系统的水平较好地了解生物，就必须知道更多的各种类群昆虫和其他动物以及和植物群落间的复杂关系。古生态学的方法难以评价现在、过去及较长时间的昆虫类群在生态系统演变过程中的作用，也难以管理湿地，保存湿地的生物，包括长期管理和修复湿地生态系统（Whitehouse et al，2008）。

（5）靛青（Amorpha furticosa）18世纪初期引入到欧洲的外来植物，它传播迅速，干扰湿地生境，在湿地成为密而不透光的单一植物，改变了湿地生境的条件。本项研究分析入侵的植物Amorpha furticosa对步甲和土壤无脊椎动物的作用，发现植物Amorpha furticosa的入侵强烈地影响步甲种类的组成，表现为在所有研究地点情况是不同的，分布广泛的步甲种类显示出对植物Amorpha furticosa的侵入（侵害）有积极的反应，在稀疏生境步甲种类活动密度明显下降，在植物Amorpha furticosa侵袭的地点步甲平均个体生物量明显增高，这是因为大型步甲［步甲属（Carabus），Linne. 1758］发生率增加。在Amorpha furtiocosa入侵的湿地步甲活动密度和土壤无脊椎动物的多度（abundance）明显高于自然的湿地，相反，A.furticosa对步甲种类丰富度和多样性的影响并不明显，多半因为步甲还没有从邻近生境迁入的关系，步甲种类组成的变化与土壤无脊椎动物的多度和湿地植被结构的变化及微气候有关。总的结论是A.furticosa的入侵明显地影响步甲，而步甲只是间接地和植被组成相关联（Brigic et al，2014）。湖北洞庭湖湿地包括石首、洪湖、江陵、汉阳、嘉鱼、宜城、仙桃。有已定名步甲51种（徐冠军等，1989）亦有湿地植被和步甲数量相关的现象。

（6）湿地修复管理。①海岸湿地的特征是有较高的生物多样性，此时生物多样性是用于建立优先的保护政策的主要标准之一，并要求提出管理措施（Boix et al，2007），在当前形势下，此点在中国有现实意义。②代表全球最有价值环境的湿地消失和退化是全球现象，但湿地的持续管理需要我们详细了解控制湿地群落结构的因素（Burroni et al，2011）。③湿地是最有生产力的生态系统之一，它具有生态系统的许多功能，也维持较多的生物多样性，但在20世纪因城镇化发展的过程，全球一半的湿地已消失（Villagran-Mella，2006）。④弄清决定食物网结构的生态学机制是了解湿地多样性的原因和结果的标准，食物链长度（FCL）是群落和环境生物相互关系的产物，必须研究环境变化如何影响FCL（Schriever et al，2013）。⑤湿地物种多样性和群落结构的类型和大于单一生境的湿地范围大小有关，并仍然受到周围环境景观的影响（Schäfer，2006）。⑥农田池塘（farmland ponds）代表了一种生境，这种生境有高度保存价值，它的贡献有明显的区域生物多样性，了解池塘内植物种类组成和环境变化对动物种类（包括昆虫）组成变化的影响是生态研究和保护生物学的一项重要成果（Santi et al，2010）

总之，湿地昆虫研究和其他昆虫学科一样也分为3个研究阶段，即形态分类、湿地昆虫种类鉴定、生态学研究（昆虫种群、群落、生态系统）和湿地昆虫管理、湿地修复、重建。国外的研究，因地区而异，3个阶段的研究都在进行。中国尚未进行研究的内容有：大范围沿海滩涂湿地研究，不同海拔高度湿地研究比较，不同类型湿地研究比较，例如一项研究内湿地样本多达200个，已进行到细致的研究有湿地昆虫化石，使用染色体基因位点研究湿地昆虫种群。

第三节　生态系统

一、原理

（一）概念

生态系统指在一定空间中，生物群落与其环境之间由于不断地进行物质循环，能量流动和信息传递而形成的统一整体。生物群落指生产者、消费者、分解者，环境指C、N、CO_2、无机物、有机物、物理因素与气候因素（戈峰等，2008）。

（二）生态系统组成与结构

非生物环境（abiotic environment）、无机物、有机物、气候条件等；消费者（consumer），如各种动物，依赖生产者制造的有机物质的异养生物（hetereotroph）；分解者（decomposer），真菌、细菌、土壤节肢动物。生态系统中生产者、消费者、分解者与其环境相互作用，相互依赖（戈峰等，2008）。

（三）生态系统各组成成分关系

环境是生态系统的基础，生产者是系统中其他生物所需能量的提供者，又为其他生物提供栖息场所，分解者分解动植物尸体，促使物质循环；消费者对初级生产物起着加工，再生产作用，另对其他生物种群数量起调控作用（戈峰等，2008）。

湿地生态系统中，荻和芦苇及其其伴生湿地植被以二氧化碳和水为原料，凭借太阳光能，在适宜的土壤和一定的气候条件下生长、发育、长大，供作牲畜草料或其成熟后作为造纸原料及其他用途，如人类药用。无论是牲畜食用后排出粪便，或经加工成的纸张为人类用后的残渣，经过细菌或真菌分解，成为简单的无机物或腐殖质肥料又回归于土壤，再供荻、芦种子或地下茎萌发和湿地其他植被生长的需要。此外，湿地生态系统中生物的一部分能量消耗于呼吸，一部分叶形成枯枝落叶层。图2.13简示湿地荻、芦苇及湿地植被的生态系统（谢成章等，1993）。

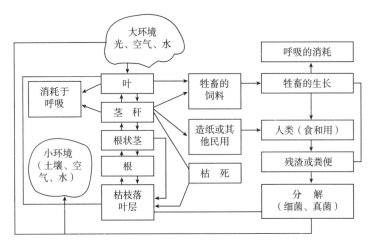

图2.13　湿地生态系统模式

（仿谢成章等，1993）

图2.13中的根状茎、茎、叶是高等绿色植物的各部分，摄取环境中的营养物质，在光能的作用下转变成化学能，制成各种有机物，所以说是生产者；通过人、畜的取食或经过加工，使物质发生循环传递，所以是消费者。人、畜的排出物或残渣，经过细菌或真菌分解成为无机物，归还给土壤，供生产者再吸收，所以从细菌或真菌在生态系统中的作用看，可称为分解者，这样生产者、消费者和分解者以营养为纽带，把生物和非生物紧密地结合起来，使湿地物质处于经常不断的循环之中，而能量则在各营养组织间进行流通（谢成章等，1993）。

二、洞庭湖湿地生态系统植物（生产者）和环境的关系

湿地生态系统的平衡依靠生物因素和非生物因素，不管哪个因素受破坏或失调，都会失去生态系统的平衡，必须要求它稳步平衡发展植物（生产者）和生态环境的关系，下面讨论植物和生态环境的关系。

湿地生态环境因素很多，包括光照、温度、水、湿度等，分述如下。

1. 光照

洞庭湖湿地荻、芦是优势种群，现以荻、芦为例子讨论。无论是芦还是荻都是喜光性植物，光线不足或遮光都会影响其生长。荻或芦苇目前均处于半野生状态，生态型或品种不同，高矮就不一致，混生于高秆品种中的矮秆品种常因遮光而日渐稀疏，以致于全部被淘汰。如苇田中的刹柴、被岗柴淘汰；苇田中的咸水苇被射阳紫穗芦苇"吃掉"。不管是芦还是荻，若受荫蔽，矮秆者的密度、高度降低，花枝减少，枯梢率增加，而渐被淘汰。所以荻、芦苇的正常生长，需充足的阳光。苇田里的枯枝落叶层，如果不烧去，足以抑制以种子繁殖的荻、芦。当然，苇田里的杂草如猪殃殃、灯芯草等造成遮光，也会影响荻、芦生长。

2. 水

湿地水是生命活动的重要条件，优势种植物荻、芦一生的含水量，以营养生长期和苗期的最高（75%~93%），成熟期的最低（11%左右）。全生育期（240~290d）的总需水量为每亩765~780m³。各个生育阶段一般都需有一定的水分，根据试验，幼苗期需水量不大，以地表保持湿润为原则。荻不能长期淹水（终年），但每年几次汛期，每次淹一二周都不会影响其生长，即使水淹没顶一周左右也不会死亡。芦苇的需水量与荻相似，每生产1t芦苇，需要耗去700t左右的水。它虽然耐水性强，也不宜终年积水，所以秋冬晒田的芦苇，就比常年积水的芦苇长得好、产量高。正常情况下，芦苇以在水深10~20cm的范围内生长最好，所以芦苇是浅水湖泊的主要高秆植物，而荻则是洲滩植被的主要成分。当洲滩水位下降，土壤含水量小于土重的12%时，苇芽萎蔫，需要供水。

3. 温度和空气

湿地内荻、芦的生长与温度和空气的关系很大，试验表明30cm水层的芦苇芽在温度18℃比在9℃的萌发率要高1倍，足见温度对芽萌发的重要性，5℃以下芽停止萌发，若保持同样温度处理，湿润条件下芦苇芽的萌发率高于水层下芦苇芽萌发率的80%，足见空气存在对芽萌发的重要性，亦是为何冬天浅水芦苇田要自落干，冬春时节长期淹水芦苇田需要排水。春季温度回升，苇芽萌动时，开始展开笋叶，这个时期最忌春寒或晚霜冻的袭击。若遇春寒，冻死嫩芽和幼叶，破坏了光合作用和呼吸作用的平衡，使苇苗长期饥饿而死亡。

三、湿地昆虫在湿地生态系统中的功能

昆虫是生态系统中的重要组成部分，对维护稳定生态系统平衡有重要作用。按戈峰（2008）看法，概括于后。

（一）主要功能

（1）昆虫作为消费者，按其营养方式不同，可分为植食性昆虫、捕食性昆虫、寄生性昆虫，具有消费者的功能。如植食性甲虫取食叶片可以促进森林新陈代谢，适当地为害对森林生长发育有利；同时甲虫的分泌物及其尸体，含有丰富的氮、磷营养物质，有利于土壤微生物分解者繁殖，加速了落叶层的分解（图2.13）。

（2）昆虫作为分解者，主要与微生物协同作用共同分解有机物。在湿地根据其身体大小可分为：①中型土壤昆虫，如双翅目幼虫、小型甲虫。②大型土壤昆虫，如甲虫、鳞翅目幼虫等。它们具有消费者的功能（图2.13）。

（3）在湿地生态系统中，加上昆虫的生态适应，致使某些种群迅速上升，其平衡密度处于很高的水平，往往超过了害虫防治的经济损害允许水平，从调控防治角度看统称为害虫。当害虫为害引起的经济损失超过其防治时所要花费的费用时，这种真正的害虫需要进行防治。为此将湿地为害植物的害虫分为4类。

一是害虫种群平衡密度（EP）位置永不超过经济损害允许水平（EIL），对荻、芦不造成经济损害。这类害虫并不是真正的有害种类，如食荻色蚜和曲牙锯天牛（*Dorysthenes hydropicus*）。

二是偶发性害虫，当受到异常气候条件或杀虫剂作用不当的影响时，其种群密度才超过经济损害允许水平（EIL）。

三是害虫的平衡密度常在经济损害允许水平（EIL）上下变动，属于主要害虫，必须密切注意，否则将造成经济损害，高粱长蝽（*Dimorphopterus spinolae*）、泥色长角象（*Phloeobius lutosus*）。

四是害虫种群波动水平始终在经济损害允许水平（EIL）之上，这是最严重的害虫（或称为关键性害虫），每种作物上多数有一至数种，对害虫的管理应是通过系统内外的因素降低其平衡密度，使其在地域经济允许水平下的平衡密度，使其在地域经济允许水平下的平衡密度周围波动，如芦毒蛾（*Laelia coenosa condida*）、荻蛀茎夜蛾（*Sesamia* sp.）。

（二）昆虫在湿地生态系统中其他功能

（1）昆虫作为湿地生物多样性的重要组成部分，与植被协同进化，昆虫群落结构，反映了植被演替过程中湿地系统的状况。不同生境间昆虫群落相似性与植被类型相关。此外，昆虫作为湿地食物链中不可缺少的一部分，昆虫其群落功能在于为维持整个湿地生态平衡起着决定性作用。

（2）昆虫作为指示生物被用于评价和监测湿地环境质量。昆虫作为湿地环境的指示生物具有明显的优势，与植被一起作为湿地生态系统中最为重要的组成部分，参与了湿地生态系统的物质循环和营养循环。

四、湿地昆虫作指示生物评价湿地环境质量研究

中国目前一些湿地环境污染较为严重，但对大部分湿地水质量却知道较少。为解决污染问题以及保护高质量的湿地，有必要并了解这方面的信息。在以后的几十年中，中国将会着手一个利用生物监控计划来评价中国的湿地水质量。本章就是利用有关水生昆虫以及其有关的信息，探索如何评价湿地水质量以促进中国有关研究的发展。

（一）水生环境

1. 水的特性

水可以冻结为冰，也可以蒸发为汽，但通常呈液态。水有5个特性必须加以介绍后，才能理解水生昆虫的生存方式。

（1）水的质量随水温降低而增加，当降到4℃时，水的密度也达到最大，当从4℃降到0℃时，水的质量又变得越来越轻，并浮回表面，然后冻结成冰，冰形成后即完全漂浮在水面上。水体冻结得是否坚实，取决水的深度和冰点以下温度的持续时间。如果没有这一特性，水生生物在寒冷的气候下就不能生存。

（2）能够大量吸热（吸热量为空气的500倍）而温度不变。相对于空气而言，水储存能量的这种能力可使水生环境中的极端温度得到极大的缓和，因此水生环境相对说来是均匀一致的。

（3）从水与气体的关系来看，水温越高，水中能溶解的氧气就越少。在温度本身引起有机体死亡之前很长一段时间，热水对生命已经起了限制作用，这是因为热水中的氧气水平低的缘故。

（4）水呈液态的时候，并不像气体那样可以扩散而充满空间。与大气接触的水分子本身会排列成一层特殊薄膜，也就是由表面的这些水分子间的内聚力引起的类膜特征，有些天敌昆虫如鼓甲（*Gyrinus* sp.）的成虫和具缘龙虱（*Cybister* sp.），可以在水表面的这层薄膜上来回行走。鼓甲和具缘龙虱的大部分结构与陆生昆虫是相似的，但其第二和第三对足有着明显的变化。具缘龙虱的第二对足类似于桨，为其运动提供动力，第三对足则起舵的作用，两对足都显著伸长，而且这两对足的跗节是疏水性的，因此这种昆虫不会沉到水下去。鼓甲的第二和第三对足均变得短而扁平，因此这种昆虫游水速度很快。此外，鼓甲的复眼是背生和腹生各占一半，显然，腹生的一半是水下视觉器官，而背生的一半是大气中的视觉器官。

（5）水是稠密而黏滞的，要在水中，特别是在流水中穿梭运行的话，必须具备

某种流线型的体形，可以是整个虫体流线型化，如通常所见的善于游泳的昆虫，也可以只是背面圆形化而腹面扁平化。大多数昆虫虫体的扁平化都是一种对环境的适应性，这种适应性使昆虫除在某些取食时期外，都可钻入具有保护作用的栖境内而不致被水冲走。避免直接暴露，是在急流中定位的有效手段。

2. 水生环境中的氧气

（1）氧气在大气中的分布是基本一致的，但在水生环境中的分布却明显不同，主要由以下5个原因造成：冷水的氧气饱和度高，而热水的氧气饱和度低；白天的氧气水平高，而晚上植物不能进行光合作用时，氧气水平又降低；当空气的扩散是以氧气为主时，距离水面越深，氧气浓度越低；流水增加氧气的速度比静水增加氧气的速度快；水中大量存在的有机质的腐解作用、水环境污染和水生生物的呼吸作用往往使氧气浓度降低。

（2）水的这些特性对捕食性天敌昆虫有什么影响呢？在低氧条件下冷凉而汹涌的激流，天敌昆虫通过增加气体交换扩大表面面积来扩大氧气交换量。大多数稚虫是同时利用气管鳃和薄薄的一层表皮上密布的气管来进行氧气交换，或者是利用两者之一来进行氧气交换的。鳃有各种形式变化，有的是胸部的突出物，有的是腹部的突出物，有的则是附肢的变形，或蜻蜓若虫的直肠鳃。大多数捕食性水生昆虫的成虫和一些稚虫都到水面摄取氧气。常见的适应方式是呼吸管末端形成气门，气门可以排出蜡状分泌物分开水面的水分子而接纳空气，分水机构可以生在触角上。

（3）水生环境中的盐分。水中溶解的盐分对水的化学平衡和生物活性都会产生影响，随着一种盐分的增加，水的密度越来越大，对氧气的溶解能力却越来越低，然而这些盐分子对细胞渗透压也要产生影响。如在淡水环境中，通常是虫体内的盐浓度高，而外界的盐浓度低，虫体呈高渗状态，水分和盐分均向体内扩散，冲淡了血液，引起严重的渗透调节问题；相反，如在咸水或半咸水环境中，细胞液呈低渗状态，水分则向体外渗出。水生昆虫有几种适应方式来对付上述浓度的变化问题。血液呈高渗状态的昆虫，是通过排泄水分和氨来维持最适宜的渗透压；血液呈低渗状态的个体则与陆生类型昆虫相似，是利用表皮来限制盐分的吸收和水分的损失，并利用尿酸来减少水分的排泄损失。沿海滩涂湿地中的水生植物对水环境中的盐分有一系列的适应和调节机理。

（4）河流、池塘与湖泊的特点。河流的水流是单向流动，地形坡度不同，水的流速不同；水流经的河床不同，往往溶解氧（SQC）起不同的化学变化；河流宽度、深度和河底地形的不同，往往构成各不相同的自然特点，栖息着不同的昆虫。

当河水不停地流动时，以及在结冰时，氧气的分布相对说来是均匀一致的。但是，春汛期间，河水滚滚，在这种生境中生活则十分危险。悬浮泥沙的腐蚀作用，会使昆虫高度致命，许多幸存者也会顺流被冲向不利的环境。因此，在河流中生活的水生昆虫的成虫在产卵之前都会向河流上游飞行。这种向上游的迁飞有助于抵消以后水生稚虫的顺水漂流，保存种群。一条河流在几百米的范围内，人们都可发现河底有不同，还有其他许多天然差异，每一种差异对昆虫的产卵和昆虫的分布都有特定的影响。表2.11表示了堪萨斯州的一条小河在春汛期到来以前，也就是昆虫对生境选择不甚严格之时的情况，从中可见，昆虫种数及它们在哪些地段出现最多都是有显著差异的。有些昆虫，如墨蚊幼虫和襀翅目（Plecoptera）若虫，一般总是在急流地段出现，另有些昆虫，如田鳖科（Belostomatidae）昆虫和蜻蜓稚虫则喜欢在缓流水地段生活。尽管有些水生昆虫如牙甲科［水龟虫科（Hydrophilidae）］昆虫是钻在土壤里越冬，但大多数水生昆虫在温带的寒冷冬天里仍然十分活跃。因为温度下降1℃可使昆虫的代谢速度降低约10倍，所以，同样多的食料在冷凉温度下将使种群继续增长。一些食草昆虫和食腐昆虫，如蜉蝣和石蚕蛾，就是在冬季寒冷使许多以它们为食的鱼变得懒惰亦即不活跃的时候，在丰富的秋季落叶食料的供应下完成其主要生长阶段的。有些水生昆虫的幼虫需要数年时间才能完成其整个发育过程。

表2.11　河流生境特征和水生昆虫类群数量（据刘联仁等，1988）

河流特征	河流宽度	目数	科数	个体多的科数	只在某地段出现的科数
慢流水泥土河床	宽	8	15	1	5
急流水岩石河床	窄	8	11	6	4
快流水沙石河床	中等宽窄	3	3	3	0
中速流水淤泥沙底河床	宽	6	11	2	2

池塘为一小片水域，水浅，温度变化大，冻结早，解冻也早，溶解的气体多种多样，池水通常不流动。在池塘里，昆虫是主要角色，而且是由各不相同的许多类群组成的大群落。如果池塘干枯，那么大多数池塘昆虫都能够在缺水的条件下，或者在水洼中度过其生活周期的主要阶段。

湖的容水量相对较大，所以，湖的特点不同于池塘。湖水与河水一样，很多化学现象都是由湖底决定的，但是湖水的深度对植物和昆虫群落的分布范围都有限制的趋势，换言之，只有少数种类的昆虫，主要是双翅目昆虫，能生存于深水之中，而大多数其他目的天敌昆虫只能生存于湖岸边的浅水区域内。

（二）水生昆虫对栖息地的行为适应和生活史适应

水生昆虫指一生中至少一个虫期栖息在水中的昆虫，它们在淡水环境中生活很成功，数量众多，分布广泛，适应广阔的水生栖息地。这些适应分成4个方面：①生理（获得氧气）。②体形（抵抗水流）。③营养（获得食物）。④生物学（竞争和捕食），然而这4个方面都是相互联系的。为了检测水生昆虫形态和行为适应上的区别，现将淡水系统分成流水和静水两类。

1. 对栖息地的适应

（1）渗透调节。水生昆虫需要保持盐和水的适当平衡。它们的体液包含比周围的水更高的盐浓度，水分子倾向于从较低浓度方向向较高浓度方向移动，在血淋巴里维持水和盐的正确平衡叫渗透调节。昆虫的表皮，特别是蜡层在防止液体的流动方面是很重要的，一些淡水昆虫在整个摄食时期内吸收了大量的水，这些昆虫的排泄比陆生昆虫的排泄物含更多的水，比体液更淡的尿的产生是昆虫渗透调节的一种很重要的方式。许多昆虫通过身体的特定部位从周围环境的水分中直接吸收盐。在蜉蝣（*Callibaetis*）中，当水中的盐浓度增加时，与氯吸收有关的细胞数就会减少，这是当一个暂时的池塘干枯时出现在盐浓度增加方面的适应。

（2）温度。水生昆虫在0～50℃的范围内活动，大多水生脊椎动物的亚致死温度在30～40℃，几乎水生昆虫的生活史和分布区的各个方面都受温度影响，变态、生长、羽化和繁殖都直接与温度有关。而食物的数量和质量则可能无直接关系。许多在激流中的种类能在冬季温度下生长，这可能是对以在秋天落入小溪内的落叶为食的一种适应，因为水生昆虫的最早的栖息地被认为在冷溪中。许多鱼蛉科和长角亚目的双翅目在高山的溪流中出现并能幸存成为主要种类。

在夏季同一海拔和纬度内浅的池塘通常比溪流有更高的夏季温度，这为昆虫带来了更多的藻类植物的供应和更快地生长速率。困为氧浓度与温度成反比，氧可能成为限制生长的因素。在整个黑暗中藻类的高呼吸率可能进一步减少可用的氧，因此静水种类倾向于用大气中的氧，或者它们已形成了比在激流中生活的那些水生种类更有效的呼吸装置。生活史适应包括有些种类利用有利时期生长，在适当时间交尾，在空中或地上生存，为了避免过高或过低的温度，在一个有限的生活阶段进行滞育或休眠。

2. 激流

生活在溪流的水生天敌昆虫已产生了适应性，它们能够在单向水流中保持自己的栖息位置。洪水发生时，它们能应付在它们所处的环境中的不稳定情况，如应付水底沉积物，应付通过水流运送的无机物可能对它们的伤害。江河和溪流的沙底不是好的栖息地，因为它们移动的特性没有提供附着的物体，仅提供较差的食物条件。尽管有这些问题，但激流栖息地也有许多优点，除了被有机废物污染的水体外，流水有容量高的氧，这种水流运送并提供作为食源的有机物质，同时也帮助把废物带走。捕食性天敌中亦兼有滤食的，滤食者把它们自己固定在某个地方，通过水流收集昆虫自身没有用很多能量就带来的食物。激流取食的形式还通过捕食或通过捣碎石头上的有机物质，或通过从缝隙和裂缝中收集微细颗粒取食。激流栖息地的另一个优点是有极多数目的微栖息地，对溪流水生昆虫来说一个重要的微栖息地是石头表面的边界层，因为摩擦阻力在石头表面产生一个相对静止的1~4mm的水层，许多昆虫因其体小呈扁平，能在这个水层内生活。

3. 静水

静水栖息地可包含在小的暂时性池塘或大而深的湖泊内。

表面膜水分子之间互相吸引，在水体内水的吸引力各个方向都相等，但在水表面空气和水之间的吸引力很小，结果产生了水分子间的内聚力，水表面作为一个有伸展性的弹性膜起作用。这层膜形成了浮游生物群体休息或能悬浮的表面。鼋蝽科（Gerridae）、鼓虫科（Gyrinidae）的甲虫是出现在表面膜上的水生捕食性昆虫例子。鼋蝽和水田常见的宽鼋蝽科（Veliidae），有让虫体在表膜上行走而不突破表膜的端前爪，在爪下天鹅绒般的毛是不可浸湿的，它们的体重引起表膜轻微的下降，它的活动是伸出的后足掌舵，通过中足跗节推动膜来移动。鼋蝽的掠过动作实际上以划行为主。

鼋蝽能从水面波动来侦查表膜上的扰动，着生在中足和后足的跗节的传感器能感知水面波动并告诉鼋蝽用哪种方法去面对扰动，它可反方向地移动它的划足（后足）辨别面对的是猎物或是捕食者。如果是猎物，鼋蝽接着向前划动，在每次吞食之前暂停下来检查水的波动信号，一些鼋蝽用表面膜的震动联系求爱和交尾。一些半水生昆虫已形成了化学推进器在岸边迅速往返。隐翅甲*Dianous* sp.和*Stenus* sp.能以60~70cm/s的速度掠过水面，在腹部末端的腺体能释放分泌液降低它后面的水的表面张力，并靠前面水的正常的表面张力向前推进。生活在水表面膜下边的水生昆虫有适应性，它们能从大气中获得空气，方法是后气门的开口处有腺体在表皮上释放油性分泌物，接触水的表面膜有防水功能，并把气门暴露在空气中，气门内气管的蜡线能防止水通过毛细作用进入体内。

4. 生活史适应

水生昆虫已演化出各种生活史模式来应付不同的季节和不利的自然条件，为了成功，它仍必须能够取食不同季节提供的食物，为羽化选择有利的天气时机，保护自己并防止诸如干旱、洪水和致死温度等危险，也必须减少捕食和竞争。典型的说法是同一个种其成虫的羽化、飞行、幼虫生长期的地点是可能不同的，这表明水生昆虫生活史有很大的弹性。

（1）栖息地选择。交配了的雌虫在哪里产卵首先决定于栖息地，这由原先幼虫先在哪里出现决定，什么因素把雌虫带到一个特殊的地点尚不知晓，但栖息地选择可能涉及视觉、触觉和化学感觉的暗示。鞘翅目（Coleoptera）和半翅目（Hemiptera）成虫在白天飞行时显然能察觉到水，所以它们被吸引在池塘、游泳池和其他光亮的表面。对大多数水生昆虫来说，喜产卵在靠近成虫羽化的地方，但普遍分散飞行，特别是那些来自暂时栖息地的种类。以成虫越冬的种类（如鞘翅目、半翅目）可能有一个向越冬地点的秋季分散飞行，也有一个春季产卵飞行。分布广泛的热带黄蜻（*Pantula flavescens*）在暂时的池塘中繁殖，并有寻找产卵位置的长距离分散飞行。成虫在羽化后向上飞，后随风被运送到以后降雨的地方。尽管大多数种类的栖息地选择由雌虫决定，但在许多蜻蜓中雄虫起主要作用，雄虫在池塘或溪流上建立领地，雌虫被积极地引诱到这个区域内产卵，当雌虫正在水表面下产卵时，雄虫在上方作串联飞行，一般需要特化栖息地的类群，雌虫选择栖息地产卵。在水生昆虫中少见的水生昆虫寄生蜂潜水蜂［潜水蜂科（Agriotypidae）］需要特化的栖息地，此蜂爬进了被空气膜封闭的水中，并选择毛翅目昆虫石蚕（石蛾）*Silo*属或*Goera*属（*Goerid*）的老熟幼虫或蛹产卵，因此潜水蜂幼虫能在毛翅目昆虫蛹内寄生发育。中国潜水蜂科已记录有8种潜水姬蜂，均由石蚕幼虫育出，多分布在自然保护区，如吉林长白山自然保护区头道白河、辽宁省宽甸县白石砬子自然保护区、福建建阳区武夷山自然保护区大竹岚，或分布在水源充足的清澈溪流如贵州贵阳花溪、福建福州魁岐等地。

（2）卵和产卵。产卵数在水生昆虫类群之间和一个种的个体之间变化很大。在一个种内，生育力变化与雌虫大小有关，又与幼虫的生长条件相联系，在为了卵成熟成虫必须取食的类群中，生殖力取决于可获得的食物，也取决于适宜的产卵条件，因为如果条件不适合产卵，卵就可能被再吸收。一些昆虫的卵在蛹期或老龄幼虫期就成熟，例如广翅目（Megaloptera），并在羽化和交尾后不久产下。在另一些例子（例如蜻蜓目、半翅目），成虫在卵巢未发育的情况下羽化，它们在产卵（或越冬）前需要一个取食期，并在一个较长时期内不连续的分批产卵。卵成熟是一个连续的过程或接连的批量生产过程，整个产卵量取决于成虫个体生活期生长周期的长度。

（3）幼虫生长与取食。水生昆虫幼虫期持续的时间和生长类型的差异提供了多种生活史类型，下面要陈述的例子说明了收集食物策略和适应特定环境的幼虫生长类型。一种是拥有临时栖息地的类群，大多数水生昆虫都是属于这一类，它们的生活史主要由季节调节，在临时栖息地中栖息的所有物种在湿地中都需要有快速的幼虫发育期，多种蚊子是在临时栖息地繁殖的，当条件很适宜时，一些种能在5d内完成它们的生长，在临时栖息地最早出现的幼虫是腐食者，也可能是食物撕碎者（毛翅目石蛾），或是微细颗粒滤食者（蜉蝣、蚊虫），下一个来的是水藻取食者（蜉蜉、沼梭），最后当猎物足够时，捕食性水生昆虫蜻蜓、半翅目、龙虱、鼓虫相继出现。快速发育是在水中短暂栖息的栖息者的特性，但幼虫滞育或休眠可能使生活周期延续几年。

许多栖息溪流的水生昆虫适应低温的范围较狭窄。冬天生长仅能用叶屑作为基本食物，但在低温下可能与鱼共同分享猎物而捕食量减少。襀翅目为避免夏季高温幼虫在幼龄时滞育，毛翅目沼石蛾和石蛾老熟幼虫期或前蛹期也可能发生滞育。半翅目捕食性昆虫和一些甲虫在它们吞食以前就消化了它们的捕获物，它们将唾液注入猎物中，猎物固定不动，酶使猎物组织变成了液体。龙虱幼虫有咀嚼式口器，但它们长的镰刀形上颚内侧有槽来吸食液体。一些水龟虫幼虫因其猎物均在水内，在这种情况下，猎物的体液经上颚并流入口内，并不吸入水分。最特化的捕食者是蜻蜓幼虫，其下唇的亚颏和颏特化为脸盖，捕食时脸盖向前射去，猎物被下唇上的小钩或刚毛钩住，当下唇的肌肉折回时，猎物收回嘴内。蜻蜓用它的复眼侦查猎物，并且也用触角和跗节上接收器侦查，可见视力对老龄幼虫、稚虫和以植物生活的昆虫爬行阶段更重要。在以视觉为主要功能的成熟稚虫，例如伟蜓属（*Anax*），抓猎物涉及一个高度综合的复眼视觉，在每个复眼内小眼面的刺激使蜻蜓能够精确地判断猎物的距离。取食行为受诸如饥饿程度、最后蜕皮时间、猎物的密度、猎物大小和猎物运动等因素影响。

（4）变态和蜕皮。有些捕食性天敌昆虫幼龄稚虫蜕皮后和成虫体形基本相同，另外，最后一次蜕皮产生了更完全的变化，翅和成虫其他构造发育更加完善。蜕皮和变态由激素控制，在半变态和完全变态之间没有真正的生理区别，区别是变态深入的程度问题，而不是种类问题，蛹期可被看作与半变态类的老龄稚虫相当，蜕皮的控制涉及蜕皮激素和保幼激素之间的相互作用，当蜕皮激素存在时，保幼激素仅对发育发挥作用，当血液中保幼激素的浓度高时，下次蜕皮将是幼虫变为幼虫，保幼激素在中间浓度时，下次是幼虫蜕皮变为蛹，若保幼激素很少或没有，下一次蜕皮后羽化为成虫。

在半变态发育和完全变态类发育之间主要的形态学差异是在半变态的昆虫中翅在外部发育，而在完全变态类翅后来才外翻。在半变态类中通过外部翅芽和外生殖器芽体的进一步发育，成虫结构才逐渐的演示出来。在完全变态类则是在最后龄期发生变化，但这些变化是内部的，在重要的分化时受空间条件限制。在整个蛹期时翅慢慢翻向身体外侧，这为间接飞行肌肉的发育和生殖系统的发育提供了空间条件。蛹期通常时间短，成虫挣脱蛹或最老龄稚虫的表皮之后就是羽化。完全变态类蛹期的发育允许幼虫和成虫形态上有广泛的差异。幼虫用环境和食物源继续生长，成虫的活动是分散和生殖。如果物种的数量被认为是衡量物种成功的标准，那么完全变态便是成功的主要因素。亦可认为这是昆虫进化的要点，因为当前存活的昆虫大约88%的属于完全变态类型。在半变态类型的水生昆虫中，不同的类群变态的详情不同，关键是由水生稚虫转向陆生（成虫）的生活方式（特别是呼吸和飞行）时，在整个发育阶段还要克服来自非生物的和生物的层层障碍。例如说蜻蜓在整个变态和蜕皮期间出现形态上和行为上的变化以求适应。一些蜻蜓的变态在羽化前几周能被观察到，在变态前呼吸速率增加，虫体常移向浅水或附在植物茎的上方。几乎所有蜻蜓有白天羽化的节律，当天气条件有利而捕食很少时，成虫就在此时羽化。蜻蜓主要的天敌是用视觉狩猎的鸟类或其他蜻蜓的成虫，因此晚上是蜻蜓离开水域最安全的时间，在热带，大多数大的蜻蜓在黄昏羽化，它们蜕皮、展翅，并接着在日出前准备飞行，在温带或高海拔地区，那里夜间温度很低，使蜻蜓倾向于在清早或整个白天羽化。

蛹的适应在于其从水中呼吸、受保护和羽化，它通常是一个静止期，蚊虫的蛹是相对活动的游泳者，广翅目和脉翅目蛹不在水中，大多数鳞翅目和许多双翅目幼虫为蛹在土壤中构建一个土室。大多水生双翅目昆虫的蛹的呼吸器与幼虫的呼吸不同，幼虫靠腹部末端呼吸器，反之蛹靠呼吸角或其前胸气门的突出物。这些取决于种，呼吸可在水表，或形成水柱甚至靠刺入浸没在水中的植物组织呼吸。

（三）水质监测的方法

1. 化学分析方法

传统水质监测包括采集水样，取样带回实验室，然后进行一系列化学分析。专家们希望通过测量各种污染物的浓度来预测这种水质对人和动物生活的危害程度，化学监测方法是水质监测的最重要的部分，但仅仅用化学方法通常是不够的。有如下3种主要情况通过化学分析能测到污染物。

（1）尽管有成百上千种毒物被排到水层表面，但只有几种可能被监测人员检测到。当处理工业废物或城市排出物时，污染物最多。因为污染物数量太多，不可能对这些化学物质或引起问题的化学物进行分析。

（2）污染物浓度随时间快速地变化，如果一种污染物被倒入了干净的河流中，只在较短时间内可用化学方法检测到，但污染物的污染影响可持续好几个月。这种例子非常普遍，如偶然的倾倒物、水冲来的城市或农村的生活废物以及偶然交换的工业废物都是如此。

（3）两种以上毒物引起的问题比个别毒物单独作用引起的问题严重得多。因此，当一个水路中的一些毒素联合起来使动植物致死时，化学分析就可判断这种毒素水平是否超过标准。

2. 生物监测法

在全世界的水系中，都已用大型无脊椎动物或水生昆虫来评价水质，它们的若虫或幼虫生活在水中，对水中溶解氧要求高，常发生在清洁的水体。在北美，有关这方面已做了大量工作。水生生物群落是相似的，但发现中国和北美收集的水生生物物种不相同。全世界水生大型无脊椎动物对污染的反应是一样的，因此，美国的经验适用于中国。有几种方法可选取无脊椎动物，也有几种方法处理样品及分析样品。几乎所有方法都可根据一些基本原则来检测水质，原理如下。

（1）因要保留耐污染种类，工作重点是通过消灭那些不耐污染的水生昆虫种类而减少无脊椎动物区系的多样性。可通过一系列复杂公式来测得多样性，但最简单的方法是种的丰富度。由于并不是所有生物都可鉴定到种，所以这个参数叫类群丰富度，它指不同类群的数量，有生物指数计算类群丰富度，可用Shannon-Wiener指数公式及Pielou（1949）均匀度指数公式或其他指数公式。类群丰富度有种级、科级、目级等类群计算级别。

（2）建成耐污染种占优势的无脊椎动物群落，可监测有持续污染问题的环境。任何一个对类群丰富度做可靠测量的调查者都能检测水质问题。而且调查者可根据水生生物学的基本知识，将无脊椎动物分成耐污染种和不耐污染种。中国最普遍的水污染问题之二就是大量输入了有机物质，导致溶解氧含量降低，但低浓度溶解氧的特殊水较易识别。

（四）生物监测法的具体做法

更加有效的生物监测策略叫做"快速生物监测"。这种监测，为了探索分析水质问题及一系列的决策管理，将重点放在获得快速结果，特别是花费最小的代价来获得可持续的、科学有效的结论。设计的大多数快速生物分析项目能够在收集样品5d后，评估3～5条河的污染。快速生物监测有正常的定量收集的快捷技术，这种技术通常包括质量、数量的抽样，或生物监测地点的取样。可期望中国的一些污染监测项目已采用包括快速生物学监测法。

1. 规划

在建立一种快速生物监测项目以前，对于收集哪部分水生生物群落，如何在一条河流中定殖个别样品，以及保证样品质量都必须作出初步规划。

2. 确定生物监测的类群

最常用的在河流中进行水质监测的生物是水底大型无脊椎动物，包括捕食性天敌昆虫、鱼及周丛生物，因为每增加一个类群都更有助于评价水质，所以，生物监测机构应充分利用这些类群生物监测。在美国水质监测常用大型无脊椎动物，鱼和周丛生物来监测水质。他们发现，综合监测产生的结果胜过收集单一类群所产生的结果。美国环境保护机构（EPA）也建议用上述3个生物类群监测湖、海水质。但由于经济原因，许多调查只能限定用一种水生生物。但水底大型无脊椎动物常是首选对象。无脊椎动物除了常用可评估水质，它们在食物链中也起着重要的作用。水生昆虫可以土生的及外来食物资源为食，也可以一些鱼类为食。因此，大型无脊椎动物群落丰富度可影响一些鱼类的丰富度。水底大型无脊椎动物个体小，较易收集，用简单手镜就能大概的区分。在世界的大多数地区，分类是常规的手段。无脊椎动物的存活期比周丛生物、真菌、细菌长，大多数水生昆虫每年1～3代，寒带常见每年1代，温带2～3代。正因为它的生活周期长，其区系才能从水质污染的影响中缓慢地恢复，因此，在污染发生后的较长一段时间可检测污染问题，加之无脊椎动物活动较少，不能避开污染物的影响，易检测，大型无脊椎动物能对广泛变化的污染物作出反应，不同类型的环境产生不同的大型脊椎动物群落，因此，可通过无脊椎动物的类群来判断污染程度及污染类型。

3. 选择无脊椎动物栖息地

一些调查者可从最普通的栖息地收集大型无脊椎动物样品，其他人则可从最富于无脊椎动物的栖息地或从具高流量河流的地方取样，即取样于"浅滩"，就是河流流速较高的浅岩地区。因为在天然沙质河流中，选出的是朽木和草根类。取样地点的选择影响调查者从栖息地鉴别水质。

大多数研究者测量水质取样时，是想减小栖息地间的差异，要想对水底大型无脊椎动物取样，就要研究栖居地的特征。然而，在一些研究中，不可避免地会发生栖息地水的质量的变化，特别是调查污染源水质的变化时，只有对水底无脊椎动物最丰富的栖息地抽样才可减少栖息地间的差别，特别是水质差异。

4. 如何确保可信度

任何取样方法的正确性取决于方法的灵活性，因此，一个生物监测的各个项目都应该用质量保证／质量控制（QA/QC）指标进行评价，QA/QC程序对于组织生物监测项目是很重要的。如果收集的研究人员有变动的话，就必须形成一种标准执行程序指南来确保取样方法的可信度。任何组织都应该结合阶段性的可信度检测来确保他们有能力检测各地区的水质条件。

对照地点取样是最常用的质量保证（QA）程序，这一地点可反映一个河流流域的典型条件，但要求有关的污染物是少的。对照地点应该选在较大的未受干扰的流域，已表明这样相对纯净的河流具有较好生态地区的条件，当然生态地区的对照地点也用来检测水底大型无脊椎动物群落的季节性变化。

（五）水底无脊椎动物的分类

从分类学角度评估质量保证／质量控制（QA/QC）是困难的，困难是正确的鉴定种类。如需要可以要求与外地权威机构合作，鉴定的准确性可用专家的鉴定结果来比较，因此，应该是自己的鉴定结果与分类学家鉴定是一致的，在中国发表的许多湿地昆虫名录可能会有问题，因为他们并不和分类专家合作鉴定。此外分类类群的交流对保持分类一致性方面也是主要的。建立一个快速生物监测程序还包括一些困难，有分类水平、取样、取样设备等。在中国建立一个生物监测项目时，应考虑长期持续的分类工作及可用的取样设备等，以下是对此项目做的建议。

1.分类学

大多数检测技术取决于对收集生物的正确鉴定，较好的分类会产生精确的结论，能较好地检测水质的微小变化。一个生物监测组应努力提高分类的精确度，应与国内的权威分类专家有联系。如设有熟练分类专家，监测机构应进行足够的训练。在中国建立新的生物监测组时，开始污染监测工作前应有一个分类训练阶段，当质量保证（QA）达到可以接受的水平时，就算完成了这一阶段。通过QA/Qc评价水质监测也要有足够的分类技巧，特别评价的高水质场所确立其水质可信度时。分类处于初级水平时，工作人员能够分出水生昆虫的目，然后估计每目的丰富度，这种只用手镜就可完成，同时也可用Mason（1979）的操作分类单元方法和Cairns、Dickson（1971）的连续比较指数法。专家认为用这种分类水平可检测到未受污染的状况，美国城市监测小组一直使用这种方法。一些研究者提出了鉴定到科，鉴定到科可快速得出结论，并精确地评价水质。鉴定到科的资料必须具有对种复合群（Species-complex）组成及生态学敏感性作出一些预见。例如，北美河流中，纹石蛾科（Hydropsychidae）的鉴定通常要预见具有相对耐药性的纹石蛾存在，尽管存在着不具耐药性的纹石蛾科复合群。

属或种的鉴定明显提高场所分类的精确性，这种鉴定也改善了使用已鉴定的"指示复合群"确定污染地区的准确性，使用生物指数技术也极大提高了鉴定的准确性。一般说分类到科不适合检验水质变化及评价河流复原地带的长度，不适合决定高质量的水，但在一个特殊的地区，或在额外研究的特殊地点鉴定到科，对一次性评价水质量是特别有用的。如果一个监测机构想建立一个大的地区资料基地，地点之间和资料之间比较，鉴定到属种较适合，因此，科级水平分类最初可节约时间，但要长期监测就无效了。所以科学家应努力发展属、种水平分类技术。如果一个生物监测小组人力有限的话，可把分类专长和重点放在那些易鉴定（不具耐药性）的类群上。美国北加罗尼纳已发展了一个简单的水质直接指示物"EPT"［蜉蝣目（Ephemeroptera）、襀翅目（Plecoptera）、毛翅目（Trichoptera）］收集方法，其特点是每地少数抽样（4次），只限于收集蜉蝣目、襀翅目、毛翅目。在其他地理区内就可选择这些不具耐药性的种，这些种个体相对大，寿命长，易鉴定，选择的地点有多样性。当然，EPT在像瑞典、新西兰、日本这样的地理区内也能起到较好的作用，在蜉蝣目、毛翅目、襀翅目不易大发生的栖境内EPT还是有效的，这些栖境是河流倾斜度小、流速慢的海滨地区。

对滑坡山脉内有些类群的标本，如摇蚊科（幼虫）鉴定到种是最麻烦的。虽然，鉴定这些类群将极大地增强生物监测的结果。摇蚊科的区系、丰富度不与水质呈线性关系，但可作为评价的指标，这些类群的信息对推断污染类型及污染强度是很重要的。

2. 抽样方法

建立一个快速生物评估项目时，最重要的是选择抽样方法，一般来说，抽样方法受采集、鉴定的无脊椎动物数目的限制。调查研究人员也可限定所选择的抽样的生物类型。对用于鉴定的生物数目可用普通标准或再抽样，有时用再抽样直到达到合乎要求的抽样数量为止，无论何种再抽样都需所有生物有被选择到的可能性。再抽样可减少鉴定的工作量，提高评估精确度。

快速生物监测包括各种抽样方法，具体说，在一方面，有Plafkin等（1989）推荐的一种单个的栖境抽样技术（是一种混合取样），用再抽样技术来提取大约100个生物个体。在另一方面有Lenat（1988）提出的固定数量的多栖境地收集取样。但无论哪种方法选择一种适合的抽样方法要考虑一些因素，如调查目的、监测的类群、采样所选择的材料的数量与质量及特定地理区域内河流的特点。调查无脊椎动物区系时，在多个栖境地收集比单个栖境地收集要完善得多。

3. 取样设备

建立一个生物监测项目时，对抽样设备的种类及网眼大小及抽样筛选的种类都要作选择，大多数从水底取样工作有用400～600μm网筛收集水中无脊椎动物，但在多栖息地抽样时，增加了一种小眼网筛（200～300μm）来收集摇蚊科和其他小型无脊椎动物，通常网眼越小，取样的底物范围就越小。快速生物监测项目要求相对多样的收集设备，设备能用于各种深度、水流速度、不同类型的底物。经实践决策，适合用大的筛网和"扫网"［D形网（0.3m×0.3m）、A形网、深网］收集大量样品，包括小栖境地的样品，这样的样品可减小样品的变化。小栖境内水的流速、水底生物等的不同不应影响不同地区间水质的变化。

一些研究机构除收集摇蚊的成虫（灯光或扫网捕捉）或虫蜕外还收集幼虫，有了必要的分类技术，定种名时这种收集就比较有用了。在水质质量高的地区，要证实存在有稀有种或新种，这一点是非常重要的。对大型无脊椎动物群落进行调查时，直观收集（用肉眼观察、用手从石块和树木中收集）是非常重要的。采集因受简单的干扰就完全错过一些优势种，如黏得紧的石块中毛翅目隐藏种或限制在特殊微栖境的种。总有一些类群可在水中的最大的圆木或最大的石块下被发现，直观（肉眼）收集在大的、流速慢的河中是比较重要的。

（六）中国水底或水面大型捕食性天敌昆虫

当前已明确水生昆虫的EPT类群可用于水质量监测，随着研究的深入，其他捕食性天敌类群用于水质量监测已在进行。

1. 蜉蝣目（Ephemeroptera）

蜉蝣目（图2.14）是有翅昆虫中古老而原始的目，近于世界性分布，发育为原变态。幼体水栖于静止或流动的淡水，腹部有气管鳃，称之为稚虫，成虫常在其栖息地水面上空10～45m处飞翔。成虫生活时间极短，有仅生活几个小时的，也有生活数日或一星期的。一般在日落时羽化蜕皮，飞舞交尾后产卵。卵一般经7～14日孵化。稚虫一般蜕皮24次，稚虫期通常为1～3年，3～6个月或16～22d。稚虫羽化后寻求适当休息场所，在数小时内，其体躯及翅蜕去薄皮。在蜕去此皮之前，不活动，这个阶段称为亚成虫，亚成虫一般栖息在湖岸边的植株上。稚虫大多为草食性，取食高等植物及藻类的组织，也有属于捕食性的，捕食其他蜉蝣稚虫及水生昆虫。雌虫产卵量很大，为100～4 000个。

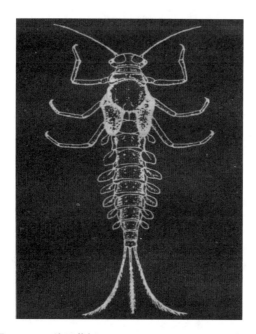

图2.14　一种四节蜉：*Baetis hiemalis* Leonard的稚虫

（仿忻介六，1985）

选择捕食性的种类见表2.12。

表2.12　水生捕食性蜉蝣目*

类群	生境	习性	营养链关系
Isonychjidae	激流	游泳、攀绕	收集取食、滤食
Isonychia	激流	游泳、攀绕	收集取食、滤食、捕食
小蜉科（Ephemerellidae）	激流（附着大型植物）静水（水生植物）	攀绕爬行、游泳	搜集（藻类）、刮食、撕裂取食、捕食
蜉蝣科（Ephemeridae）蜉蝣属（Ephemera）	激流、静水（沙石）	穴居	搜集、捕食

注：*据Morse J C，Yang Lianfang & Tian Lixin（1994）。营养链关系中刮食者和撕裂取食者为敏感种类，专性取食，见于水质较好的生境中；收集取食者、滤食者为非专性取食者，对污染耐性高

2. 蜻蜓目

蜻蜓目（图2.15）昆虫以稚虫状态（半变态）生活在水中，成、稚虫均捕性，中国已知略多于400种，现选部分国内资料，见表2.13。

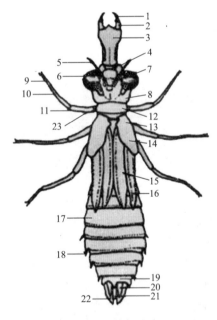

图2.15　蜻蜓稚虫

1.可动钩；2.侧叶；3.颏；4.亚颏；5.触角；6.复眼；7.头盖；8.后眼叶；9.跗节；10.胫节；11.腿节；12.前胸背板；13.中胸侧板；14.后胸侧板；15.前翅鞘；16.后翅鞘；17.第5腹节；18.腹节侧刺；19.第10腹节；20.伪尾须；21.背附器；22.尾须

（仿忻介六，1985）

表2.13 蜻蜓目*

类群（附常见种）	生境	习性	营养链关系	分布
差翅亚目（Anisoptera）（蜻蜓）	静水	攀爬	捕食	
蜓科（Aeschnidae）	原始静水群落（浅水水生植物）	攀绕	捕食（袭击猎物）	
蜓属（*Aescbna*）［蓝面蜓（*A.melamctera*）］	静水（湖、塘、沼泽、水生植物）	攀绕	捕食（袭击猎物：双翅目、鞘翅目、毛翅目、蜉蝣）	浙江、四川
伟蜓属*Anax*（碧伟蜓*A.parthenope julius* Boyeria）	静水（水生植物）激流（绕住石块）	攀绕攀爬	捕食（袭击猎物）	北京、江苏、云南和新疆
长尾蜓属*Gynacantha*［细腰长尾蜓（*G.subinterrupta*）］	静水（临时池塘，水生植物）	攀爬	捕食	广西
箭蜓科（Gomphidae）	激流静水（附着）（浅水沉积物）	穴居	捕食（等候猎物）	
北箭蜓属（*Ophiogomphus*）宽纹北箭蜓（*O.spimcorne*）	激流（附着在小激流的石块上）	穴居	捕食	北京、河北、山西、内蒙古
白尾箭蜓属（*Stylogomphus*）［小白尾箭蜓（*S.tantulus*）］	激流（附着在早春激流的沙和碎岩上）	穴居（主动）	捕食	福建
大蜓科（Cordulegastridae）	激流（附着）	穴居	捕食	
Cordulegaster	激流（附着在上游激流的沙、淤泥、碎岩）	穴居	捕食（等候猎物）	
伪蜻科（Corduliidae）	原始激流群落（附着小激流），静水群落（浅水、沼泽）	攀爬	捕食	

（续表）

类群（附常见种）	生境	习性	营养链关系	分布
伪蜻属 （Cordulia）	静水 （浅水，沼泽和 池塘边缘的碎岩）	攀爬	捕食 （双翅目）	

注：*据Morse J C，Yang Lianfang & Tian Lixin（1994）

3. 水生和半水生半翅目（Hemiptera）

水生和半水生半翅目（图2.16和图2.17）昆虫内，部分种类通常在水中生活，或生活史中的部分生活在水体，后可迁移而离开水体。部分种类有流线型的外形擅长游泳；有些种类表皮不易为水浸湿，跗节上有腺体，增加表皮与毛的嫌水性；有些种类附着在淤沙底部或绕住水中植株；亦有翅下及腹背间有空隙，接近水面收容空气，供呼吸用。半水生种类只栖息在水表面，靠水的表面张力在水面滑动或跳跃，仍然可栖息在水体和激流中，如沼泽、小塘、具丰富植被的稻田、混浊的海岸、湿石块等处。常见科属见表2.14。

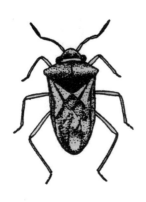

图2.16 黑宽黾蝽

（仿陈常铭和宋慧英，1982）

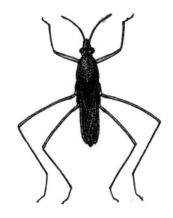

图2.17 小黾蝽

（仿忻介六，1985）

表2.14 水生捕食性半翅目*

类群（附常见种）	生境	习性	营养链关系	分布
尺蝽科 （Hydrometridae） 水尺蝽属 （Hydromdetra）	静水 （浅水带湖沼表面）激流边缘	慢速滑行	捕食（刺吸节肢动物成虫，活虫或死虫，特别蚊虫幼虫和蛹）	福建、广东、广西、海南、河北、湖北、江苏、四川、浙江、新疆和我国台湾地区

（续表）

类群（附常见种）	生境	习性	营养链关系	分布
宽黾蝽科（Veliidae）	一般静水（湖沼表面）激流表面	滑行	捕食（刺吸节肢动物的活虫或死虫）	
黾蝽属（*Microvelia*）〔宽黾蝽（*M.horvathi* Lundblad）〕	静水（湖沼）激流表面	滑行	捕食（刺吸）	福建、海南、湖北、香港、四川、云南和我国台湾地区
水黾科（Gerridae）	一般静水（湖沼表面）激流表面海洋表面	滑行	一般捕食（刺吸）腐食	
水黾属（*Gerris*）	激流（附着在表面）静水群落（湖沼、浅水表面）	滑行	捕食（刺吸）腐食	东北、福建、贵州、广西、河北、陕西、山东、山西、四川、西藏和我国台湾地区

注：*据Morse J C，Yang Lianfang & Tian Lixin（1994）

4. 广翅目（Megaloptera）和水生脉翅目（Neuroptera）

广翅目（图2.18）昆虫成虫陆生，捕食性，一般夜出，完成一个世代需2～5年，幼虫期2～3年，经历10～12龄，幼虫水生，捕食、栖息在小溪、河流、湖、塘，甚至临时的干河床，取食多种小型水生无脊椎动物。脉翅目（图2.19）昆虫成幼虫均为捕食性，取食蚜虫、木虱、介壳虫、螨类和鳞翅目昆虫的卵。有些种类成虫陆生，幼虫水陆两栖或水中生活。广翅目水蛉科（Sisyridae）的幼虫水栖，吮吸淡水的*sponges*（*Spongilla*属和*Ephydatia*属）体液发育，化蛹前离开水体，攀附在水面上的物体化蛹。翼蛉科（Osmylidae）幼虫的食物为生活在水面和湿地的双翅目幼虫，主要为摇蚊科幼虫。常见科属见表2.15。

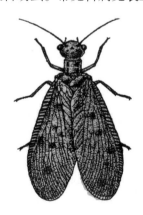

图2.18　花边星齿蛉〔*Protohermes castalis*（Walker）〕

（著者原图）

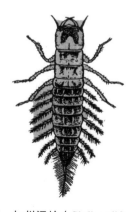

图2.19　加州泥蛉（*Sialis californicus*）

（仿忻介六，1985）

表2.15　广翅目和水生脉翅目*

类群（附常见种）	生境	习性	营养链关系	分布
广翅目 （Megalloptera） 泥蛉科（Sialidae） 泥蛉属（*Sialis*） ［古北泥蛉 （*S.sibirica*）］	激流 （附着碎岩上） 静水 （冲积物上）	穴居 攀绕	捕食	广泛
脉翅目（Neuroptera） 水蛉科（Sisyridae）	激流 静水（浅水）	攀绕 穴居（淡水）	捕食 （刺吸）	广泛
脉蛉科 （Neurorthidae）	未知	未知	可能捕食	我国台湾地区有 本科的日脉蛉属 （*Nipponeurorthus*）
翼蛉科 （Osmylidae）	未知	未知	可能捕食	广泛、有近翼蛉属 （*Parosymlus*），分布西 藏，中华翼蛉属分布 云南

注：*据Morse J C，Yang Lianfang & Tian Lixin（1994）

5. 水生和半水生鞘翅目（Coleoptera）

鞘翅目（图2.20至图2.23）是昆虫和动物界中最大的目，已记述总数277 000～350 000种，据估计全球已记述的水生甲虫约10 000种。鞘翅目内有些小亚科是完全水生的，如两栖甲科（Amphizoidae）、龙虱科（Dytiscidae）、小甲科（Hygrobiidae）、单跗甲科（Lepiceridae）、球甲科（Sphaeriidae）、水缨甲科（Hydroscaphidae）等，但水龟虫科（Hydrophilidae）有些种类陆生，但叶甲科（Chrysomelidae）、象甲科（Curculionidae）和隐翅甲科内亦有若干水生的种类。水生鞘翅目成幼虫都是水生的，如龙虱科的成虫后足为游泳足、胫节与跗节有刚毛，腹背有气门，以此呼吸空气，故常要浮出水面换气或尾端常浮出水面。水生鞘翅目昆虫幼龄幼虫严格地水生，而老龄幼虫并不一定是栖息水内，老龄幼虫有有效的气门使老龄幼虫离开水面化蛹，而幼龄幼虫则在腹节两侧有气管鳃吸收氧氮（表2.16）。

图2.20　大龙虱（*Cybister japonicus* Sharp）

（著者原图）

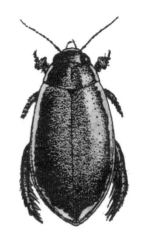

图2.21　三点列黄边龙虱（*Cybister tripanctatus* Oliver）

（著者原图）

图2.22　大牙甲（*Hydrophilus acuminatus*
Motschulsky）

（著者原图）

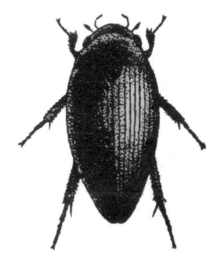

图2.23　大牙甲（*Regimbartia atlenuata*
Fabricius）

（著者原图）

表2.16　水生鞘翅目*

类群（附常见种）	生境	习性	营养链关系	分布
鼓虫科（Gyrinidae）				
	静水和	攀爬	捕食	
幼虫	激流（水生植物）	游泳		
成虫	静水和	水表面游泳	捕食	
	激流（附着）	潜水	腐食	
鼓虫属（*Gyrinus*） ［日本鼓虫（*G.japonicus*）］		水表面游泳 潜水	捕食	

（续表）

类群（附常见种）	生境	习性	营养链关系	分布
小甲科（Hygrobiidae）			腐食	
水甲属（*Hygrobia*）				
幼虫	激流（附着）		捕食	中国西北
成虫	激流（附着）	游泳	捕食	
两栖甲科（Amphigoidae）				
两栖甲属（*Amphigoa*）				
幼虫	激流（碎石）		捕食	四川
龙虱科（Dytiscidae）			腐食	
幼虫	静水（水生植物）	攀爬	捕食	
	激流（附着）	游泳		
成虫	静水（水生植物）	潜水	捕食	
	激流（附着）	游泳		
大龙虱属（*Cybister*）				
［黄边大龙虱（*C.japonicus*）］	静水（水生植物）	游泳 潜水	捕食（刺吸）	

注：*据Morse J C，Yang Lianfang & Tian Lixin（1994）

总之，上述EPT类群内，蜉蝣目有部分为捕食性天敌昆虫，还有襀翅目（石蝇）的稚虫以蚊类幼虫及小型动物为食，多是一类对环境（水体）的变化非常敏感的种类，对水体净化有一定作用，多用于水质监测。

五、昆虫和生态系统信息传递

生态系统的信息传递表现在生物与环境、种群与种群、种群与个体之间信息传递，分述于后。

（一）天敌昆虫的性信息素

1. 概述

性信息素由Butendant（1932）开始研究，Korlson和Inseher将它命名为性信息素。昆虫一生的基本活动都有化学物质起着支配作用，昆虫信息素乃是指昆虫体内分泌到体外并能引起同种昆虫的某种特殊生理效应和特定行为的超微量物质，包括性信息素和具有集合、报警、疏散、阻挠产卵等作用的其他信息素。性信息素研究在于了解其全组分和各组分的行为功能，确定性信息素每一成分在昆虫化学通信中的作用，了解在体内合成的机制，昆虫触角对性信息素的感知及化学感受的机制。昆虫性信息素活性高、专一性强，不污染环境，解决性信息素的上述问题，可进一步发挥昆虫在害虫综合治理中的作用。

2. 天敌昆虫性信息素实例

脉翅目3种蛇蛉：普通蛇蛉（*Agulla adnixa*）、机敏蛇蛉（*A.astuta*）、双色蛇蛉（*A.bicolor*）的雄虫和雌虫放在同一容器中，雄虫便兴奋地奔跑和腹部末端有节奏地上下摆动或腹部鼓胀。当把一头雄虫放入一个刚从其中拿走一头雌虫的瓶子中时，也注意到有兴奋现象；绒茧蜂（*Apanteles medicaginis*）才羽化5h的未交配雌蜂能散发一种气味，雄蜂对这种气味产生反应，能从至少有90m的远处逆风飞来。这种外激素还引起雄虫翅膀的振动。麦蛾柔茧蜂（*Habrobracon hebetor*）是多主寄生蜂，把雄虫引入雌虫处，雄虫就兴奋地拍动翅膀四处奔走，放入一把最近接触过雌虫的驼毛刷也能使雄虫兴奋，刺激显然主要是因为触角所觉察的气味所引起的，有些雌虫能使雄虫兴奋，压碎过雌虫的滤纸立即能引起雄虫的交配反应，腹部的前半截较后半截更有引诱力。把短角柔茧蜂（*Habrobracon brevicornis*）放在麦蛾柔茧蜂雌蜂中，雄性短角柔茧蜂受到刺激，并试图爬登和麦蛾柔茧蜂交配，麦蛾柔茧蜂雌虫会拒绝交配，但是随后往往会立即同它本种的一头雄蜂进行交配。将长体茧蜂（*Macrocentrus ancylivora*）雄蜂放入一个以前装过一头雌虫的玻璃瓶中，雄虫就变得兴奋起来，并且表现的行为活像是有一头雌虫存在似的。雄虫羽化后能立即有性的反应。即使不把玉米螟长体茧蜂（*M.grandii*）雄蜂限制在一个空气为雌虫的气味所饱和的小空间中时，它们的性活动也比较显著，雄虫羽化后可以立即有性的反应。黑马尾姬蜂（*Megarhyssa atrata*）的雄蜂（钻木性害虫的一种寄生蜂）在雌虫之前羽化，它们被雌蜂引诱，在雌虫将要从树中羽化的地点聚集。曾经发现在一株死树上的一群6～10头雄蜂中的一头雄蜂把它的腹部插入木材中的一个开孔，剖开木材发现这头雄蜂和里面的一头雌虫在交配。马尾姬蜂（*M.inquisitor*）是天幕毛虫（*Malacosoma neustria*）的寄生蜂，观察到若干雄蜂，试图进入一个天幕毛虫蛹的几个孔口，发现里面有几个雌性马尾姬蜂，雄蜂被雌蜂的气味所引诱。月斑马尾姬蜂（*M.lunator*）雄蜂聚集在一棵树的树干上等候雌虫的羽化，它们是凭气味去察觉雌蜂的。雄蜂将树皮刮落达0.635cm深寻找准备羽化的雌蜂。当雌蜂还在它的小室或洞穴内时就发生交配，然后它再飞出去找寄主。蚜外茧蜂（*Praon pallitans*）雄蜂羽化后立刻就准备交配。雄虫凭气味察觉未交配雌蜂，翅竖立胸上，触角迅速振动地四处奔跑。一旦与雌蜂接触，雄蜂便将翅膀在直立位置迅速摇动。一旦交配，雌蜂就丧失它对雄虫的引诱力。以上是天敌昆虫雌虫产生的性信息素，雄性产生的性信息素有猎蝽

（*Rhodnius prolixus*），雄虫通过空气对雌虫有引诱力。一种性别所产生的外激素也能诱到雌蜂和雄蜂，例如把寄生烟夜蛾的黑头折脉茧蜂（红尾茧蜂）（*Cardiochiles nigriceps*）的未交配雌蜂，当作诱捕器的诱饵时，对两种性别都有引诱力。当把诱捕器放在2.54cm高时，捕到的主要是雄虫；而放在7.62cm或15.24cm高时，捕到的多半是雌虫。

3. 昆虫感觉和调节性信息素的机制

（1）切除或用漆蒙住腹部的雄性麦蛾柔茧蜂，不再能够找到雌蜂，在雌蜂前不能表现出正常雄蜂交配前的兴奋特征，这种不正常的雄蜂即使雌蜂就在它们身旁也会无目的地到处徘徊和相互碰撞。当这样的一头雄蜂偶然地接触到雌蜂时，它能够依靠反射反应爬登和交配，但不表现出弹翅。用火棉胶蒙住触角的雄蜂不呈现性兴奋，用黑沥青涂盖复眼的雄蜂举止正常，在雌蜂前表现兴奋，并能成功地进行交配，说明触角和腹部感觉信息素。

（2）昆虫内分泌系统受环境因子的影响，借内分泌系统的作用，进而调节昆虫本身的生理活动。作为同种个体间传递信息的外激素（或信息素）和内分泌系统有密切关系。雌性大蚕蛾（*Polyphernus*）在未交配前将尾部引诱腺暴露于外，释放出性引诱物，以"召唤"雄蛾，大蚕蛾交配前需要有红橡树叶中的气味存在，并且受光照因子的调节。将大蚕蛾雌蛹的咽侧体摘去，手术后大蚕蛾照常表现召唤行为，同雄蛾交配后产卵数正常，并可孵化。如果将咽侧体-心侧体复合体一起摘去，则交配的召唤行为大为降低，下降到20%以下。如果将心侧体联系脑的神经切断，交配前的召唤行为受到阻止。结论是环境信号如树叶气味和光照等对脑产生刺激，然后，脑刺激心侧体的分泌细胞释放出激素，激素作用于腹部神经系统，使雌蛾伸出尾部而释放出外激素，说明了外激素的释放和脑、心侧体有一定关系。沙漠蝗雄虫在性成熟时体表出现外激素，能加速幼年成虫成熟，如果将咽侧体摘除，外激素就不再产生；再植入咽侧体，就又可以恢复释放外激素。因此咽侧体同外激素的释放有关系。

（3）许多昆虫的活动表现出白天和黑夜的周期性。昆虫的活动同白天、黑夜密切相关的叫做日夜活动节律。类似于这种有规律性生物活动称为时辰节律，昆虫的时辰节律是受到神经内分泌系统的调节。昆虫活动的节律表现为行动、交配、产卵、外激素的释放等周期性活动，甚至如昆虫排泄粪便等都表现出节律活动。实际上，昆虫的脑神经分泌细胞、咽侧体、胸腺等细胞活动都表现出时辰节律。怎么证实激素调节时辰节律呢？竹节虫（*Carausius*）在夜间活动，连续黑暗时仍表现活动节律，但连续光照，它的活动就停止了。如果摘除脑和割断围咽神经后，活动节律消失不见。雌雄昆虫的交配活动节律与激素有关，雄虫表现为抱持雌虫并交配，雌虫表现为接纳雄虫和交配。咽侧体是雄虫性行为成熟所必需的。雄蝗羽化后10d开始性活动，但在羽化后立即摘除咽侧体，性行为受到抑制。

（4）性信息素鉴定、提取和分离。昆虫性信息素释放率的测定方法，依测定原理分有：质量消耗法、残留测定法、静态测定法、蒸汽捕集法、体积测定法；依分析手段分有：称重法、气相色谱法、高效液相色谱法、同位素示踪闪烁计数法和液面长度退缩计量法。如用残留测定法测棉红铃虫性信息素的释放，其步骤是：将棉红铃虫性信息素夹层塑囊剂型在恒温或自然条件下暴露一定时间，然后测定剩留在剂型中的性信息素含量，以未暴露过的剂型作对照，两者含量之差即为释放量。性信息素的化学组成，结构鉴定方法有：单个性信息素腺体毛细管色谱分析，触角电位分析和田间试验，用气相色谱（GC）和气相色谱–质谱（GC–MS）分析，用GC–EAD、GC–SSR（或SCR）技术鉴定昆虫信息素结构。

以鞘翅目为例，其性信息素的提取和分离方法如下：将羽化5～7d的雌虫，剪下前翅基部和腹部，分别用苯浸泡几天后过滤，由此获得前翅基部粗提液和腹部粗提液，分离。①除去脂肪，浓缩前翅基部粗提液，再用水汽蒸馏法蒸馏，脂肪成分残留于蒸馏器中，浓缩腹部粗提液，与1/3体积甲醇成分混合，在2℃温度下静置3d，倒出上层甲醇液，浓缩液再用水蒸气蒸馏。②硅胶柱层析分析：适当浓缩上述水汽蒸馏馏分的苯溶液，每次吸取1.5～2ml，滴在硅胶层析柱顶端，以苯作洗脱剂，连续洗脱，收集。③气相色谱分离和活性组分的收集。

（二）昆虫的利它素

1. 概况

昆虫利它素（kairomone）是一种广泛存在于动植物体中的"他感作用化学物质（alleochemics）"，它在种间的化学通信中起着媒介作用。定义为：一种对接受者的益处大于释放者的种间化学信息物质。利它素具有修饰昆虫行为的作用，它引诱天敌昆虫趋向寄主或猎物。在天敌昆虫搜寻寄主或猎物的活动中，起着导向和激发产生搜寻行为的作用。寄生性和捕食性天敌选择寄主和猎物的行为，一般是很相似的。对寄生性天敌来说，寄生需经过寄主栖息地定位（host habitat location）、寄主定位（host location）、寄主接受（host acceptance）、寄主适应（host suitability）、寄主调整（host regulation）5个步骤。全过程的每一步都可能涉及利它素和物理因子（如光强、温度、色泽、形状等）的影响，但利它素起主要作用。捕食性昆虫也是靠猎物产生的化学物质利它素或自己本身产生的化学物质异种传信素（alleochemics）发现和捕捉猎物的。搜寻猎物的具体方式为，搜寻过程中瓢虫、食蚜蝇和草蛉幼虫一边搜索一边停下来，身体前端上举，头向两边摆动使虫体以很广的弧度（160°～220°）接触猎物，这种特征性的活动为旋转寻觅。一旦猎物如蚜虫被捕获，捕食者的搜索活动变得更为集中，常常增加旋转率和搜索频率，并对猎物分布区进行比较彻底的搜索，这种对猎物搜索的专一性常会在任何一个昆虫群落中出现，小花蝽的搜索活动也是如此。

2. 利它素的分类

根据作用范围的大小，可将利它素归为两大类：①挥发性利它素（volatile kairomone），其下又可分为：具远距离引诱功能的利它素，一般挥发性较大，可由寄主植物或寄主昆虫释放［由寄主植物释放的利它素既有利于接受者，又使释放者受益，故也称协同素（synomone）］，作用于天敌昆虫的"寄主栖息地定位"活动。②接触利它素（contact kairomone），大多是分子量较大的长链烷烃，及蛋白质、氨基酸、糖等挥发性低的化合物，来源于寄主昆虫内部器官组织、血淋巴和腺体分泌物等，作用于天敌昆虫的"寄主接受""寄主适应""寄主调整"的行为活动。

3. 利它素的存在部位

从寄主植物组织到寄主昆虫的各组织器官中，都可能存在利它素。如烟芽夜蛾（*Heliothis virscens*）幼虫的粪便、上颚腺、血淋巴以及成虫的内生殖器官和卵中，都含有对黑头折脉茧蜂（*Cardiochiles nigriceps*）、甲腹茧蜂（*Chelonus stexanus*）、黑卵蜂（*Telenomus heliothidis*）等寄生蜂有吸引力的产卵利它素，其化学成分分别是：11-亚甲基三十烷、13-亚甲基三十烷、16-亚甲基三十烷和几种蛋白质。鳞翅目美洲棉铃虫（*Heliothis zea*）幼虫的粪便、上颚腺、血淋巴、表皮和成虫的鳞片、卵及雌虫腹部末端，含有刺激广赤眼蜂（*Trichogramma evanescens*）、暖突赤眼蜂（*T.achaeae*）、普通草蛉（*Chroysopa carnea*）3种天敌的寄生或捕食的利它素，其成分分别是：二十三烷、13-亚甲基三十烷，以及顺-7-十六丙醛、顺-9-十六醛、顺-11-十六醛。马铃薯块茎蛾（*Gnorimoschema* sp.）幼虫的粪便和成虫的鳞片中，含有两种刺激广赤眼蜂和甲腹茧蜂（*Chelonus* sp.*nr.curvimaculatus*）产卵的利它素，其中之一是庚酸。舞毒蛾（*Lymantra dispar*）蛹及幼虫吐的丝中，含有黑腿盘绒茧蜂（*Cotesia melanoscelus*）和大腿小蜂（*Brachymena intermedia*）的产卵利它素，蛹中所含利它素的成分是二甲基三十烷。地中海粉螟（*Ephestia kuhniella*）幼虫上颚腺分泌的α-酰基环乙烷-1，3-二酮是低缝姬蜂（*Venturia canescens*）的产卵利它素。大腊螟（*Galleria mellonella*）血淋巴中的丝氨酸、谷氨酸和精氨酸是仓蛾姬蜂（*Venturia canescens*）的产卵利它素。玉米螟长体茧蜂（*Microcentrus grandii*）雌雄两性均被他感作用化学物质（外激素和协同素）吸引，外激素来自玉米螟幼虫粪便、血淋巴、口腔分泌物，协同素来自玉米。棉红铃虫（*Pectinophora gossypiella*）蛾的鳞片中含有吸引螟黄赤眼蜂（*T.chilonis*）产卵利它素，其成分为$C_{12}H_{24}$、$C_{13}H_{22}$、$C_{14}H_{30}$、

$C_{15}H_{32}$、$C_{16}H_{34}$、$C_{18}H_{38}$、$C_{19}H_{40}$、$C_{20}H_{42}$、$C_{22}H_{46}$、$C_{23}H_{48}$、$C_{35}H_{72}$、$C_{36}H_{74}$。稻纵卷叶螟（Cnaphalocrocis medinalis）的粪便中含有吸引纵卷叶螟绒茧蜂（Apanteles cypris）的产卵利它素，其成分是几种可溶性糖和氨基酸。巢蛾的蛹中含有吸引双缘姬蜂（Diadromus pulchellus）的搜寻利它素。草地贪夜蛾（Spodoptera fruigiperda）粪便中含吸引缘腹盘绒茧蜂（Cotesia marginiventris）搜寻的产卵利它素，蛾的鳞片也含产卵利它素。美洲棉铃虫的血淋巴中含有吸引卷蛾侧沟茧蜂(Microplitis croccipes）的刺激产卵外激素（OSK）。卷叶蛾（Adorophyes）的鳞片中含有网皱革腹茧蜂（Ascogaster reticulata）寄主定位的利它素。草地黏虫（Spodoptera frugiperda）的性信息素引诱其卵寄生蜂。螟卵啮小蜂（Tetrastichus schoenobii）产卵外激素来自三化螟卵块表面毛的提纯物，外激素组成为蛋白质和氨基酸。螟虫（Chilo partellus）上颚腺具有吸引螟黄足盘绒茧蜂（Cotesia flavipes）产卵的刺激外激素。鞘翅目棉象甲粪便中的胆甾醇酯是茧蜂（Bracon mellitor）的产卵利它素。日本八齿小蠹（Ips typographus）体内的顺-马鞭烯醇、小蠹二烯醇、小蠹烯醇是蚁态郭公虫（Thanasimus formicariu）的捕食利它素。小蠹（Ips grandicollis）体内的小蠹烯醇是阎虫（Platysoma cylindrica）的捕食利它素。同翅目桃蚜（Myzus persicae）的食料植物含的异硫氰酸烯丙酯是菜蚜蚜茧蜂（Diaeratiella rape）的产卵利它素。

植物气味可引诱天敌昆虫。如松树α-蒎烯引诱孤独肿腿小蜂（Heydenia unica），烯丙基异硫氰酸酯引诱菜蚜茧蜂。直接由植物释放的化学物质，除了在寄生蜂寄主生境定位中起重要作用，还可在寄生蜂寄主定位中起重要作用。如人工损伤植物所释放的化学物质对卷蛾侧沟茧蜂（Microplitis crocepes）、齿唇姬蜂（Campoletis sonorensis）和腹缘盘绒茧蜂（Cotesia marginiventris）表现出正的趋性反应。更普遍的是寄主活动直接引起释放的化学物质和被寄主储藏或改造的化合物是寄生蜂重要的寄主寻找线索。许多情况下，寄生蜂喜欢选择寄主损伤的植物组织，而不是人工损伤的植物，这表明寄主取食植物直接释放挥发性化学物质，又反过来吸引寄生蜂。

4. 寄生作用与寄主适宜性

（1）天敌昆虫对寄主的偏爱。化学物质在寄主偏爱性方面的作用应当注意。用被偏爱的寄主气味物质涂在不被偏爱的寄主上，可以使后者受到攻击。例如，把美洲菸夜蛾的活性物质用在蜡和草地贪夜蛾上，就容易使黑头折脉茧蜂在后两者（本来不是寄主）上寄生。实验室内用米蛾（Corcyra cephalonic）为寄主饲养了7年的小茧蜂（Microbracon gelechiae），对米蛾气味的反应比对它的自然寄主马铃薯块茎蛾（Gnorimoschema operculella）的反应还要强烈。害虫的寄主食物对寄生物的寄主偏爱性具有强烈影响。玉米含有能作用于广赤眼蜂的利它信息素——二十三烷，该物质是从以玉米为食的美洲棉铃虫分离出来的。饲养在不同食料上的棉铃虫，因食料不同，它们具有的作用于卷蛾侧沟茧蜂的利它信息素活性也不同，可见，寄生物对寄主的偏爱性受到害虫寄主食物的影响。

（2）对寄主的鉴别。寄生物可以鉴别健康的和已被寄生的寄主。多数寄生物能够借助寄主标记的某些方式鉴别寄主，特别是在寄主选择的初期。一些蛹的寄生物总是避开原先搜寻过的区域。寄生物种类不同，其寄主标记过程也不同，看来，外部的和内部的标记物质都是存在的。赤眼蜂通过接触就会拒绝接受已被寄生的寄主，如果这些寄主卵被淋洗过，它只有在把产卵器插入卵内后才拒绝它们。齿唇姬蜂（Campoletis sonorensis）用一种外激素标记它的寄主，这种外激素在其他个体的产卵器插入寄主之前就可以感受到。寄主在被寄生数天后血蛋白发生变化，这种变化可能与寄生物的内部鉴别能力有关。看来，寄生蜂的杜氏腺是卷蛾侧沟茧蜂、黑头折脉茧蜂和齿唇姬蜂的外部标记外激素的来源。寄生物标记外激素的作用有：避免过多地将卵产在同一寄主内造成卵的浪费；避免寄主的浪费，因为被过度寄生的寄主常常死亡，并导致寄生物死亡；节约时间，遇到已被标记的数个寄主时，就可到更适宜于繁殖的生境中去。

（3）寄主的逃避及防卫。寄生物种类的千差万别可使寄主昆虫逃避它们的捕食者、寄生者。在不同植物上生活的同一昆虫寄主可被不同的寄生物寄生，植物在寄生物的寄主定位过程中起主要作用，是植物给寄生物提供了定位条件。寄主昆虫可以在这样的植物上取食而逃避寄生物的攻击，该植物缺乏寄生物寻找寄主的刺激因素。当寄生蝇以在美加落叶松上取食的落叶松叶蜂为寄主时寄生率就会下降，是由于植物所产生的忌避剂或隐蔽因素在起作用。这样的忌避性植物存在，迁移到这种植物上的寄主就可以避免寄生物的攻击。另一个有趣的行为是菜粉蝶甩掉自己的粪便，菜粉蝶把常常为寄生物提供信号的粪便甩掉，是为了免遭寄生物的攻击。

（4）寄主适宜性。①一旦寄生物已在寄主上产卵，它与寄主之间的化学相互作用就一直围绕着寄主的适宜性和寄生物对寄主发育的调节能力进行。尽管寄生物已经接受寄主并在寄主上产了一粒卵，该寄主也不一定能满足寄生物的发育要求，原因有以下几点：寄主在一个对寄生物不利的环境中生活、由于食物选择的关系对寄主有毒害作用、与同一寄主内的其他寄生物竞争、营养因素、激素平衡、寄主对寄生物的免疫能力等。②营养适宜性。寄主的营养适宜性对于寄生物的存活是重要的。营养适宜性问题是指营养的质量，寄生物在适当时期从寄主组织摄取一定营养物质的能力以及它与寄主组织争夺有用营养的能力。另一个重要因素是寄生物所能利用的营养物质的量。一个寄主是一个有限的食物源，所以它的大小、年龄和营养会影响寄生物的发育。小型寄主喂养出小型寄生物，并减少后者的羽化率、生殖率和寿命，或雄性比例增高。雌虫能够估计寄主的大小并相应地产入受精卵或非受精卵（雄性），或者雌虫能够在较大的寄主上产出具有一定性比的卵。蚜小蜂科昆虫把受精卵产在蚧类寄主而非受精卵产在鳞翅目寄主上。对群聚的寄生物而言，每一寄主体内寄生物数量越多，成虫羽化速度越快；但是，也有相反的情形，即寄生物数量越多发育速率越慢，对于内寄生的种类，在寄生过程中，寄生物的发育时间随着寄主年龄的增长而减慢。这是因为老龄寄主含有比较丰富的营养。③寄主免疫力。寄主可适性取决于寄生物是否能摆脱寄主的内部防卫或免疫机制。许多种类寄生物把它们的子代安置在寄主的血腔内，此时这些子代的存活率取决于它们是否能逃避寄主的免疫机制，以及是否能避免寄主认出自己是外来者。④寄生物被废除的方式。最通常的寄主防卫方式是囊状包被作用。由于包被物切断了寄生物卵或幼体的氧气或营养来源，置寄生物于死地。寄主排斥寄生物的另一种方式，叫做表皮囊作用。在寄生关系建立后，寄主形成一个囊，该囊由皮细胞分离而来的表皮形成，囊内含有血淋巴。寄生物的卵或幼虫转移到囊中，该囊在下一次蜕皮时蜕去。⑤寄主内分泌调节。关于寄生物与其寄主之间内分泌系统的平衡是一个重要因素，它是决定该寄主或寄主的虫态是否适合寄生物。寄生物的羽化、发育或包囊形成并不是因为激素平衡失调，而是寄生物和它的寄主在发育上的同步化问题，这种同步分化现象是由于寄主连续分泌一种抑制性物质，直到寄主某一发育时期为止。相反寄主体内的激素也会激活处于休眠状态的寄生物。例如保幼激素可以打破简爪食甲茧蜂（*Microtonus aethiops*）的滞育，使它从正处于滞育状态的寄主（苜蓿象甲）中羽化。

5. 昆虫利它素的研究方法

（1）提取和分离。收集可能含有利它素的待提物质。根据待提物的性质决定提取的溶剂和方法。一般极性物质用极性溶剂抽提，非极性物质用非极性溶剂抽提，水溶性较大的物质用磨浆抽提法，在非极性溶剂中溶解度较大的物质则可用浸提法、流抽提法。所得粗提液经生物活性测定，检验其是否含利它素。活性粗提物是多种化合物的混合物，要分离纯化，简便易行的分离方法是先用柱层析或离子交换法进行粗分离，再用薄板层析进一步分离，有条件的单位可用气相色谱或高压液相色谱，最后进行化学结构式的鉴定，进而进行人工合成。

（2）生物活性测定。①Y型管嗅觉测定仪测定法：该测量仪由Y型管组成，每根臂长20cm，腿长33cm，管径2cm，用活性炭过滤的空气以20ml/min的速度通过两臂，每臂都有分开的流速测量仪控制流速，用待测液处理过的滤纸（约6cm^2）放入一臂，用相应溶剂处理的滤纸放进对照臂，再将被测虫放进腿的末端。10min后计数每根臂中的被测虫数。②培养皿生测法：根据需要，培养皿可采用150cm、90cm或60cm（直径）的，每皿虫数20个、5个、1个等。测试前需先让受测虫在培养皿中习惯1～2h，将用待测液处理过的滤纸放入培养皿中，观察虫在5min内的行为反应，将反应强度分为0、1、2……级别，根据平均反应强度来衡量待测物的活性大小，对照用相应的溶剂来处理滤纸。以上两种方法都要求恒温、恒湿，并具一定的光照强度。

（3）触角电位图法。此法比较精确，中国科学院上海昆虫研究所和中国科学院动物研究所可以进行此项研究。

（三）生物防治中的应用

利它素应用以赤眼蜂较多，大田喷洒利它素后使赤眼蜂产卵分散，寿命延长生殖力增强，寻找寄主能力加强，从而提高了寄生率。在释放前分别喷施利它素或草地黏虫幼虫粪便抽提物，卷蛾侧沟茧蜂（*Microplitis croceipes*）和腹盘绒茧蜂（*Cotesia marginiventris*）的寄生率明显提高。由于植物寄主释放出来的化学物质——协同素对寄生蜂有引诱作用，大豆和玉米间作可以提高赤眼蜂的寄生率；喷施植物抽提物也有同样的效果，因增强了大田的化学物质，寄主蜂积极搜寻并寻找寄主。至于标记信息素其应用的两个领域是杂草生物防治和操纵重寄生蜂。在杂草丛生的情况下喷洒标记信息素，可使天敌不寄生取食杂草的昆虫，加强了昆虫的效能。例如引进泽兰原实蝇防治夏威夷的杂草泽兰，但由于引进来防治地中海实蝇的特氏潜蝇茧蜂（*Opius tryoni* Wesm.），也寄生泽兰原实蝇而使泽兰原实蝇取食泽兰的效能下降，只有喷洒标记信息素才能使潜蝇茧蜂在害虫种群中分散，降低潜蝇茧蜂寄生率。

第三章 洞庭湖湿地荻、芦及其伴生植物

第一节 研究湿地植物的意义

湿地是地球的肾脏。人类在湿地生态系统的物质循环和能量流动得到好处，即通过以上两个自然环境达到基本功能改善了自然环境使它平衡。近年来对湿地生态系统内的一个重要组成成分生产者——植物的研究越加深入，增加了湿地管理的发言权。

一、水生演替系列水生植物群落演替

植物群落演替（suceession）指同一地段上一个植物群落替换另一个植物群落的过程（姜汉侨等，2004），此处介绍典型水生植物群落演替，湖泊最充足的是水，有下列演替阶段。

（一）自由漂浮植物阶段

湖泊底部有机质即浮游有机体的死亡残体和矿质微粒逐渐累积，湖泊底部逐渐抬高。

（二）沉水植物（以后的沉水植物群落）阶段

水深5～7m处，先锋植物群落轮藻属（*Chara*）出现，轮藻的生长累积了湖底的有机质，轮藻分解不完全抬高了湖底，水深2～4m时，金鱼藻属（*Ceratophyllum*）等多种高等植物出现，它们繁殖力强，又再垫高了湖底。

（三）浮叶根生（以后的浮生水生植物群落）植物阶段

湖底变浅，浮叶根生群落（浮生水生植被）出现，主要是睡莲科和水鳖科的一些种类，如莲（*Nelumbo nucifera*）、荇菜（*Nymphoides*）等。这些植物叶长成后，将水面盖满，光照不利于沉水植物生长，浮叶根生植物高大，积聚了有机体，湖底垫高更快。

（四）直立水生植物（挺水植物）阶段

水继续变浅，直立水生植物（挺水植物）出现，可替代上一阶段的群落，主要如芦苇（*Phragmites*）、香蒲（*Typha*）等，芦苇根茎茂密，抬高湖底，并形成一些浮岛。

（五）湿生草本植物阶段

新从湖水中升起的地面，富含有机质，此种生境适合湿生沼泽植物，如莎草科（Cyperacear）的苔草属（*Carex*）和禾本科（Poaceae）中的一些湿生种类。此时如适合森林发展，演替继续进行。

（六）木本植物阶段

因适合森林发展，有落叶乔木生长，分布于高水位洲滩上，能耐受一定程度的淹水环境，如杨树和柳树，林下分布草本植物，如荻、辣蓼和酸模叶蓼等（姜汉桥等，2004）。

总之，水生演替系列这个过程是从湖泊的周围向湖泊的中心按此顺序发生，可以看到离湖岸不同距离的不同水深处，同一水生演替系列不同阶段的群落呈环带状顺序分布。

二、洞庭湖湿地的植物群落

湿地植物荻、芦为优势种，唐代已有芦苇棚的记载，南宋时期樵业已有一定程度发展，明清时期有芦苇青价格记载，1926年开始用芦苇造纸（候志勇和谢永宏，2014）。

（一）湿地植物群落种类

湖南省洞庭湖湿地主要有14种植物群落，它们是荻群落、芦苇群落、短尖苔草群落、䕠草群落、辣蓼群落、牛鞭草群落、苦草群落、黑藻群落、金鱼草群落、穗花狐尾藻群落、莲群落、荇草群落、杨树群落、鸡婆柳群落。以荻群落、苔草群落和杨树群落分布面积最大，分别为9.05万hm²、2.06万hm²和1.94万hm²，与我国南方另外两大淡水湖安徽巢湖，江西鄱阳湖的植物群落有不同，昆虫种类也不同（李峰等，2014）。下面详细介绍数十种湿地昆虫取食、栖息和越冬的3种群落及其特征。

1. 荻群落

多年生根茎禾草，中生植物。主要分布在海拔27m（湖南洞庭湖东部）或30m（湖南洞庭湖西部）以上遭受季节性洪水泛滥的高洲滩上。一般2月初萌发，7月下旬开花，10月底停止生长，逐渐枯黄，在湖区高度为4~6m，粗0.5~3cm，是洞庭湖洲滩上面积最大的一类植物群落类型。群落下层草本稀少，群落优势种为荻，主要伴生种有蕌草、水芹、短尖苔草、弯囊苔草、红穗苔草、一年蓬、辣蓼、紫云英等。该物种在洞庭湖地区是一种重要的野生植物资源。

2. 芦苇群落

多年生禾本植物。此群落分布与荻群落相似，主要分布高程为29.9~36m。多见于洲滩低洼沼泽地及河流低洼处，也可生长在湿生生境及中生生境。在洞庭湖，该物种可与荻混生，也可单独成为优势群落。群落密度为20~40株/m²，盖度可达70%~85%。群落优势种为芦苇，常见伴生种为短尖苔草、弯囊苔草、猪殃殃、齿果酸模等，为优良的纤维植物。

3. 短尖苔草群落

多年生草本，是洲滩上一个重要的群落类型。典型的无性系植物，也可进行有性繁殖，萌发能力强。常密集生长，具根状茎。植株密度可达1 000株/m²以上，群落高度可达1m以上。植株于每年春季和洪水退洲后的秋季各萌发一次。每年水淹4~5个月，水淹深度4~6m。一般分布在地势比较低，但又不太受泥沙淤积的洲滩，海拔一般为26~28m，以湖南东洞庭湖的君山、春风、采桑湖、红旗湖，洞庭湖的万子湖、横岭湖分布较多。常见伴生种主要有辣蓼、泥湖菜、水田碎米荠菜组成（李峰等，2014）。

（二）洞庭湖湿地植物演替

1. 湿地植被演替现状

植被格局是指植被在其生活空间中的位置和布局状况。

（1）通常分为垂直分布格局和水平分布格局。湖南洞庭湖湿地植被垂直分布格局由水底到水面呈现典型的沉水植物–漂浮植物–挺水植物的垂直分布模式。典型的水底到水面分布模式如苦草（轮叶黑藻、金鱼藻）–浮萍（紫背浮萍、满江红等）–

针蔺（狭叶香蒲、菖蒲等），但也有一些浮叶根生植物如荇菜、水鳖等其根生在较深水的泥中，而其叶片漂浮在水面。这种分布尤其在一些沟渠、池塘中分布较广，而深水区域植物分布较少（李峰等，2014）。

（2）受洞庭湖水文情势的影响，洞庭湖泥沙不规则淤积，形成了各种形状及大小的洲滩，这些洲滩又依据自身地形发育成相应的植物群落。因此，洞庭湖湿地植被水平分布格局多样。从大的尺度上来看，洞庭湖湿地植被呈镶嵌分布的特点，各大型群落如荻、藜草和辣蓼等相互镶嵌在湖中，这一分布类型在洲滩密集的区域较为典型。

（3）南洞庭湖的共华镇及茶盘洲地区的洲滩。在这些区域，每个洲滩相当于一个孤岛，它们都依据自身的生境发育成相对应的群落，这样在大的区域范围内，植被便形成了镶嵌的分布格局。同时在一些群落的内部，由于微地貌的差异性，存在一些地势比较低的区域，而在这些区域内分布的优势种通常是辣蓼，从而在苔草群落内部形成镶嵌性的景观。

（4）在典型洲滩内部，植被从空间格局上大多呈现明显的带状分布特点。由水到陆的总趋势为：沉水植物群落-藜草群落-苔草群落-水蓼+萎蒿群落-苔草群落-芦苇或荻群落{在湖南植被演替后荻、芦、苔草栖息着6种优势种害虫，它们是泥色长角象（*Phloeobius lutosus* Jordan），芦毒蛾（*Laelia coenosa candida* Leech），荻蛀茎夜蛾（*Sesamia* sp.），棘禾草螟［*Chilo niponella*（Thunberg）］，芦苇豹蠹蛾（*Phragmataecia castanea* Hübner），高粱长蝽［*Dimorphopteus spinolae*（Signoret）］}-美洲黑杨或旱柳群落。这一分布类型在北洲子农场、洞庭湖大桥附近及茶盘洲地区较为典型。

（5）同时由于洲滩自身形状及受水文影响的不同，植被分布序列在不同的洲滩中存在不同的模式（李峰等，2014）。

2. 湿地植被演替过程中演替模式

上面已详述经典的水生演替系列，现报道经多年研究的湖南洞庭湖植被格局演替（李峰等，2014），发现情况和经典的演替系列基本相同。

（1）植物发生和演变是伴随着湖床的抬高进行，在湖南洞庭湖湿地，湖床的抬高受力于河流水系输入泥沙导致湖床的淤积抬高，水体中水生生物残体的沉积和湖盆的不均匀沉降或抬高，但抬高的速度存在明显差异，如以水生生物残体为主导的沉积（抬升）所导致的湖床抬高的速率较小（年均小于1cm），因此其水生植物的演变所需时间较长。其演变为典型的水生演变序列。即从1～3m的浅水裸地开始，首先生长的为一些沉水植物群落，如苦草、金鱼藻、菹草等，后随着动植物残体的不断沉积，沉水植物逐渐减少，代之的是浮叶水生植物，如莼菜、荇菜等，后湖床继续缓慢提高，出现香蒲、灯芯草等沼泽植被。继续填充抬高则出现苔草属的湿生植物群落，继而出现荻、芦苇，最后演变为木本植物群落。如果泥沙淤积速率可使湖床地势抬高20cm，个别地段可抬高1m以上。如此高的淤积速率，会妨碍沉水植物芽体的萌发，形成大量洲滩裸地，又开始植被演变（图3.1）。

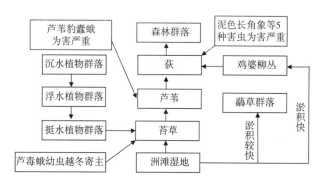

图3.1　不同淤积强度下湖南洞庭湖湿地植被演替模式及专一性害虫

（据李峰等，2014，有补充）

（2）另外，此演替序列比较复杂，它不但随着洲滩地势的不断抬高出现群落的替代，而且还会随着泥沙淤积速率的不同出现不同的演替模式。①如淤积速度很快，鸡婆柳往往可以快速占据裸滩形成鸡婆柳灌丛群落，如在湖南东洞庭湖的注滋口地区。②若淤积速度较快，则首先由洲滩裸地发展为藕草群落，随后发展为芦苇、荻群落，最终发展为木本植物群落，该演替模式常见于航道中孤立的洲滩（如鹿角）及航道两侧的湿地。③若淤积速率相对较慢，则首先出现苔草群落，随后随着演替的不断进行，再逐渐演变为芦苇、荻群落（荻、芦、苔草栖息6种荻、芦害虫专一种），最后直至森林群落（李峰等，2014）。

三、湿地植被群落演替及其和湿地昆虫类群的关系

（一）不同植被类型的湿地优势昆虫类群

（1）2008年4月至2009年1月分四季在盐城国家级珍禽保护区核心区中的互花米草群落、盐蒿群落和芦苇群落3种生境中设立样地，分别采用网捕法、植物收割法和凋落物收集法采集昆虫，共采集昆虫标本3 928头，经鉴定隶属于12目49科。分析表明，上述保护区内不同生境的昆虫群落组成与结构存在差异，昆虫的种类、数量以及因植被不同优势类群都不相同；昆虫群落多样性指数在不同植物群落、季节以及季节-植物群落综合影响上均存在显著差异；互花米草与芦苇群落中的昆虫组成结构具有较高相似性（蒋际宝等，2010）。

（2）研究的目的是比较原始的木材质量的森林（*Nothofagus pumilio*）（林木）的昆虫群落和非木材质量的植物湿地，湖滨（Antarctica）北部的森林的昆虫群落。第二个目的是了解这些昆虫在整个生长季节和不同垂直的地层的特征，以评价每一种生境的类型对保存昆虫的重要性。经鉴定有属231个分类单元（RTUs）的18 800头标本，其中双翅目（Diptera）、膜翅目（Hymenoptera）、鳞翅目（Lepdoptera）、鞘翅目（Coleptera）为优势目，已确认分类单元（RTUs）的鳞翅目（Lepdoptera）为害多种植物和森林，能在林木的森林找到其他目，有些已确认其分类单元（RTUs）的昆虫，也可在其需要特殊环境的生境内找到，林木质量的森林和非林木质量的森林相比，前者有较高的物种丰富度和种-多度，其中有18%的专一性种类，有39%（已确定分类单元的种）的种类在所有各个地点都有分布，林木质量的森林，其昆虫空间分布的不均匀性具有多种生态位，并适合于昆虫群落的多样性而在非林木质量的森林它的情况是不能维持群落和生态系统的稳定。

总之，管理Nothofgus森林本身必须要包括保存保护好林木质量的森林，而保护非林木质量的植物和森林（湿地、湖滨、森林），保护管理湿地，必须保存昆虫。在其景观范围内只保存昆虫这一措施还是不够的，还需保护好森林和植被（Lencinas et al，2008）。

（二）湿地植被演替和昆虫群落结构的多样性变化

（1）上海九段沙国家级湿地自然保护区研究，在九段沙不同沙体和不同等级潮沟梯度下的5种主要植物群落中，在科和目层次上开展了昆虫多样性及其影响因素研究，调查区域共采集昆虫35 444头，隶属于13目64科，按所含种数多少，主要的科有杆蝇科、姬小蜂科、金小蜂科、茧蜂科、姬蜂科和缘腹细蜂科，主要的目有膜翅目、双翅目、鞘翅目和半翅目。分析表明，①在中沙（夏季），与芦苇群落相比，互花米草群落中昆虫个体数多，出现科数也多。②多样性指数以中生化群落最高，其次为芦苇和互花米草群落，最小为菰群落，物种丰富度则芦苇群落最高。③排序分析表明，植物群落中昆虫科的组成相似性反映了植物群落的演替方向，首先是菰群落、蔗草-海三棱群落的昆虫组成较相似，其次是互花米草与芦苇群落，与中生化群落类型中的差异最大，从昆虫类群研究，指出植物群落演替方向。

（2）运用（害虫）稳定同位素方法分析了滨海湿地生态系统中部分生物的分化来源，示踪了食物网的主要碳流途径，提出了估算消费者的营养级的新模型并进行了相应计算，最终构建了江苏滨海湿地简化食物网模型。主要结论：①研究区生态系统可以划分成潮间带和潮上带两个亚生态系统，其中潮上带的主要食物源为芦苇，潮间带的主要食物源为互花米草及微体藻类，盐蒿对两个亚生态系统都有一定的食物贡献率，但均不高。②研究区动物可以划分为8个主要功能类群，即植食性哺乳类，植食性昆虫、鸟类、淡水游泳类、咸水鱼类、底内动物、底上动物以及浮游动物。③潮间带动物比潮上带动物的食物组成多样性略高，潮间带生物的食物竞争十分激烈，光滩上分布有一定重叠的优势种并存在一定的食物生态位分化（欧志吉，2013）。

（3）湿地演替后成功恢复通常以植被覆盖的百分比（%）来判断，测量标准是各种湿地植物覆盖的百分比，存活的植物种类，特别是1~2年之后湿地是否能重复建成。多年来，水生昆虫已用于作为生态系统的指示昆虫，并用于作为综合评估湿地的工具。Garono等（2001）研究的贡献是首次决定用昆虫成虫区别湿地和山地，鉴别湿地和山地的地理特征，区别湿地和山地的植被（植物），和植被上有关的昆虫类群。基于以上概念，Garono等在美国俄亥俄州（Ohia）东北，得克萨斯州（Texas）东南的湿地设置灯诱收集成虫，并检查灯光诱捕器周围的湿地植被结构和组成特点，完成间接的植被梯度分析。研究发现，一般将夜间飞行的昆虫归类能区别虫源来自山地或来自湿地，昆虫归类可以明确植被密度，明确占优势的植被存在的形式，如藤本植物、草本植物、灌木或树木。

（4）中国也有做灯下蛾类，甲虫（河北白洋淀湿地，彭吉栋，2015），蛾类（杭州西溪湿地公园，徐可成，2014），蛾类（天津湿地，尤平等，2006a，2006b）的研究，后者用聚类、排序法决定湿地相似性，笔者认为其功用和Garono等（2001）的意图相似。

四、湿地植被演替和对现状的思考

（一）1983—2010年湖南东洞庭湖植被演替情况

1983—2010年湖南东洞庭湖植被演替情况如下：1989年其林地面积为80.38km²，荻、芦为278.07km²，湖草为218.9km²，到1995年，林地面积为112.31km²，荻、芦为315.23km²，湖草为243.45km²，与1983年相比，林地面积增加了39.7%，而荻、芦和湖草面积总体变化不大。到了2005年，林地面积增加至185.95km²，与1989年和1995年相比，分别增加了105.57km²和73.64km²，增幅高达131.3%和65.6%。2005年荻、芦面积为243.91km²，与1989年和1995年相比，分别增加了123.14km²和98.59km²，截至2010年，林地面积呈持续增加的趋势，2010年东洞庭湖林地面积达253.95km²，与1989年、1995年和2005年相比，林地面积分别增加了173.57km²、141.64km²和68km²，2010年荻、芦面积为475.95km²，与前面3个时间段相比呈显著的增加趋势，而湖草面积2010年为121.48km²，与前面3个时间段相比，呈现明显下降的趋势，可见，近30年来洞庭湖湿地植被整体呈现明显的正向演替趋势，主要表现为林地面积的持续增加，荻、芦面积增加，湖草面积的不断减少（李峰等，2014）。

（二）湿地植被演替原因分析和思考

荻、芦对湿地的自然保护和保护生物多样性方面有着重要的作用（酒井精六给王宗典的私人通信，1994），它能固堤挡浪（王宗典和游兰韶，1989）。李峰等（2014）分析1983—2010年洞庭湖湿地植被演替的原因，情况是泥沙淤积洲滩地势不断抬高；水文情势，湖盆构造沉降及人为干扰，洪水时空分布特征，4种湿地植物群落（荻、藕草、辣蓼、苔草）间地下水深度（地下水埋深）和土壤含水量的差异，近年来，人类工程多方面的影响湿地水入湖流量不断减少等，以上多种原因造成洲滩淹水时间持续减少，植被带不断下移导致芦苇、荻挤占苔草空间，苔草挤占沉水植物（苦草、金鱼藻、马来眼子菜等）空间，近30年来，湿地植被格局发生了演替变化，突出的变化是1989年荻、芦面积仅278.07km²，2010年为475.95km²，湖草面积减少，荻、芦面积增加（李峰等，2014），表明湿地的植物物种多样性下降，荻、芦害虫数量增加，影响了湿地的稳定。

第二节　水资源和湿地保护

一、水和湿地植被

洞庭湖湿地水和湿地植被的关系密切，现以荻、芦为例，探讨荻、芦对水（水质）的需要。荻、芦在纯水中不能生长，说明溶解在水中的物质有些为荻、芦生长需要，肥力好，含盐量低，排灌得当，水质好，纤维素含量高（适于钻蛀性幼虫取食）植侏粗壮，高大。生长在沼泽地的荻苇如果湿度过大时（相对湿度80%以上时），植株体内含水量较多，茎秆细长，细胞壁和角质层变薄，维管束和机械组织不发达，根系变浅，易倒伏，应保持在20～22株/m²的范围内。湿度过大，因长年积水，土壤通透力差，根状茎大量集中于地表，造成过密，茎秆矮细，茎壁薄，产量及纤维素含量均低。因此，根据芦苇产地自然条件，注意调控水质，使氯离子含量在0.5%以下，合理灌溉，会有好的植被。但常年积水沼泽地，芦苇的茎壁比较薄。

湖南和湖北两省的绝大部分苇田每年被洪水淹没2～3次（6—9月），这种自然灌水，是苇田得天独厚之处。其中有的苇田被浑水淹，有的苇田被清水淹，还有少数不被水淹。浑水淹的苇田，洪水退后，留下厚薄不等的沉积层（5～20cm），随着沉积物的增厚，根茎层（通称耕作层）逐渐上移，极利荻、芦苇耕作层的更新。而清水淹或不被水淹苇田的耕作层，原地不动，不能上移，新的地下茎不断伸展，老的地下茎又未完全死亡分解，造成地下茎盘根错节，导致种群的退化（谢成章等，1993）。

二、洞庭湖的水和水质

（一）水和水质现状

三峡工程使用，洞庭湖防洪压力减轻，但长江进入洞庭湖的水量亦随之减少，湖区水位下降，水资源短缺问题突出，枯水期延长，干旱缺水，灌溉困难，影响农业生产（尹少华等，2014）。另外，湖南省洞庭湖由于独特的水文情势（年径流量大、湖水泥沙含量高、水循环周期短）使得洞庭湖总磷、总氮等营养物质滞留系数小，从而抑制了富营养化的发展（刘妍等，2007）。20世纪80年代前洞庭湖一直处于中低营养阶段，但从20世纪80年代中期开始，由于大量工业废水、城镇生活污水和农业面源污染的排放，加之近年来湖区特别是荆江"三口"来水减少，河流流速缓慢，使洞庭湖自净能力大为降低，水质日益恶化，1988年达到严重污染状态。此后，洞庭湖水质经历了改善，污染加剧，据水质指标pH值、溶解氧、透明度、悬浮物浓度、总氮总磷、化学需要氧量、5日生化需氧量、藻类等反复的过程，但总体趋势是水质污染日益严重。湖泊水质污染已严重威胁到水生植物的生存环境，特别是珍稀濒危动物如江豚和越冬水鸟的生存环境（陈心胜等，2014）。

（二）湿地植被对水质的调控

芦是挺水植物，荻是湿生植物，两者地下茎的生长习性基本相似，所不同者，芦较荻的喜水性强。荻、芦伴生的其他有关水生植物对水域的金属和非金属微小（肉眼看不到的）物质有较强的吸收和吸附能力，因而可以用来净化污水，根据辽宁省中部主要城市水污染植物考察报告表明，芦苇对含油、酚、酸、氰、硫化物等污染物质都有较强的耐受能力，能生活在炼钢、焦化废水和酸性化工废水里。茎基部30cm浸泡在这些废水中，仍可以正常生活。发现其他植物，如荬草、蘑草、黑三棱、鬼针草、莎草、慈姑、菖蒲、翼粘草等也能抗污。换句话说，上述杂草也有净化污水的能力。

朝鲜绸缎岛的芦苇灌溉水源，主要靠鸭绿江水，该江在春季桃花汛期的4月氯离子含量为0.58%，7—8月降到0.21%，水质较好，有利于芦苇的生长。从污水环境里取水葫芦分析化验，它含镉可达3 310mg/kg、砷135.2μm/kg、汞111.9mg/kg。狐尾藻、茨藻、眼子菜和芦苇等也能大量吸收锰、锌、钴、铁、铜。说明这些植物对于某些元素有富集能力。水葱、灯芯草、菖蒲、香蒲、水薄荷对大肠杆菌也有一定的杀伤能力。因此，利用水生植物净化污水既投资少，收效大，又可美化环境，大有前途（谢成章等，1993）。

（三）昆虫调控水质

按昆虫分类单元进化从复杂到简单介绍如下。

1. 昆虫双翅目（Diptera）摇蚊科（Chironomidae）

（1）昆虫双翅目摇蚊科幼虫作为淡水湖泊底栖动物群落的重要组成部分，其头壳在湖底沉积物中能够较好的保存，常被湖沼学家用作恢复湖泊环境的重要定性或定量指标（苏兰等，2012）。

（2）在巴西南部海滨研究摇蚊幼虫在湿地系统的多样性，分析不同地区，不同海拔高度水体管理，氮、碳浓度对摇蚊幼虫的作用，并分析优势植物种类的生活史对摇蚊幼虫丰富度和群落组成的影响。2002年3—4月采集23属的34种［27个形态种（morphospecies）和7个种（species）］，摇蚊亚科（Chironominae）、长脚摇蚊亚科（Tanypodinae）和亚棒摇蚊亚科（Orthocladiinae）一样有较大的丰富度。在天然湿地摇蚊丰富度要大于水生河床湿地。不同地区，不同海拔高度，氮和磷的浓度，水体管理并不影响摇蚊科的物种丰富度。以上两种洼地（天然湿地和水生河床湿地植被）都可捕获到摇蚊科的属和种，而在天然湿地摇蚊亚科较水生河床湿地普遍，长脚摇蚊亚科则无分布差异。

总之，在巴西南部所研究的湿地其水生植被是摇蚊幼虫丰富度的重要环境指示物（Panatta et al，2006）。

（3）瑞典中部Dallven河的平原涨水后斑点伊蚊（*Aedes sticticus*）造成蚊虫肆虐，从2002年开始使用苏云金杆菌以色列变种［*Bacillus thuringiensis* var.israelensis（Bti）］防治斑点伊蚊。在开始6年监测并非防治的目标昆虫但它是非常敏感的昆虫，摇蚊科的研究结果表明，有3块样地用苏云金杆菌以色列变种防治伊蚊，另3块样田没有处理防治。2002—2007年每年5—9月设置诱虫器，得到总数21 394头摇蚊属135种，有直棒摇蚊亚科（Orthocladiinae）、摇蚊亚科（Chironominae）和长脚摇蚊亚科（Tanypodinae），前者为优势亚科。每年摇蚊的量低，平均1 917头/m²，干重42g/m²，从科级水平或亚科级水平看，苏云金杆菌以色列品系（Bti）处理或不处理的湿地，摇蚊量不减少。这是第一篇长期跟踪研究使用苏云金杆菌以色列变种（Bti）防治湿地伊蚊是否会对摇蚊有影响的论文。结论是用苏云金杆菌（Bti）防治湿地伊蚊不会对摇蚊产生任何直接的副作用，因此对取食摇蚊的鸟类、蝙蝠或其他捕食性天敌，不会诱导出任何有间接副作用的风险（Lundström et al，2010）。

2. 鞘翅目（Coleoptera），步甲科（Carabidae）

步甲分布广泛，生境多样，能快速反应环境变化，可作为指示生物，对局部环境依赖性强。

（1）在英国Wieken沼泽地用步甲（鞘翅目，步甲科）评估新建立排水沼泽地的价值。观察年代久远又用于农业的地块，新建立沼泽地是否会影响罕见的和普通的湿地步甲数量，同时，考察古代未排水沼泽能否作新建湿地。普通的湿地步甲因为那时湿地用于农业而数量增加，而那时罕见步甲的数量并不增加，全区范围内的新建湿地其罕见步甲数量和普通步甲数量均要少于未排水的沼泽地，因为这个地区60年来都没有从事农事操作，这个地区和未排水沼泽相比，罕见步甲数量少，但和普通湿地步甲相比数量也不是少得很多。有很强扩散能力的湿地步甲的比例，因农事操作或沟渠距离很近，比例没有很大变化，表明步甲有扩散能力，不会限制建立群落。因此新建湿地和已运行的沼泽地之间具有一致性，对湿地步甲建群进入新的栖息地并不是主要问题，主要问题是土壤湿度要高，植被密度低，这些罕见步甲和普通湿地步甲就能增加种多度，两种步甲相比较植被密度高，对罕见步甲不利，在新建湿地增加牧草量从而减少植被的密度能增加罕见步甲的种-多度（Martay et al，2012）。

（2）湿地入侵的植物*Amorpha fruticosa*引诱步甲（Brigic et al，2014），详见本书第二章有关部分。

3. 鞘翅目（Coleoptera），龙虱科（Dytiscidae）

2002—2006年在瑞典中部Daläven江的湿滩选取8个临时的涨水河边低草地和2个桤木沼泽地，观察水生捕食性昆虫区系的种-多度和分类组成，龙虱是各种水体包括临时性湿地昆虫的普通捕食性昆虫，在Daläven江涨水漫滩，周期性的大水导致水生蚊虫［双翅目（Diptera），蚊科（Culicidae）］大量孵化，蚊虫组成数量大的种-多度斑块，为水生捕食性昆虫的不规则食物源，本项研究解决：①涨水时此种类型湿地龙虱成虫发生的特点。②评价涨水时水生捕食性龙虱的作用，在用苏云金杆菌以色列变种（Bti）防治蚊虫幼虫时减少蚊虫幼虫的能力。③龙虱在水稀疏作用之后，在河边湿的低草地和沼泽间，龙虱种类的丰富度（不是多样性）有一个差异，根据龙虱的种类和种-多度所作的聚类分析显示出在不同的湿地间有很高的相似，变异成分分析不能够区别解释龙虱这一类群种类变化大于7.4%的任何原因，蚊虫幼虫是龙虱最适宜的食料，用苏云金杆菌以色列变种（Bti）防治涨水时蚊虫的幼虫这两件事的结果是，微微增加了中等大小个体龙虱的种-多度，说明不规则和周期性的涨水动态结构对龙虱区系的影响要大于食料限制和环境因素对龙虱区系的影响（Vinnersten et al，2009）。

4. 鳞翅目（Lepidoptera）

蛾类种群动态、蛾类群落的分布状态和湿地环境密切相关，是湿地质量评价和环境监测的重要指标。

（1）1995年在Fund河边低地野生生物区（The Funk Bottoms Wildlife Area）进行持续的昆虫调查，在俄亥俄州（Ohio）东北部安排建立湿地节肢动物多样性情报基点。在俄亥俄州Funk河边低地野生生物区用紫外灯诱捕器采集的蛾类，共3 252头标本，鉴定为19科306种：种-多度=34；当地种-多度=1，平常=257，当地平常=2；不平常=10，稀有种=1，特别种=1，当地平常=2，不平常=10，稀有种=1，特别种=1（Williams，1997）。

（2）研究天津湿地蛾类丰富度和多样性（尤平等，2006a），研究天津北大港湿地自然保护区蛾类的多样性（尤平等，2006b）。

（3）杭州西溪国家湿地公园蛾类多样性（徐可成，2014）。

5. 蜉蝣目（Ephemerida）、襀翅目（Plecoptera）和毛翅目（Trichoptera）

蜉蝣目、襀翅目和毛翅目称EPT昆虫，用于水质量监测（游兰韶等，2003）。它的稚虫或幼虫生活在水中，对环境敏感，并对水中溶解氧要求高。研究发现，氮浓度、磷浓度、生化需氧量等环境因子与EPT昆虫密度呈极显著正相关，与EPT昆虫的种数呈极显著负相关（苏兰等，2012）。

当前，修复溪流的生态环境越变普遍，以生物学的方法评价这一工作的研究仍然不多。2001—2004年在美国伊利诺斯州Illinois南部，Cache河上游，修建浅滩用礁石填塞低坝以控制海峡切入，作为修复广阔河流工作的一部分，以便保护高质量的河边湿地。建筑礁石低坝为在普通溪流修复时使用生物学检查技术提供了机会，比较以前构建的礁石低坝内的无脊椎动物和现在建在礁石和冲刷过的泥土溪流内的大型无脊椎动物，这是河流未修复河段使用的两种明显不同的底层材料（2003—2004年）。7次在底层取样计数，在多个取样阶段，礁石低坝内（坝内有水）的蜉蝣目、襀翅目和毛翅目（EPT）的生物量和水生昆虫生物量明显高于溪流内3个目的生物量，在比较礁石低坝和溪流，礁石支持并起水生昆虫附着的媒介作用（中间体的作用），蜉蝣目、襀翅目和毛翅目（EPT）和水生昆虫的生物量，即低坝放入礁石更适合于EPT昆虫栖息（Walther et al，2008）。

6. 蜻蜓目（Odonata）

蜻蜓目存在于水生环境中，对环境变化敏感，在湿地保护和生物多样性评价中具有非常重要的作用，该目昆虫种群丰富度可用来评价不同类型淡水湖泊的水体质量。成虫多样性受湖水污染程度、湖面开阔程度等因素影响明显，可用于评价湖泊的不同类型和退化程度，比稚虫更适于监测环境质量（苏兰等，2012）。

（1）植被的物理结构影响昆虫的密度，影响植被和昆虫的相互关系，昆虫活动和温度调节。对蜻蜓和豆娘（蜻蜓目）来说，植被结构是一种捕食性昆虫栖息要求的指示物，可以影响两者的物种多样性，蜻蜓稚虫和成虫阶段分别栖息在水生和陆生生境。Remsburg等（2009）研究在威斯康星州（Wisconsin）北部，用密度最大的箭蜓科（Gomphidae）完成。结果表明，蜻蜓稚虫受水生植物和河边栖息的植物的植被结构影响，发现生活史复杂的昆虫（稚虫水生、成虫陆生）一定要有水生和陆生的植物群落结构。

（2）各地研究有蜻蜓目昆虫是优势物种的记录。豆娘，分布鄂尔多斯高原盐沼湿地（刘文盈等，2008）；蜻科（Libellulidae），分布浙江宁波邓海湿地（刀萍萍等，2011；元车明等，2013）。

总之，从生态系统的功能来说湿地植被（生产者）和昆虫（消费者）都有调控水质的功能。有许多研究成果都说明了这个问题，但更主要的是要以法律的形式规范人类的各项活动，按照中央要求湖泊实行湖长制，这样植被和昆虫在生态系统中的生态功能就能体现得更突出更快。

第三节　荻、芦和伴生植物

前面已介绍过湖南洞庭湖湿地的14种植物群落，这一节深入到它的核心内容，讨论和湿地昆虫有密切关系的优势种植物荻（*Miscanthus sacchariflorus*）、芦（*Phragmites australis*）和苔草（*Carex* sp.）等伴生植物。

一、分类

按谢成章等系统（1993），荻（*Miscanthus sacchariflorus*）、芦（*Phragmites australis*=*P. communis*）均属禾本科植物。禾本科通常分为竹亚科（Bambusoideae）和禾亚科（Agrostidoideae）两个亚科。荻、芦均属禾亚科（Agrostidoideae）。

（一）荻变种变型[①]形态

1. 荻（*Miscanthus sacchariflorus*）（原种）形态

多年生，具粗壮被鳞片的根状茎；秆直立、无毛、节具长柔毛，高120～

———————————

① *谢成章根据湖北省材料研究整理（谢成章等，1993）

150cm。叶鞘无毛或有毛,茎下部的叶鞘较所在的节间长而茎上部的叶鞘较所在的节间短。叶舌长0.5~1mm,先端钝圆,具细纤毛;叶片长10~60cm,宽4~12mm,线形,多生于山坡草地和河岸湿地(谢成章等,1993)。

2. 岗柴变种(*Miscanthus sacchariflorus* var.*gonchai* Xie)

多年生宿根性草本,有根状茎,分枝少,由其所产生的地上茎也稀,乳白色,节间长1cm左右,较芦苇的短,较刹柴的长;髓腔较芦苇的小,较刹柴的大。每节着生一鳞片叶,大小与髓腔的表现相似。地上茎高3~5m,近圆形,下部茎粗1.3~2cm,30节以上,叶有叶片,叶鞘之分,叶片带状,长约90cm,宽3~4cm,边缘有锯齿。中脉近轴面呈乳白色,远轴面龙骨状凸起,毛稀少;叶鞘圆筒状,下部及最上部的长于节间,中上部的短于节间,一般长20cm左右,毛少或近于无毛,节间具粉质蜡被(谢成章等,1993)。岗柴变种的几个主要变形如下。

(1)一丈青。以高大(约4.5m,茎粗1.35cm)而皮色青著称。茎秆结实皮厚(壁厚约2.2mm)它不产生光敏色素,皮色青绿,又称铁秆青。

(2)垂叶青。株高约3.35m,节数32节,粗1.23cm,壁厚1.9mm,与一丈青不同的地方是叶与茎所成的角度大于45°,叶片在2/3以上的部位下垂,一丈青的叶片与主秆所成的角度小于45°而且挺直。

(3)胭脂红。节数34节,粗1.14cm,壁厚2.0mm,茎秆与叶鞘在营养期呈粉红色,老熟时呈黄白色,株高在3.8m左右,较铁秆青稍矮。

(4)铁秆岗。茎秆与叶鞘在营养期呈紫红色,老熟时淡紫色,茎壁厚度和硬实程度与铁青相似,但较其矮而细,根尖见光呈紫红色。

3. 刹柴变种(*Miscanthus sacchariflorus* var.*shachai* Xie)

多年生宿根性草本。根状茎分枝多,由其长出地上茎,所以地上茎为密集型,相对而言,岗柴则为疏松型。根状茎节间长0.7~0.7cm,节上被覆短小鳞片叶,老熟时易脱落。叶分叶片、叶鞘两部分。叶片带状,长可达80cm,宽2cm左右,毛稀,边缘有锯齿,叶脉乳白色,中肋的远轴面呈龙骨状凸起。叶鞘长13cm左右,远轴面密生锈色柔毛。叶舌平截,长2mm左右,毛长约占1/2。叶环不太显著。地上茎高1.5~3m,下部茎粗5~6mm,16~26节,节间长4~16cm,茎秆紫红色或青绿色,扁圆形或近圆形。

刹柴变种的两个变型如下。

(1)紫刹(柴)。其特性是苗期的幼叶与主茎所成的角度在60°以上,叶鞘有密生的褐色长毛,所以又中毛刹或毛岗。又以其茎秆呈紫红色,所以叫紫刹柴。株高2.3m,23节左右,节间长5~16cm,粗约5.9mm,茎壁厚约1.1mm。分枝少或无,地下茎分枝多,所以成为密生型。

（2）青刹（柴）。荻最矮的一个变型，茎秆纤细，营养期青绿色。株高2.45m，21节左右，节间长5～16cm，茎粗0.58cm，茎壁厚1.0mm左右，无分枝。发根带内根原基只有3～5个。10株平均干重50g左右。地下茎也相应地短（长20cm左右），也有分枝，最长叶片60cm，宽1cm以内，最长叶鞘14cm。圆锥花序也小，全长14cm左右。

湖南汉寿芦苇科学研究所20世纪70年代自荻产区搜集了一些形态明显的植株，建立原始材料圃，通过观察比较，初步选出了湘荻1、湘荻2、湘荻3、湘荻4、湘荻5号品种，近年来，通过生物学特征的观罕，形态解剖和产量的比较，最后选出了5个品种。根据明显的特征，列成品种检索表。

湖南产荻变种鉴别检索表

1 地下茎较长，芽稀疏，苗期叶鞘无毛或少毛，茎秆高而稀疏 ………… 高秆稀疏型
  2 叶片与茎秆所成的夹角较小，节部粗壮 …………………………… 胖节荻
  2 叶片与茎秆所成的夹角较大，节部明显凸起 …………………… 突节荻
1 地下茎较短，芽密集，苗期叶鞘多被绒毛，节平 ………………… 矮秆稠密型
  2 芽浅紫红色，叶片短而狭，营养期茎绿 …………………………… 平节荻
  2 芽淡绿色，叶片长而狭 ……………………………………………… 3
    3 茎秆纤细，营养期紫红色 …………………………………………… 细荻
    3 茎秆细软下垂，营养期淡绿色 …………………………………… 茅荻

（据谢成章等，1993）

据谢成章等（1993）认为，上述5个品种中的胖节荻和突节荻的形态与一丈青和垂叶青两个变型的性状很相似。平节荻、细荻和茅荻的形态与紫刹和青刹两个变型的性状很相似，因此，这5个品种很可能是自岗柴和刹柴两个变种内的各个变形通过引种驯化多年系统选育的结果。

湖北省荻的变种，岗柴和刹柴主要区别见表3.1。

表3.1 岗柴和刹柴的鉴别

性状\变种	株高（m）	节数（节）	株数（m²）	茎粗（mm）	茎壁厚（mm）	秆形	纤维长比值		花序
							第5节部	第5节间	
岗柴（var. *gonchai*）	3.7	30	62	17.6	2.2	近圆形	51.0	129.58	较长，枝梗多
刹柴（var. *shachai*)	1.7	26	90	5.8	1.1	扁圆形	37.93	80.65	较短，枝梗少

（二）芦苇（*Phragmites australis*）

多年生，粗壮草禾，高2～5m，第5节茎粗1cm左右，壁厚约1mm，具白粉，有粗壮的匍匐根茎，叶片长50cm左右，宽2～5cm扁平，叶舌，叶耳有毛。生长于浅水或湿地。

据谢成章等（1993）报道，刘亮等将中国的芦苇属分为3种：卡开芦（*Phragmites karka* Trin.ex Steud.）分布于中国南部热带地区如海南岛、广东、福建、广西、云南南部及我国台湾地区；日本苇（*Phragmites japonica* Steud.）产于黑龙江、辽宁、吉林等省；芦苇（*Phragmites australis* Trin.ex Steud.）遍布于全国各省的江河湖泽，凡有水湿的空旷地均能生长。

据统计芦苇属在全世界范围内，大洋洲有2种、南美洲有4种、北美洲有2种、非洲有7种1亚种2变种、亚洲有15种7变种1变型、欧洲有5种1亚种28变种2变型。刘亮认为中国芦苇属除上述3种外，种下可分为16群，84变种，9变型（谢成章等，1993）。湖南、湖北的芦苇群（*Australis*），如岳阳苇、镇江苇等。

二、荻和芦茎的形态结构

荻和芦的茎秆是重要的造纸原料。根状茎内含淀粉和蛋白质，供害虫取食，由于根状茎蔓延能力很强，具有良好的固堤作用。洞庭湖区有6种优势害虫幼虫蛀食荻、芦的茎，解释如下。

荻、芦的茎可以分为地下茎和地上茎。

（一）地下茎的外部形态

荻、芦的地下茎为多年生，是地下横向生长的根状茎，比较粗壮，节间缩短，根状茎不仅有营养繁殖和更新器官的作用，而且也是贮存营养物质的场所。根状茎的粗度、茎壁厚度、节间长短、色泽以及深入土壤深度和生长年限，都与品种环境有关，一般荻的粗度在0.8～2.5cm，节间长度为0.5～2.5cm，壁厚0.5～0.8cm，色泽多呈乳白色，黄褐色或淡黄色。根状茎多分布于土壤表层10～20cm，少数也有露出地表的，芦苇地下茎一般粗度0.3～3cm，节间长度5～12cm，壁厚0.3～0.8cm，色泽与荻的相似，如果受河水冲刷裸露出来的根状茎很快会变成紫色或紫褐色。其分布深度，因所处环境而异，一般在10～40cm，常年积水或季节性积水的较浅，常年干旱的较深，多分布在40～100cm的范围内，比荻的分布深得多（谢成章等，1993）。芦苇的地下茎粗，节间长度长，在洞庭湖湿地适合害虫，如芦苇豹蠹蛾（*Phragmataecia castanea* Hübner）越冬（图3.2）。

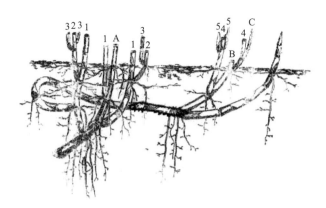

A为母轴；1为A轴上的第一次分蘖；2为A轴上的第二次分蘖……B轴由A轴上的第二次分蘖在土壤中横生生长形成；4、5为B轴由A轴上的第一、二次分蘖；C轴为B轴上的第一次分蘖的一枝，在土壤中横生生长后，成为直立根状茎再伸出土表形成地上枝

图3.2　芦苇多年生根状茎（地下茎）生长发育规律及芦苇豹蠹蛾在地下茎越冬

（仿谢成章等，1993，有补充）

（二）地上茎的外部形态

荻、芦地上茎（又称秆）直立中空，具有明显的节和节间，节间的基部有由分裂能力较强的细胞构成的居间分生组织（称为生长环），中部的节间较长，基部的较粗短，梢部的较短细，在幼嫩时期，荻、芦的茎，在节间上部有约1cm宽的白色粉状蜡带覆盖着（称蜡环）（图3.3），在蜡环上部叶鞘部落在节上留下的环状物，称箨环。

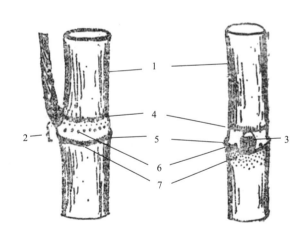

图3.3　荻、芦茎秆的外部形态

1.节间；2.节；3.侧芽；4.秆环；5.箨环；6.根原基；7.蜡环

（据谢成章等，1993）

茎秆的高度、粗度、节数和颜色因品种和环境条件不同而异。荻茎秆一般高为2～5m，最高的达6m，矮的在1m左右，粗度一般的在1～2cm，最粗的达3cm，

细的只有0.5cm，节间长度10~25cm，全茎的节数为20~40个。生长期为绿色、淡绿色和紫绿色，成熟后为淡黄色或淡紫色等，因品种而异。芦苇的茎秆高度一般也为2~5m，粗度在1cm左右，细的只有0.3cm，节间长度在15~35cm，节数通常为15~22个，比荻的少（谢成章等，1993）。

荻、芦的地上茎部分较粗，节间长度长，已知有6种优势种蛀秆幼虫蛀食，如泥色长角象（*Phloeobius lutosus* Jordan）等。

（三）地上茎的横切面结构

荻、芦茎横切面结构是维管束散生，没有皮层和维管柱的界限，维管束中无形成层，不能进行次生生长，不产生次生结构。结构可分为表皮、基本组织和维管束3个基本的组织系统。表皮层细胞近方形，外切向壁显著增厚，角质化，细胞腔极小。表皮层以内有1~4层基本组织，细胞明显增厚，成为纤维细胞组成的皮下层。气孔稀少，气孔列短。基本组织在靠近皮下层的少数薄壁细胞破毁，形成一圈与薄壁细胞相间排列大小不等的裂生气腔。荻的气腔比芦苇的小甚至无（图3.4）。基本组织占据茎的大部分，细胞多呈近圆形或椭圆形，细胞间隙明显，越向茎的中心，细胞的直径越大，靠近髓腔的3~4层细胞的直径又急剧变小，壁加厚。芦苇茎的髓腔边缘的细胞被挤压而成为薄壁细胞层，通常称为"苇膜"。髓腔是由髓的基本组织逐渐破毁而形成的。芦苇的髓腔较大，荻的较小。因此荻的茎秆壁比芦苇的厚些。一般荻的茎壁厚为2~3mm，芦苇的仅有1~1.5mm（谢成章等，1993）。研究髓腔很重要，荻、芦的髓腔宽大（图3.4）适合于湿地昆虫蛀入后栖息，并完成从幼虫到蛹的生活史。

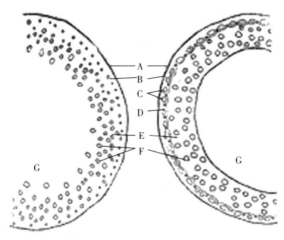

图3.4　荻、芦茎的横切面

A.表皮；B.皮下层；C.气腔；D.纤维组织带；E.基本组织；F.维管束；G.髓腔

（据谢成章等，1993）

（四）荻、芦的茎秆释放信息化合物

荻、芦的纤维主要分布在茎秆的节间、节和叶鞘等部分，茎秆内的纤维细胞其细胞壁分中层、初生壁和次生壁等部分，次生壁主要成分有纤维素、木质素，木质素是一类具有芳香族结构的物质，一种分子化合物（谢成章等，1993）。芳香化合物是植物释放的信息化合物（semiochemicals or infochemicals），即植物释放的挥发性气味物质，它们使昆虫在寄主植物上定位、取食、聚集、选择产卵场所（游兰韶等，2015），所以荻、芦的茎和叶上栖息着6种优势种湿地昆虫。

三、荻、芦伴生植物

（一）鸡矢藤 [*Paederia scansdexs*（Lour.）Merr.]（图3.5）

茜草科（Rubiaceae），牛皮冻属。蔓生草本，基部木质。根蘖性很强，所以地上部扯断后，再生能力很强，枝伸长缠绕苇秆。叶对生，具长柄，卵形或狭卵形。

（二）葎草 [*Humulus scandens*（Lour）Merr.]（图3.6）

大麻科（Cannabinaceae），葎草属。多年生，蔓性草本。根系发达，每株可有侧根70～200条。茎淡绿，曝光后淡红色，有棱，棱上有小凸起，其上有双叉短刺。作攀援之用，能将荻茎缠住。

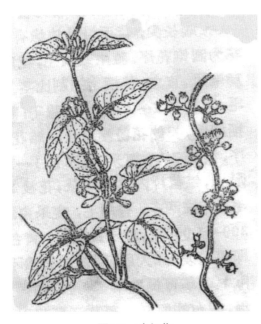

图3.5　鸡矢藤

（据谢成章等，1993）

图3.6　葎草

（据谢成章等，1993）

（三）乌蔹莓［*Cayratica japonica*（Thunb.）Gagn.］（图3.7）

葡萄科（Vilaceae），多年生攀援草本，长地下茎，横列，能生根蘖，小枝绿紫色，卷须细长，绿紫色，果熟期8—9月。在洞庭湖湿地攀苇苗，地老虎（*Agrotis* sp.）的寄主。

（四）萝藦［*Metaplexis japonica*（Thunb.）Makino］（图3.8）

萝藦科（Asclepiadaceae），多年生缠绕草本。长可达8m，具乳汁；茎圆柱状，下部木质化，上部较柔韧，表面淡绿色，有纵条纹，果期7—12月，生于洞庭湖湿地荻苇田中缠绕荻苇。

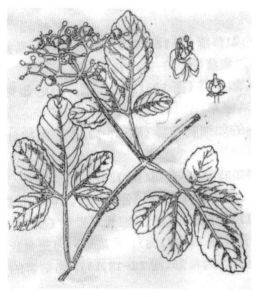

图3.7　乌蔹莓

（据谢成章等，1993）

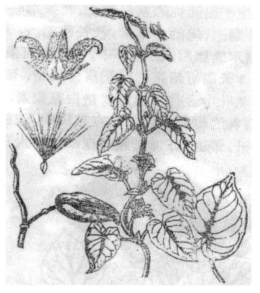

图3.8　萝藦

（据谢成章等，1993）

（五）雀稗（*Paspalum thunbergii* Kunth ex Steud.）（图3.9）

多年生，秆直立，丛生，高50～100cm，节被长柔毛。叶鞘具脊，长于节间，被柔毛；叶舌膜质，长0.5～1.5mm；叶片线形，长10～25cm，宽5～8mm，两面被柔毛。总状花序3～6枚，长5～10cm，生于长3～8cm的主轴上，形成总状圆锥花序，分枝腋间具长柔毛；穗轴宽约1mm；小穗柄长0.5mm或1mm；小穗椭圆状倒卵形，长2.6～2.8mm，宽约2.2mm，散生微柔毛，顶端圆或微凸；第二颖与第一外稃相等，膜质，具3脉，边缘有明显微柔毛。第二外稃等长于小穗，革质，具光泽。花果期5—10月。染色体2n=20（Moriya A & Kondo，1950），40（Tateoka，1954）。大螟的寄主。

产于江苏、浙江、福建、江西、湖北、湖南、四川、贵州、云南、广西、广东及我国台湾等地；生于荒野潮湿草地。日本、朝鲜均有分布。

（六）早熟禾（*Poa annua* L.）（图3.10）

一年生或冬性禾草。秆直立或倾斜，质软，高6～30cm，全体平滑无毛。叶鞘稍压扁，中部以下闭合；叶舌长1～5mm，圆头；叶片扁平或对折，长2～12cm，宽1～4mm，质地柔软，常有横脉纹，顶端急尖呈船形，边缘微粗糙。圆锥花序宽卵形，长3～7cm，开展；分枝1～3枚着生各节，平滑；小穗卵形，含3～5小花，长3～6mm，绿色；颖质薄，具宽膜质边缘，顶端钝，第一颖披针形，长1.5～3mm，具1脉，第二颖长2～4mm，具3脉；外稃卵圆形，顶端与边缘宽膜质，具明显的5脉，脊与边脉下部具柔毛，间脉近基部有柔毛，基盘无绵毛，第一外稃长3～4mm；内稃与外稃近等长，两脊密生丝状毛；花药黄色，长0.6～0.8mm。颖果纺锤形，长约2mm。花期4—5月，果期6—7月。染色体2n=14，28（Litardiere，1938；Tateoka 1985a；Tutin，1954）。大螟的寄主。

广泛分布我国江苏、四川、贵州、云南、广西、广东、海南、福建、江西、湖南、湖北、安徽、河南、山东、新疆、甘肃、青海、内蒙古、山西、河北、辽宁、吉林、黑龙江及我国台湾地区。生于平原和丘陵的路旁草地、田野水沟或荫蔽荒坡湿地，海拔100～4 800m。欧洲、亚洲及北美洲均有分布。

本种以花药小，长0.6～0.8mm，为其宽的2倍，

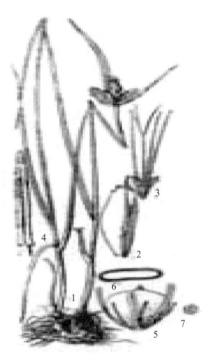

图3.9 雀稗

1.植株下部；2.花序；3.小穗背面；4.小穗腹面；5.第二小花腹面；6.雄蕊与雌蕊（据谢成章等，1993）

图3.10 早熟禾

（仿中国高等植物，2012）

基盘无绵毛，内稃两脊上密生丝状纤毛，叶片顶端急尖成船形的常见种。

（七）虉草（*Phalaris arundinacea* Linn.）（图3.11）

多年生，有根茎。秆通常单生或少数丛生，高60～140cm，有6～8节。叶鞘无毛，下部者长于而上部者短于节间；叶舌薄膜质，长2～3mm；叶片扁平，幼嫩时微粗糙，长6～30cm，宽1～1.8cm。圆锥花序紧密狭窄，长8～15cm，分枝直向上举，密生小穗；小穗长4～5mm，无毛或有微毛；颖沿脊上粗糙，上部有极狭的翼；孕花外稃宽披针形，长3～4mm，上部有柔毛；内稃舟形，背具1脊，脊的两侧疏生柔毛；花药长2～2.5mm；不孕外稃2枚，退化为线形，具柔毛。花果期6—8月。芦毒蛾的寄主。

产于黑龙江、吉林、辽宁、内蒙古、甘肃、新疆、陕西、山西、河北、山东、江苏、浙江、江西、湖南、四川。生于海拔75～3 200m的林下、潮湿草地或水湿处。

（八）菰〔*Zizania latifolia*（Griseb.）〕（图3.12）

多年生，具匍匐根状茎。须根粗壮。秆高大直立，高1～2m，径约1cm，具多数节，基部节上生不定根。叶鞘长于其节间，肥厚，有小横脉；叶舌膜质，长约1.5cm，顶端尖；叶片扁平宽大，长50～90cm，宽15～30mm。圆锥花序长30～50cm，分枝多数簇生，上升，果期开展；雄小穗长10～15mm，两侧压扁，着生于花序下部或分枝上部，带紫色，外稃具5脉，顶端渐尖具小尖头，内稃具3脉，中脉成脊，具毛，雄蕊6枚，花药长5～10mm；雌小穗圆筒形，长18～25mm，宽1.5～2mm，着生于花序上部和分枝下方与主轴贴生处，外稃之5脉粗糙，芒长20～30mm，内稃具3脉。颖果圆柱形，长约12mm，胚小型，为果体之1/8。染色体2n＝34（Hirayoshu，1937）。高

图3.11　虉草

（仿中国高等植物，2012）

图3.12　菰

（仿中国高等植物，2012）

梁长蝽的寄主。

产于黑龙江、吉林、辽宁、内蒙古、河北、甘肃、陕西、四川、湖北、湖南、江西、福建、广东及我国台湾地区。水生或沼生，常见栽培。亚洲温带、日本、俄罗斯及欧洲有分布。

（九）碎米荠（*Cardamine hirsuta* L.）（图3.13）

一年生小草本，高15~35cm。茎直立或斜升，分枝或不分枝，下部有时淡紫色，被较密柔毛，上部毛渐少。基生叶具叶柄，有小叶2~5对，顶生小叶肾形或肾圆形，长4~10mm，宽5~13mm，边缘有3~5圆齿，小叶柄明显，侧生小叶卵形或圆形，较顶生的形小，基部楔形而两侧稍歪斜，边缘有2~3圆齿，有或无小叶柄；茎生叶具短柄，有小叶3~6对，生于茎下部的与基生叶相似，生于茎上部的顶生小叶菱状长卵形，顶端3齿裂，侧生小叶长卵形至线形，多数全缘；全部小叶两面稍有毛。总状花序生于枝顶，花小，直径约3mm，花梗纤细，长2.5~4mm；萼片绿色或淡紫色，长椭圆形，长约2mm，边缘膜质，外面有疏毛；花瓣白色，倒卵形，长3~5mm，顶端钝，向基部渐狭；花丝稍扩大；雌蕊柱状，花柱极短，柱头扁球形。长角果线形，稍扁，无毛，长达30mm；果梗纤细，直立开展，长4~12mm。种子椭圆形，宽约1mm，顶端有的具明显的翅。花期2—4月，果期4—6月。

分布几遍全国。多生于海拔1 000m以下的山坡、路旁、荒地及耕地的草丛中。亦广布于全球温带地区。

（十）垂穗薹草（二形鳞薹草）（*Carex dimorpholepis* Steud.）（图3.14）

根状茎短。秆丛生，高35~80cm，锐三棱形，上部粗糙，基部具红褐色至黑褐色无叶片的叶鞘。叶短于或等长于秆，宽4~7mm，平张，边缘稍反卷。苞片下部的2枚叶状，长于花序，上部的刚毛状。小穗5~6个，接近，顶端1个雌雄顺序，长4~5cm；侧生小穗雌性，上部3个其基部具雄花，圆柱形，长4.5~5.5cm，宽5~6mm；小穗柄纤细，长1.5~6cm，

图3.13　碎米荠

（仿中国植物图志，2009）

图3.14　垂穗薹草

（仿中国植物图志，2012）

向上渐短，下垂。雌花鳞片倒卵状长圆形，顶端微凹或截平，具粗糙长芒（芒长约2.2mm），长4～4.5mm，中间3脉淡绿色，两侧白色膜质，疏生锈色点线。果囊长于鳞片，椭圆形或椭圆状披针形，长约3mm，略扁，红褐色，密生乳头状凸起和锈点，基部楔形，顶端急缩成短喙，喙口全缘；柱头2个。花果期4—6月。芦毒蛾越冬寄主。

产于辽宁、陕西、甘肃、山东、江苏、安徽、浙江、江西、河南、湖北、广东、四川；生沟边潮湿处及路边、草地，海拔200～1 300m。分布于斯里兰卡、印度、缅甸、尼泊尔、越南、朝鲜、日本。

（十一）粗脉薹草（ *Carex rugulosa* Kukenth. ）（图3.15）

根状茎具粗的地下匍匐茎。秆高50～80cm，钝三棱形，下部平滑，上部稍粗糙，基部包以红褐色无叶片的鞘，老叶鞘常细裂成网状。叶近等长于秆，宽3～5mm，平张，坚挺，具叶鞘。苞片叶状，最下面的苞片等长或稍长于花序，上面的苞片较短，具短鞘。小穗4～6个，上端2～3个为雄小穗，间距短，狭披针形，长1～3.5cm，近于无柄；其余的为雌小穗，间距长，雌小穗圆柱形或长圆状圆柱形，

图3.15　粗脉薹草

（仿中国植物图志，2009）

长2～4cm，宽约1cm，密生多数花，基部稍稀疏，具短柄，柄长约1cm。雄花鳞片长圆状披针形，长约5mm，顶端稍钝，膜质，暗血红色或淡锈褐色，具1条脉；雌花鳞片卵形，长3.5～4mm，顶端急尖，具短尖，膜质，淡锈褐色，具3条脉，脉间色淡。果囊斜展，长于鳞片，椭圆形或卵状椭圆形，钝三棱形，长5～6mm，木栓质，褐绿色或褐黄色，无毛，具多条脉，基部圆形，顶端急缩为稍宽而短的喙，喙口半圆形下凹，具两短的钝齿。小坚果稍紧地包于果囊内，椭圆形或卵状椭圆形，三棱形，长约3mm，基部具短柄，顶端具稍长而弯曲的宿存花柱；花柱基部不增粗，柱头3个。花果期6—7月。芦毒蛾越冬寄主。

产于黑龙江、吉林、内蒙古、河北；生于河边、湖边草地或海滩上，也分布于俄罗斯远东地区和日本北部。

（十二）马齿苋（ *Portulaca oleracea* L. ）（图3.16）

一年生草本，全株无毛。茎平卧或斜倚，伏地铺散，多分枝，圆柱形，长10～15cm淡绿色或带暗红色。叶互生，有时近对生，叶片扁平，肥厚，倒卵形，似

马齿状，长1～3cm，宽0.6～1.5cm，顶端圆钝或平截，有时微凹，基部楔形，全缘，上面暗绿色，下面淡绿色或带暗红色，中脉微隆起；叶柄粗短。花无梗，直径4～5mm，常3～5朵簇生枝端，午时盛开；苞片2～6，叶状，膜质，近轮生；萼片2，对生，绿色，盔形，左右压扁，长约4mm，顶端急尖，背部具龙骨状凸起，基部合生；花瓣5，稀4，黄色，倒卵形，长3～5mm，顶端微凹，基部合生；雄蕊通常8，或更多，长约12mm，花药黄色；子房无毛，花柱比雄蕊稍长，柱头4～6裂，线形。蒴果卵球形，长约5mm，盖裂；种子细小，多数，偏斜球形，黑褐色，有光泽，直径不及1mm，具小疣状凸起。花期5—8月，果期6—9月。小地老虎寄主。

图3.16　马齿苋

（仿中国高等植物，2012）

我国南北各地均产。性喜肥沃土壤，耐旱亦耐涝，生活力强，生于菜园、农田、路旁，为田间常见杂草。广布全世界温带和热带地区。

（十三）莲（*Nelumbo nucifera* Gaertn.）（图3.17）

多年生水生草本；根状茎横生，肥厚，节间膨大，内有多数纵行通气孔道，节部缢缩，上生黑色鳞叶，下生须状不定根。叶圆形，盾状，直径25～90cm，全缘稍呈波状，上面光滑，具白粉，下面叶脉从中央射出，有1～2次叉状分枝；叶柄粗壮，圆柱形，长1～2m，中空，外面散生小刺。花梗和叶柄等长或稍长，也散生小刺；花直径10～20cm，美丽，芳香；花瓣红色、粉红色或白色，矩圆状椭圆形至倒卵形，长5～10cm，宽3～5cm，由外向内渐小，有时变成雄蕊，先端圆钝或微尖；花药条形，花丝细长，着生在花托之下；花柱极短，柱头顶生；花托（莲房）直径5～10cm。坚果椭圆形或卵形，长1.8～2.5cm，果皮革质，坚硬，熟时黑褐色；种子（莲子）卵形或椭圆形，长1.2～1.7cm，种皮红色或白色。花期6—8月，果期8—10月。斜纹夜蛾的寄主。

产于我国南北各省。自生或栽培在池塘或水田内。俄罗斯、朝鲜、日本、印度、越南、亚洲南部和大洋洲均有分布。

（十四）荠菜（*Capsella bursa*pastoris L.）（图3.18）

一年或二年生草本，高7～50cm，无毛、有单毛或分叉毛；茎直立，单一或从下部分枝。基生叶丛生呈莲座状，大头羽状分裂，长可达12cm，宽可达2.5cm，顶裂片卵形至长圆形，长5~30mm，宽2~20mm，侧裂片3~8对，长圆形至卵形，长5~15mm，顶端渐尖，浅裂，或有不规则粗锯齿或近全缘，叶柄长5~40mm；茎生叶窄披针形或披针形，长5~6.5mm，宽2~15mm，基部箭形，抱茎，边缘有缺刻或锯齿。总状花序顶生及腋生，果期延长达20cm；花梗长3~8mm；萼片长圆形，长1.5~2mm；花瓣白色，卵形，长2~3mm，有短爪。短角果倒三角形或倒心状三角形，长5~8mm，宽4~7mm，扁平，无毛，顶端微凹，裂瓣具网脉；花柱长约0.5mm；果梗长5~15mm。种子2行，长椭圆形，长约1mm，浅褐色。花果期4—6月。小地老虎寄主。

分布几遍全国，全世界温带地区广布。野生，偶有栽培。生在山坡、田边及路旁。

图3.17 莲

1.花；2.叶；3.花托具多数心皮；4.根状茎

（仿中国植物图志，2009）

图3.18 荠菜

（仿中国高等植物，2012）

（十五）白茅［*Imperata cylindrica*（L.）Veaur.］（图3.19）

禾本科（Gramineae），白茅属，多年生草本，有长的匍匐根状茎于地下，横卧，黄白色，漫延广，节有鳞片和不定根，花果期在秋季。适应性强，我国南北有分布，低洼地潮湿地均能生长，根茎繁殖，洞庭湖湿地荻、芦田伴生植物。二化螟（*Chilo suppressalis*）、铁甲虫（*Hispa armigera*）、黑尾叶蝉（*Nephotettix nigropictus*）、灰稻虱（*Delphocodes albicollis*）的寄主。

（十六）扁秆蔗草（*Sclrpus planiculmis* Fr. Schmidt）（图3.20）

莎草科（Cyperaceae），多年生草本，匍匐状茎或块茎，秆三棱形。平滑。扁秆蔗草是多年生以地下根状茎和种子越冬的湿地植物，喜生于河边、湖边及水沟等浅水处，洞庭湖湿地莘田中常成片生长，在有些地区长势优于荻、芦。

（十七）莎草（*Cyperus rotundus* L.）（图3.21）

莎草科（Cyperaceae），莎草属，多年生草本，湿生，匍匐根状茎很长，呈纺锤形块茎、坚硬、褐色，秆稍细弱，常单生，锐三棱形，平滑。叶较多，短于秆。小坚果长圆状倒卵形，三棱形，长于鳞片的1/3～2/5，具细点，花果期5—11月。莎草适生于湿润环境，常生在洞庭湖湿地荻苇田边及旱作地，稻飞虱寄主。分布几乎遍及中国，C_4植物（谢成章等，1993）。

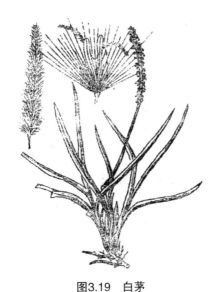

图3.19　白茅

（仿谢成章等，1993）

图3.20　扁秆藨草

（仿中国高等植物，
2012）

图3.21　莎草

1.植株；2.花序；3.小穗；4.鳞片；5.小坚果；6.花蕊和柱头

（仿谢成章等，1993）

第四节　湿地保存和生态系统服务功能修复

多种湿地中最具湿地功能，对人类贡献最大的是内陆淡水湿地和沿海滩涂湿地，前者如洞庭湖湿地，它跨湖南、湖北两省；后者如江苏省盐城滩涂湿地，经几十年的实践还是要从生态学的观点出发，目前这两种类型湿地的保存和生态系统的功能，已有相应的措施和方法，概括如下。

一、洞庭湖湿地生态系统服务功能的修复

2011—2015年，已陆续出版了6本洞庭湖湿地治理著作（中华人民共和国国际湿地履约办公室，2013；谢永宏等，2014；钟声等，2014；赵运林等，2014；尹少华等，2014；李跃龙等，2014等），最现实有效的是洞庭湖生态系统服务功能修复的观点和做法，此处不再重复，如需要读者可参考有关章节。最近中央提出在湖泊实施湖长制的指导意见，有效可行。

二、盐城滩涂湿地修复和措施

（一）研究背景

盐城沿海滩涂湿地是国际重要湿地，区内滩涂主要是1128—1855年间黄河大量倾注入海的泥沙，以及海底的部分泥沙在潮流等海洋动力作用下淤积而成的淤泥质滨海平原（吕士成等，2007）。盐城市拥有582km长的海岸线，拥有1.7万km²海域面积，拥有江苏最大的滩涂资源，现有683万亩滩涂，而且每年还以2.5万亩的速度淤长。但滩涂资源十分脆弱，引进、推广先进的滩涂生物多样性，滩涂保护、污染控制等技术是保护滩涂环境的迫切需要。

传统的滩涂盐碱地利用方法主要是种植绿肥、围垦养鱼、淡水洗盐，在改良的基础上种植耐盐或较耐盐的作物。先改良再利用，这种方法在我国主要北方盐碱地分布区域有成功实践，但周期长、成本高、效益低，需重新寻找新的途径和方法。

首选盐生植物的开发利用，国外对盐生作物做的研究工作有：①以色列培育了一系列耐盐番茄品系，并对一些耐盐度较强的植物开始了种植试验，产量高，耐盐的盐生植物中有海蓬子、碱蓬及滨藜类等藜料灌木。②加拿大研究出耐盐、耐寒的紫羊茅品系。③美国培育出2种耐盐小麦及番茄、大麦、印度春小麦等都是利用有耐盐或盐生植物品种，经驯化，淘汰选择，提高抗盐性，最后育出。④澳大利亚种植盐生牧草等，并在巴基斯坦推广。⑤地中海地区近25年来种植滨藜属耐盐植物，发展畜牧业，墨西哥、智利、巴基斯坦、东非、澳大利亚等自20世纪90年代以来种植柽柳、海蓬子、滨藜属植物、白刺、牧豆树、红树等都获得了较大成功。⑥海水稻（sea rice），我国广东（陈日胜创先研究种植海水稻31年）、武汉海水稻研究所和青岛海水稻研究中心种植海水稻。

（二）利用滩涂湿地的研究实践

自2010年以来，借鉴上述发达国家和我国的研究成果，按照"引进创新盐土农业技术，发展耐盐动植物种养的思路，直接利用盐土或盐土改良，即在盐土上种植

有价值、有经济效益的耐盐植物，海水灌溉、盐土种菜的新型滩涂农业"。

1. 首选滩涂植被恢复过程中的先锋植物或作物

（1）柽柳（*Tamarix chinensis* Lour）既耐寒又耐热，耐大气干旱及重度盐碱，也耐水湿，故具有抗盐、抗旱、耐淹的特性，其茎叶表面具有泌盐的盐腺，体内吸收积累的过多盐分靠它排出体外。柽柳有很强的抗盐碱能力，能在含盐碱0.5%～1%的盐碱地上生长，是改造盐碱地的优良树种，可用于绿化。具有防海风和固海滩的功能，是沿海滩涂的绿化先锋树种，可用作防护林，也可作为景观生态林进行种植，能改变沿海生态景观，扩大盐碱地的植被指数，有效地发展沿海农业和改善生态环境。

（2）滨梅（*Prunus maritime*）属蔷薇科李属植物，是多年生果树，原产于美国，在欧美国家已将滨梅作为大宗水果栽培。滨梅是一种适应性极强的灌木树，具有耐寒、耐盐碱、耐瘠薄、耐干旱等特性，能在高盐分的滩涂环境中生存，对海滨生态系统及内陆生态系统的构建和恢复海滨生态系统功能具有重要意义。滨梅花多繁密，微具香气，是极具发展潜力的蜜源植物。

（3）狐米草［*Partina patens*（Ait.）Muhl.］属禾本科米草属，是牛、羊、鹅的优质饲料。狐米草能够生长在含盐0.2%～1.5%的沿海潮滩上，并能接受海水直接浇灌。研究表明，狐米草比在我国其他滩涂可以生长的其他优质牧草饲料对盐胁迫耐受性更强，能够在沿海滩涂盐土上生长，能够在多种因自然或人为因素破坏的滩涂植被恢复过程中充当先锋物种，为海岸绿化和牧场建设奠定基础。

2. 耐盐植物资源开发

（1）海蓬子（*Salicornia europaea* L.）属藜科一年生草本，耐盐性极强，可用海水直接浇灌，在传统作物无法生存的未经改良的沿海荒滩上仍然茂盛生长和开花、结实。其嫩荚富含维生素和矿物元素，种子榨油后残渣仍有40%蛋白质，秸秆是制造强密度板的极好原料。

（2）碱蓬［*Suaeda glauca*（Bunge）Bunge］是一年生藜科植物，营养丰富，食用、药用价值较大，是一种优质蔬菜和油料作物。碱蓬的嫩茎叶既可鲜食，又可制干，便于贮藏和运输，因此碱逢的菜用开发具有较好的前景。营养成分全面而丰富，与大豆相仿，营养指标高于螺旋藻。

（3）野生大豆（*Glycine soja* Sieb.et Zucc）属一年生草本植物，与大豆是近缘种，营养价值高，是牲畜喜食的牧草，耐盐碱。

（4）中华补血草［*Limonium sinense*（Girald）Kuntze］别名咸水鸭舌草，补血草。多年生药用草本，生于海滨盐碱地，耐盐、耐瘠、耐旱、耐湿，可在滨海滩涂上生长，亦可作为盆景栽培。

（5）海滨锦葵 ［*Kosteletikya virginica*（*Malva sinensis* cavan）］为锦葵科锦葵属多年生宿根植物，是绿化美化海滨的重要物种，耐盐经济植物，在海涂种植不但充分利用了盐土资源，并且能加快滩涂脱盐，帮助土壤改造。

（6）菊芋（*Helianthus tuberosus* L.）耐盐碱耐土壤贫瘠，繁殖率高，具有较强的再生能力，渣质是很好的动物饲料。

湿地修复和生物多样性保护。通过耐盐植物构建，种植一个适合盐城沿海滩涂湿地气候的植物群落，宜于湿地昆虫和动物栖息，充实沿海滩涂植被多样化。保护沿海滩涂的生物多样性，保持生态平衡（游兰舫和张春银，2006）。

沿海滩涂湿地生态系统功能修复，引进多种外来物种，需要加强监测管理。

进行江苏盐城海岸滩涂淤蚀及其自然植被动态变化研究，结合探讨昆虫群落结构的多样性，江苏省盐城海岸以兼有快速的淤长岸段及剧烈的蚀退岸段而闻名。

①据滩涂湿地植被类型及分布将盐城保护区滩涂湿地划分为盐沼湿地、光滩（泥滩、粉沙细沙滩）。盐沼湿地植被茅草、芦苇、碱蓬、米草等植被覆盖，因被开发的盐田、鱼虾池受人为干扰较强，被归结为人工湿地，在此将盐城滩涂划分为人工湿地、芦苇滩、禾草滩、碱蓬滩、米草滩。

②盐城沿海滩涂植被的动态变化。比较分析1992年6月7日的TM6卫星遥感图和2002年5月26日及2005年5月的ETM卫星遥感图像，初步测算结果表明，1992—2005年，盐城沿海滩涂湿地的米草、碱蓬、芦苇及茅草等高等植物群落扩展迅速。

滩涂植被的快速扩展，得益于米草的引种，江苏沿海滩涂植被向海域扩展的土著先锋植物是碱蓬，碱蓬主要靠种子传播扩展，由于其植株矮小，并且潮侵频率越高的地区植株越矮小、分枝越少，严重影响了碱蓬向海域方向的扩展。米草的引进加速了湿地高等植物群落的扩张，改变滩涂湿地的植被结构及扩展速度，增加滩面坡度。分析表明，米草盐沼扩张非常迅速，核心区米草由20世纪80年代的385hm^{2}发展到2005年4 530hm^2，面积增加了约11倍（表3.2）（张学勤等，2006）。

表3.2　核心区植被生物量及其面积变化（面积自海堤算起）

植被类型	生物量（kg/m^2）	面积（hm^2）			
		1980年	1992年	2002年	2005年
芦苇+茅草	2.406+0.516	4 473	5 067	5 958	4 630
碱蓬	0.154	2 573	4 032	5 462	4 280
米草	0.704	385	957	2 922	4 530
合计	—	7 431	10 056	14 342	13 440

滩涂的淤泥使滩涂湿地面积不断扩大，大米草的引进增加了大米草群落。

③昆虫组成。2008—2009年根据核心区的地貌和植被群落情况，选取沿一条纬向潮沟分布的3种典型的植物群落，随高程增加依次为互花米草群落（*Spartina alterniflora*）→盐蒿群落（*Artemisia halodendron*）→芦苇群落（*Phragmites australis*）。课题组分别于2008年春季（4月）、夏季（7月）、秋季（10月）和次年冬季（2009年1月）按计划进行样品采集，每次采集的时间都集中在上午的8：00—11：00，下午的13：00—17：00，对每一个样点都使用3种方法采集。

研究结果表明，不同植物群落昆虫种类组成不同。互花米草群落的优势类群包括双翅目（Diptera）、鞘翅目（Coleoptera）和缨翅目（Thysanoptera）昆虫，这3个目昆虫的数量占该生境昆虫总量的80%以上，其中杆蝇科（Chloropidae）、管蓟马科（Phlaeothripidae）和小蠹科（Scolytidae）数量占据大多数，亚优势类群有啮虫目（Psocoptera）昆虫，盐蒿群落的优势类群为双翅目（Diptera）和同翅目（Homoptera）昆虫，同翅目昆虫的数量占该生境昆虫总量的近60%，其中主要是蚜科（Aphididae）数量众多，双翅目摇蚊科（Chironomidae）数量也很大；亚优势类群有鞘翅目（Coleoptera）和半翅目（Hemiptera）昆虫。芦苇群落的优势类群仅有双翅目（Diptera）昆虫，其占该生境昆虫总量的61%，其中摇蚊科（Chironomidae）是该生境中所有科里数量最多的，亚优势类群则有同翅目（Homoptera）、鞘翅目（Coleoptera）和半翅目（Hemiptera）昆虫（蒋际宝等，2010）。

④研究总结。在盐城，最先出现在原生裸地上的群落是大米草群落。大米草（*Spartina anglica*），禾本科植物，原产英国，是19世纪新出现的杂交种，由欧洲海岸米草和美洲互花米草杂交育成，1963—1964年南京大学仲崇信为首的我国科技工作者首先从英国和丹麦引进，分别由盐城新洋农业试验站及南京大学生物学系在江苏及浙江海滨试种成功，现在已形成了茂密的草滩，大米草耐盐碱，水渍能力甚强，生长于潮水能经常达到的海滩，它生长快，密度大，植株高。促淤、消浪、滞流作用显著（戴征凯，1992）。

大米草是外来物种，引入多年后，在该地湿地植被发生演替，在土著种昆虫适应后继而为害大米草，或又同时引进了外来种昆虫，因群落演替所以昆虫的群落多样性发生变化（昆虫名录从略）。国内有2个研究结果附和昆虫群落多样性发生变化这个观点。即在上海崇明东滩和长江口盐沼湿地大米草群落内昆虫群落多样性研究中，结果是为害大米草植株的是双翅目（Diptera）幼虫（解晶，2008）或优势类群双翅目（Diptera）和鞘翅目（Coleoptera）（蒋际宝，2010）。

第四章　湿地昆虫分布及其区系分析

第一节　湿地昆虫分布

一、不同类型湿地的昆虫群落（加拿大、美国、澳大利亚）

（一）临时水塘（temporary pools）

湿地昆虫有多样性的甲虫和摇蚊群落、各种蚊虫幼虫。

（二）季节性淹水湿地（seasonally flooded marshes）

有大型无脊椎动物群落，如鼠尾蛆（rat-tailed maggot），摇蚊属（*Chironomous*）摇蚊，另有捕食性昆虫。

（三）终年淹水湿地（perennially flooded marshes）

各种弹尾目跳虫、蚜虫、水黾虫（黾蝽），各种摇蚊。水底双翅目幼虫，生活在水底部的昆虫。

（四）森林漫滩湿地（forested floodplains）

多样的昆虫区系，摇蚊是优势种，少数捕食性昆虫，生活在激流中的昆虫，在森林湿地寻找猎物，陆生昆虫栖息在干的漠滩上和树丛中。

（五）泥炭湿地（peatland）

泥炭发展成湿地。一些泥炭的陆生昆虫从周围侵入，蚂蚁居住在沼泽中的山岗和高地。泥炭湿地的昆虫包括陆生昆虫区系和水生昆虫群落，是从其他栖息地入侵的混合种群。

二、湿地昆虫分布的区系研究

1960年开始，湿地昆虫已经引起研究者的兴趣和实践（Batzer & Wissinger，1996），至今，对各大动物区湿地昆虫的多样性和分布已有较多的报道，这一节将国内外报道的湿地及湿地昆虫归位到世界动物地理分布区（分布区系）的位置上来。

（一）世界动物地理分布区及湿地昆虫分布

昆虫的地理区域与动物地理区域基本上一致，陆地动物地理区域的6个大区也即是昆虫地理区域的6个大区（陈学新，1996），亦适用于昆虫（章士美，1996），被无脊椎动物学家所参照（张荣祖，2004）。华莱士（Wallace，1876）考虑到种的分布和进化提出6大动物地理分布区，但他没有全面考虑物种的系统发育关系（Holt et al，2013）。在长期研究中体会到华莱士"区"的界线往往就是大陆的边界或巨大的山脉或沙漠等形成自然的屏障，在长期地质年代中对动物的分布影响显著（张荣祖，2004）。如在"区"的范围内会有一系列特有的属（genus）和亚科（subfamily），地理分布是从地理大区域的讨论开始的，讨论于后。

华莱士建立的6个动物地理分布区，它们是有区别的，可以分为几类，如古北区（Palaearctic）和新北区（Nearctic）同属北温带（north temperate region），情况相近，合称全北区（Holarctic），虽然新北区动物可来自新热带区（Neotropical）入侵，古北区动物由东洋区（Oriental）入侵，但新北区和古北区仍有较多共同种，其原因是气候和历史的原因要多于地理上两区曾有连续性（陆连）的原因。非洲区（Afrotropical=Ethiopian）明显的和东洋区相近，虽然非洲区能和古北区的地中海亚区（Mediterranean subregion）交流。非洲区和东洋区两者有时可称为古热带区（Paleotropical），有时不同学者即亦可将澳洲区（Austealian region）包括其中。新北区、古北区、非洲区和东洋区有时可以被不同学者合并在一起称为Arctogaea。新热带区Neogaea被隔离。澳大利亚被隔离成为南界，澳新界（Notogaea）。另外2个大岛及其附近的小岛有独特的动物区系，虽然并不完全适合于以上的6个动物区系，但Wallace仍把马达加斯加岛（含马尔加什Malagasy）放在非洲区，把新几内亚（New Guinea）放在澳洲区。根据地理屏障和气候障碍划分古北区、新北区、非洲区、东洋区；根据地理屏障划分新热带区和澳洲区马尔加什（Malagasy）亚区（Gressitt，1985）（图4.1）。

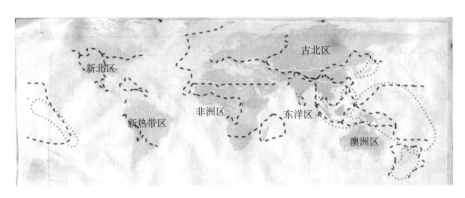

图4.1　世界陆地动物地理区系（华莱士，1876）

古北区（Palaearctic），欧洲全部，非洲北部，亚洲北部。东洋区（Oriental），中国南部，亚洲南部，马来群岛一部分，东与澳洲区为界。澳洲区（Australian），澳洲，新西兰，新几内亚，澳洲东北，太平洋中所罗门群岛等岛屿。非洲区（Afrotropical），非洲南部，马达加斯及附近佛得角群岛等岛屿。新北区（Nearctic），北美，格陵兰，南以墨西哥北部荒原与新热带区为界。新热带区（Neotropical），南美洲，中美洲的墨西哥，西印度群岛。

经过对湿地昆虫区系的研究，发现在每个动物地理分布区内，湿地昆虫（昆虫喜湿种类）极富多样性。

全北区（Holarctic），属北温带，在各个地质年代欧亚大陆（Eurasia）（古北区）和北美大陆（North America）（新北区）之间因有白令海峡［长时间内一个陆桥叫白令桥（Bering bridge）］而相连，那时两大区的昆虫是交流的，古北区和新北区有一些共有种。在第3纪（距今0.25亿~0.7亿年）时，两地差异消失，因此，有动物地理学专家把两者合并为全北区。Ross（1956）列举了欧亚大陆和北美大陆在新生代［（Cenozoic）距今7 000万年，哺乳动物发展期］交流的7个可能的地质年代：古新世（Paleocene），早始新世（Eocene），晚始新世到早渐新世（Oligocene），中新世（Miocene）早、中期到中新世晚期，晚上新世（Pliocene），更新世（Pleistocene）。在早始新世和更新世交流更频繁。也有详细地论述了古北区（Palearctic）和新北区（Nearctic）的关系。或讨论了新北区和古北区的共有物种，或讨论了两区吉丁虫科（Buprestidae）的关系（Gressitt，1985）。

1. 古北区

古北区的昆虫区系丰富，有多样性，但因气候障碍而缺少许多非洲区和东洋区类型的昆虫。古北区东西两端，如日本，东亚和欧洲较之中部更具有昆虫物种多样性，而中部的南边有沙漠和高山。在东和西两端，环境更为多样化，昆虫从邻近地区扩散，而昆虫区系混杂，欧洲和日本的许多种类昆虫近缘或相同。地中海亚区（Mediterranean subregion）的昆虫类群和欧洲中部及非洲区相比是较少而贫乏。中国东北亚区（Manchurian subregion）［属于季风区北部，包括朝鲜，俄罗斯东西伯利亚和乌苏里地区，在中国境内其南界相当于暖温带的南界，张荣祖（2004）］或称为日本亚区（Japanese subregion）物种极其丰富和多样性，其区系成分已知不仅有北美、美洲西部及东部成分，亦有许多东洋区系向北扩散的成分，主要是没有屏障的阻碍，沿海地区有暖流影响。但对于古北区东部的向北扩散的东亚型区系成分的区系性质有不同看法，此类成分或是东亚型成分的一个亚型（魏美才和聂海燕，2008）。日本和欧洲许多种类相同。

（1）本研究探讨涨水时温带漫滩森林的蛾类群落动态。在地势低矮的澳大利东部3个河边湿地观察蛾类群落和涨水关系，灯光诱捕来的蛾类分为本地栖息和停留的两种，又依据幼虫栖息地将本地栖息种类进一步分为树栖和地面栖息。地域差异造成的群落多样性和种类组成差异要大于涨水期栖居的群落多样性和种类组成差异。停留物种（占所有种类的17%，取样个体的6%）只是微微地影响群落多样性和种类组成的类型，单一而数量多的种群比地域内和栖息地内罕见的种群和停留的种群更没有多样性。涨水栖息地和不涨水栖息地比较，前者栖息地内所有蛾类的多样性和地表栖息的蛾类多样性大体数量没有减少，涨水期间树栖蛾类的多样性没有发生明显的变化，地面植被生境间的差异对漫滩森林蛾类的多样性更重要，而木本植被树栖蛾类区系变化显得较为次要。很大程度上蛾类种类的组成其类型由森林内昆虫种类决定，而不是由专门栖息在漫滩的昆虫或专门栖息在湿地的昆虫决定。在44种最普遍的蛾类中有18种在涨水栖镜中数量多，在不涨水栖境中有10种是普通种。总之，涨水对数量多的陆栖植食性昆虫类群群落多样性和蛾类的种类组成无负面影响（Truxa et al，2012）。

（2）1993—1995年，在希腊白鹳（*Ciconia*）繁殖区收集屎粒研究白鹳的捕食习性，研究得知猎物包括直翅目（Orthoptera）及其他昆虫，软体动物及脊椎动物，捕食这些动物类群比例的差异主要是由捕食的生境（湖、河流、三角洲、旱地）造成，除河流外，白鹳在主要栖息地倾向于群集，说明它是捕食性鸟类（Tsachalidis et al，2002）。

洞庭湖湿地亦有2种同属*Ciconia*的鹳，分别为黑鹳（*Ciconia nigra*）和东方白鹳（*Ciconia boycianna*）（张琛等，2014），因同属，推测为食虫鸟类。

（3）面长蝽［*Ischnodemus facicus*（Say）］的影响。已观察到面长蝽虫口密度高时，对湿地上占优势的C$_4$植物*Spartina stands*（Link）叶片光合作用和生物量有影响。当面长蝽为害严重时，因植物*Spartina pectinata*受害关系光合作用大为下降。1993年因面长蝽密度高光合作用下降，地面上植物的产量要低于面长蝽密度低时的产量。1994年面长蝽密度普遍低时，植物*Spartina pectinata*产量就高。总之，虽然面长蝽对植物*Spartina pectinata*的为害有明显短期效应，这种并非长期的作用，说明植物对昆虫的周期性猖獗为害有成功的应对能力（Johnson et al，1996）。

（4）人为修复废弃的沼泽地对群落多样性的影响。近年来，湿地环境已引起人们高度重视，栖息地如沼泽的修复作用（restoration effects）是近来修复生态学（restoration ecology）的主要论题之一，特别是因为湿地生态系统和其他生态系统有密切的联系。废弃的沼泽地研究3种生物：白天活动的蝶类、访花甲虫和微管植物，研究结果是作为评价蝶类是指示物内反应迅速的类群，蝶类和甲虫的丰富度和群落组成在沼泽地的修复管理上有积极的作用。结果表明人工修复的作用是迅速的，以景观为标准比较，①人为处理（人工修复）的地点严格地限于和自然保护区相似。②修复地和保护地比较其内有高度保存价值的物种应该是数量多的。③和其他管理类型（废弃的、保存的或农业用地）相比较，人工修复会产生一种新型的栖息地，主要的意思是修复要实用；长期废弃的沼泽地的修复会在短期内创造出一个有高度保存价值的栖息地（Horak et al，2015）。湿地修复是近10多年来实践出的一种实用的湿地治理方法。

（5）两栖类对生态系统服务的贡献。为人类社会提供食物源，提供食物给养服务；提供药物研究和新药；减少湿地蚊虫数量，抑制害虫；生态系统通过文学和艺术途径提供文化服务。经研究发现生态系统中两栖类的作用是它的支撑服务，在一个地区两栖类的最大的贡献在生态系统服务。支撑服务通过结构生态系统（栖息地）和功能（生态功能和过程）完成。

两栖类通过土壤打洞，水体（bioturbation）影响生态系统的结构并影响生态系统的功能，例如废弃排泄物的分解作用、营养循环和食物网内食性的间接变化等（Hocring，2014）。洞庭湖湿地蛙类（图4.2）的生态系统服务大致相同。

图4.2　洞庭湖湿地的蛙和蟾蜍

（6）用种的多样性和种分布的多样性研究地中海沿岸昆虫群落保存价值。以意大利中部Castelporziano Presidential Estate保护区的步甲为材料，以栖息在Castelporziano Presidential Estate保护区（面向Tyrrhenian海，60hm²的保护区）的步甲科（Carabidae）为试验对象，来显示为什么种的分布类型（chorotypes）能用来表示昆虫群落的特征，比较了3种多样性指数：物种丰富度、Clarke和Warwick分类多样性指数以及种的分布组成，以Menhinick、Margalef、Shannon、Brillouin多样性指数，Simpson优势度指数，Pielou均匀度指数和Buzas和Gibson均匀度指数来模拟步甲种的分布组成。步甲种类丰富度的变化，种的分布组成（优势度、均匀度和丰富度）及小区各个种类之间的多样性存在不同的类型，海滩、沙丘、高灌木丛和橡树林的生境内物种丰富度低，而潮湿的树林、混合森林、湿地和开阔地带物种丰富度高。低灌木丛介于两者之间。每一小区情况已经种的分布组成指数充分证明。但是，与各小区内多样性指数变化大相比较，各生境物种均匀度却相似，而且在所有生境内均匀度相似性相当高，甚至在那些种类数很少的生境内也是如此。各生物小区（生境）物种多样性也相似，但在橡树林与开阔地物种很少。当物种丰富度、种分布的多样性、种类多样性用来计算所有各小区（生境）保存步甲的相关指数时，最重要的需保护的步甲生境小区是湿地、温树林、开阔地域和混合森林。这些结果清清楚楚地表明有着高度保护价值的步甲群落是和环境湿度有密切关系的群落，有一个假设认为此研究地区的大部分种类的步甲是湿地内喜湿的元素，是在冰河时期南移遗留的临海动物区系成分（Fattorini et al，2015）。

（7）河岸的特点是作为无脊椎动物生存环境。栖息在波兰中部维斯瓦河（Vistula River）河岸两边的无脊椎动物区系物种丰富度很好地体现了环境条件的多样性。这里很适合水生和陆生种类的生长发育，以及陆生物种中极度喜湿种和那些需求干旱环境的物种的生长发育。这个地区的特殊物种由能够生活在水体和生活在土壤中的两栖类组成，即物种的特点为抵御抗拒洪水。维斯瓦河涝原地区的环境水陆皆适宜毫无疑问是有存在价值的，尽管环境组成元素与动物区系的价值并不完全相同，那些特别有价值的地区是包括大范围存在的河边白杨、柳树和榆树森林，而且各式的开放湿地和"U"形湖动物栖息地也有价值。所有的这些环境都是喜湿物种的贮藏库，其中许多物种贮藏库在波兰或欧洲的范围内已受到威胁。而且从动物区系资源角度来看，灌木丛占优势的地区极具价值，特别是柳树种植区和广阔的草地吸引各种无脊椎动物。树的花，像柳或白杨的花对于很早就出现或春天出现的各种昆虫来说是十分重要的食物来源，因为当时几乎没有植物开花。与此相联系的是由早春访花昆虫物种组成的复合群，受到吸引的昆虫复合群有蝇、膜翅目和甲虫。从无脊椎动物区系物种来源的价值这一点来看，最具价值的环境是Vistula河右岸沿着河流流向486～501km这一段和529～550km这一段（Chudzicka et al，2000）。总之，本研究认为白杨-柳树有利于早春昆虫，谢永宏等（2014）认为洞庭湖区湿地加拿大杨和柳树妨碍湿地水体畅通，可能杨树等要适量种植，不能太过，才能达到Chudzicka等（2000）指出的效果。

2. 新北区

讨论新北区昆虫区系的起源，有研究指出一般从白垩纪（Cretaceous）开始扩散，以后来自亚洲和南美的昆虫在新北区建群。在冰河时代相对较少灭绝，大量繁殖并向南方扩散。但没有美洲东部高山和西北部高山之间种类相通的证据。讨论到新北区北部昆虫起源，认为加拿大的大部分地区在威斯康星时期（Wisconsin Period，最后一个冰川时代）正在结冰。但有Amphiberingian（北美北部岛屿）避难所，其他岛屿避难所和格陵兰（Greenland）避难所。共有10种类型的分布区：极地分布、美洲广泛分布、Amphiberingian分布、阿拉斯加（Alaskan）、太平洋的岛屿、科迪勒拉（Cordilleran）、大西洋岛屿（Amphi-Atlantic）、美洲北极地区分布、加拿大东北部、加拿大西北部。有指出安地列斯群岛（Antilles）昆虫能大部分随气流到达的原因。曾有详细讨论过北美威斯康星时期的气候和昆虫分布的关系。亦讨论过北美甲虫区系，有8个不同的区系，5个跨过白令桥，来自欧亚大陆，3个来自南美，并没有源自北美本土的。亦有强调温哥华（Vancouveran）区系的多样性和生物学特性，是来自东北亚的种群（Gressitt，1958）。

美国佛罗里达州中部一些人造湿地的实验室和田间观察传播疾病的双翅目摇蚊科昆虫。在美国佛罗里达州中部休养地的4个人造湿地里进行一年的传染性摇蚊的幼虫和成虫种群的调查。每月至少一次从每个湿地随机地采集水下样本。采集地的每个幼虫样本地理坐标，水深和水底底物的物质组成都进行了标记。在湿地周围布置了10个新泽西灯光诱捕器每周采集成虫各种群。在幼虫和成虫样本中有摇蚊亚科（Chironominae）和亚科Tanypodinae；也有少量亚科Orthocladiinae。摇蚊亚科中，记录了族Chironomini（主要有*Polypedilum* spp.，*Cryptochironomus* spp.，*Glyptotendipes paripes*和*Goeldichironomus carus*）和族Tanytarsini（主要有*tanytarsus* spp.）以及其他种类摇蚊。亚科Tanypodinae在数量上不占优势。平均每月每晚诱虫灯下捕获的成虫数量从9月23头到10月211头。在湿地研究中，平均每年摇蚊幼虫密度数量和范围分别达到1 128/m^{2}和12 332/m^2。幼虫总数在5月最多，属*Tanytarsus* spp.和属*Polypedilum* spp.在数量上和空间上占优势。采样地平均水深为1.83m；采样幼虫总数中的47%分布在小于1m的水深处，53%分布在大于1m的水深处，在所有的样本采集地中，有656处，371处和299处的底物分别为沙、混合底物和淤泥。沙和混合底物占优势有利于属*Tanytarsus* spp.和属*Polypedilum* spp.在数量上的优势。在实验室生物测定中*tanytarsus* spp.，*Polypedilum* spp.，*Glyptotendipes paripes*和*Goeldichironomus carus*对双硫磷Temephos和硫-甲氧普烯（S-methoprene）最敏感。苏云金杆菌以色列变种*Bacillus thuringiensis israelensis*对属*Tanytarsus* spp.和属*Goeldichironomus carus*有效（Ali et al，2009）。

3. 新热带区

南北美洲的相连应该是在白垩纪中期或在始新世和现在，在晚渐新世和下中新世有2个连续的不完全陆桥，但两个大陆却长期各自发展。这种情况就使得南美洲的物种更为特殊。有学者曾讨论过安第列斯（Antilles）群岛某些蝶和蛾的物种形成，南美有一类螟蛾，有3次迁移高峰，大数量大范围地向南北扩散，然后有非常少量的下降，这样就获得趁气候变化时扩散的机会，以保持原有种群和多样性（Malaise，1945）。在南美许多昆虫类群的保持和扩散都源于此。有讨论阿根廷（Argentina）南部连绵山脉的昆虫区系，亦有讨论新热带区和非洲区（Afrotropical）的关系（Gressitt，1958）。

（1）南美巴西东北部，Pernambuco州，不同海拔高度森林湿地，发现由28科，35属，49种植物［多为紫茉莉科（Nyctaginaceae）、豆科（Fabaceae）、楝科（Meliaceae）、无患子科（Sapindaceae）和桃金娘科（Myrtaceae）等科产生虫瘿］，产生80个独特的虫瘿，虫瘿绿色，在树叶上，多为双翅目（Diptera）瘿蚊科（Cecidomyiidae）生成。该地虫瘿群落丰富度高，寄主植物有多样性（Santos et al，2001）。

（2）在南美智利正转变为沙漠的安第斯（Andean）高山湿地牧场，发现已鉴定的双翅目（Diptera）昆虫起许多作用，如传粉，分解废物为水生脊椎动物取食的营养源，并作为水体健康状况的指示物。采集44 254头有代表性的双翅目（Diptera），分属27个科。盛夏为湿地牧场的双翅目（Diptera）昆虫区系提供了最好的环境条件，此一环境条件是这一地区的热量造成的，栖息地（微生境）不是主要原因（Cepeda-Pizaro，2015）。

（3）巴西南部湿地水生昆虫的多样性和分布：新热带区生物多样性保存。选择优先地区对生物多样性的保存是一个巨大的挑战。一些生物地理学方法已经用来确定优先保存地区，泛生物地理学就是其中之一。本项研究致力于运用泛生物地理学工具在新热带区（280 000km^2）广大地带的湿地系统来确认水生昆虫属的分布型，也为了将鉴定水生昆虫发现的生物地理分类单元与巴西南部保存的分类单元进行比较。分析了巴西南部湿地水生昆虫4个目82个种的分布类型［双翅目（Diptera）、蜻蜓目（Odonata）、蜉蝣目（Ephemeroptera）、毛翅目（Trichoptera）］。因此，支序分析的32个生物地理学节点与水生昆虫多样性保存的优先保护区一致。在这总体之上，13个节点在大西洋（Atlantic）雨林，16个节点在Pampa，3个节点在这两种生物群落内中。分布节点显示只有15%昆虫分布中心点镶嵌分布在优先保护地区。支序分析的节点聚类决定的4个首选地区，一定要进一步考虑巴西南部湿地生物多样性保存，因为这些地区保存这古老的物种。把这些地区考虑进保护单元是保存此地水生物种生物多样性的有力途径（Maltchik，2012）。

4. 非洲区Afrotropica

多数学者认为非洲区的北界应是紧靠着撒哈拉沙漠（Sahara）的南缘，东部是阿拉伯半岛（Arabia）南部，还有马达加斯加（Madagascar），撒哈拉沙漠与古北区相连。Oldroyd（1957）研究非洲区的虻科（Tabanidae）后指出，此一类群经南和北两条路线迁入非洲，最开始时应是从南部迁入。这样就支持了南古陆［冈瓦纳古陆（Gondwanaland），1.35亿年前，非洲、南美和澳大利亚是连在一起］理论，但他没有支持南古陆理论的新证据，并认为即使存在南极洲大陆，也不再需要建立大陆漂移学说（Continental drift）。有认为非洲高山的物种是一个古老的区系成分，和欧洲的物种并无亲缘关系，可能来自中亚。认为非洲的蝗虫不可能是由欧洲南迁而来，那时的撒哈拉沙漠是热带稀树大草原，以后草原留在沙漠中成为沙漠绿洲。除了在第4纪时因变凉多雨外，允许和地中海（Mediterranean）南北迁移，或向北迁移（Gressitt，1958）。

（1）马达加斯加岛（Madagascar）是非洲区的一个亚区，或称为马尔加什（Malagasy）区域，称为里莫里亚（"Lemuria"，即传说中沉入印度洋海底的一块大陆）（马达加斯加岛和邻近的科摩罗群岛、马斯卡林群岛、塞舌尔群岛在非洲区内组成一个马尔加什亚区）。有强调认为马达加斯加的昆虫都是土著种，区系极富多样性。在侏罗纪中期（Mid-Jurrassic）马达加斯加和非洲大陆相连，但并不和印度相连。

（2）佛得角群岛（Cape Verde Islands）位于非洲西部。历史上有一段时间非洲区可与地中海地区自由交流（图4.3）或贸易交流。

（3）非洲好望角生物多样性热点和昆虫类群的保存。好望角（Cape）是一个极具生物学重要性的地区，不仅是因为其高一级分类阶元的植物种类多样性和特有分布，也因为本地区的土著种无脊椎动物的数量占优势，人们对好望角无脊椎动物的空间分布以及如何很好地保护及保存它们知之甚少。在好望角的各个地区以目击调查采样法，配合空中捕网及水域捕网捕捉。已知岛上昆虫物种多样性的几个重要的地区，以及环境变化大的地区。观察到"半岛效应"。已记录好望角有9种濒危物种和5种新物种。数量如此大的濒危物种（相对于那些已评估的小种群而言）体现了半岛生物学的重要性。Table Mountain上有许多的濒危物种，而好望角点（Cape Point）上拥有其他地方没有的物种。对水生鞘翅目来说Noordhoek湿地非常重要。半岛上的小山丘对所有昆虫多样性有重要意义。海拔、坡度和方位水源的距离和植被结构是决定昆虫的最重要的环境变量。半岛效应似乎对好望角半岛上的这些昆虫类群没有什么影响。大量的新发现已鉴定类群的半岛新记录仍然显示出对好望角半岛上的昆虫类群知道还很少。但是，在这个研究中，一些以前已认定为保护区的地区为Table Mountain（濒危物种），Noordhoek（水生鞘翅目），好望角点（Cape Point）和半岛的小山丘（特有的无脊椎动物类群）。保存各种地形，包括斜坡、平地、各方位的山丘，以及湿地和旱地，都有助于保护保存当地这些昆虫（Pryke et al，2009）。

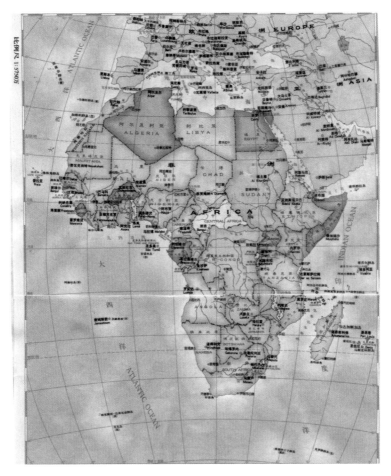

图4.3　非洲区

（4）保护地建立生态学网络系统保存蜻蜓。农林业正成为亚热带湿地的主要危险和威胁，淡水湿地已成为高危的生态系统。在南非的Maputaland –Pondoland-Albany是全球物种多样性热点地带，已建立大规模残存植被的生态学网络系统（ENS），用于减轻种植森林对湿地的负面影响。但是，这些生态学网络系统（ENS）对于研究维持淡水的生物多样性的效果不甚明显，特别是众多水域内的生物多样性仍不明了，作为回应，将一处生态学网络系统（ENS）的大型哺乳动物打滚嬉戏的泥地、湖泊和小沼泽与邻近的World Hentage Site保护区（PA）泥地、湖泊和小沼泽进行比较以供参考。在这个对比试验中，用蜻蜓成虫作为有效的生物指示剂。在总共105个地点记录了47种蜻蜓。PA中74%的物种也存在于EN。但是，在EN与PA都记录到等量的各自区域范围的物种。在EN中记录到5个特有物种，而在PA中记录到7种，这大概是不同的景观类型栖息地的不同。池塘大小和栖息地的差异，海拔和溶解氧都是决定物种丰富度与多样性的重要因素。湿地靠近树木对湿地只有很小的作用，而且只影响昆虫组成。对于蜻蜓的多样性，打滚嬉戏的泥地是最差的栖息地，因为此种栖息地对蜻蜓干扰大。但对研究泥地、池塘和沼泽昆虫物种组成有很大的补充和帮助。总之，在EN地的淡水系统是一个替代PA的很好的栖息环境，对维持在这些EN的蜻蜓种群显示了极好的作用（Pryke et al，2015）。

5. 东洋区

中国东部和喜马拉雅（Hamalaya）之间有最古老的，保存最好的第三纪（0.25亿～0.7亿年）残余地区（Tertiary relict area），其东部没有障碍，在约近更新世（Pleistocene）前，印度还有一个半岛（Gressitt，1958）。也有认为中国南部的范围（秦岭-淮河-横断山一线以南区域）属东洋区中印亚界，其西部属于青藏高原的东南边缘，即喜马拉雅山脉和横断山脉的部分，在更新世全球第四次大冰期以来，这个地区因热带-亚热带的地理位置，低山及谷地的环境比较稳定，成为优良的动物避难地，保留有不少优良的原始动物（张荣祖，2004）。但也有认为中国南部地区南至北回归线、北至秦岭淮河一线和西至横断山脉-川西高地的广大区域属于东亚区的南部，主要昆虫区系成分是东亚型成分的喜玛拉雅-南岭走廊型和南中国广布型，也是马世骏（1959）提出的喜玛拉雅-中国分布型的一部分（魏美才和聂海燕，2008）。

东洋区和澳洲区的分界有以下几种看法：①研究蚊子的专家认为分界有2条线路，一条是位于印度尼西亚小巽他群岛（Lesser Sunda Islands）和西里伯斯岛（Celebes）之间，另一条是位于马鲁古群岛（Moluccas）和印度尼西亚帝汶岛（Tomor）之间。指出分布在北面和东面的澳大利亚的种类是来自于东洋区入侵，澳洲巴布亚地区（Papuan）可能已形成一个牢固的东洋区的亚区，包括有澳大利亚的种类。10多年的茧蜂研究发现苏拉威西岛（Sulawesi）和马鲁古群岛（Moluccas）是华莱士线的中间区域，适用于茧蜂（van Achterberg）。②Mayr（1944）只根据少部分昆虫，列举了在东洋区系和澳大利亚-巴布亚区系的百分比。③在中生代（Mesozoic）晚期，东南亚和马来群岛（Malay Archipelago）还有陆地，与大洋洲的新几内亚（New Guinea area）交错连接，新几内亚南部和澳大利亚连接，此时及以后到了晚上新世（Pliocene），新几内亚中部仍在海的下面，其余部分组成一系列半岛，东北面仍有广阔的陆地。如大洋洲的俾斯麦群岛（Bismarcks），所罗门群岛（Solomons）等。大洋洲的美拉尼西亚（Melanesian）弓形地向东延伸到新赫布里底（New Hebrides），与斐济群岛靠近，美拉尼西亚在白垩纪短期间地呈弓形地延伸到新西兰（New Zealand）（Gressitt，1985，图4.4）。

图4.4 华莱士线（Wallace Line），东洋区和澳洲区的分界

虽然新几内亚的哺乳动物来自澳大利亚，但新几内亚的许多类群昆虫表现出独特的源自亚洲的特征，大部分出现于高等哺乳动物发展之前。在第三纪期间该区域和澳大利亚有很长时间的隔离，直到更新世才有交流。新几内亚是高度独立发展的昆虫区系，没有像澳大利亚一样的温带。经新几内亚扩散到所罗门群岛或斐济群岛或集中在菲律宾–新几内亚的东洋区类群的昆虫，不能扩散到澳大利亚，或只能到达昆士兰（Queensland）北部。以蚁为例，新几内亚蚂蚁是印度–马来西亚、澳大利亚和本地特有成分等的混合，并无其他冲突的成分，此外新喀里多尼亚（New Caledonia）区系也接近澳大利亚区系。此种情况和鸟类的情况接近。许多专家把新几内亚放在澳洲区，在讨论东洋区时说，巴布亚（Papuan）是一个分开的亚区，应和东洋区区系的昆虫相近，而和澳洲区的昆虫区系相远离，可以作为东洋区和澳洲区区系的混合地区（Zone of mixture of the Oriental and Australian region），也有称之为东洋–巴布亚地区（Oriental–Papuan region）①。

———————————

① 此处借用来解释这个尚未定论的"东亚成分"概念。一个分布在中国南部的种类，如扩散到俄罗斯阿穆尔是东洋种还是古北种，一个古北种扩散到越南，是否变为广布种，广义上这些均可考虑为古北成分和东洋成分的混合（Zone of mixture of the Palaearctic and Oriental elemental）。以上说法在理论上和生产实际上均可接受

如上所说，东洋区区系的昆虫应和巴布亚（Papuan）亚区（属于大洋洲范围之内）的昆虫相近，这有一个例子，茧蜂科（Braconidae）小腹茧蜂亚科（Microgastrinae）内的甲胄茧蜂属（Buluka de Saeger），其属内种的分布符合巴布亚亚区的昆虫和东洋区区系昆虫相近的结论，目前全世界的甲胄茧蜂属（Buluka）已发表有7种，按发表时间次序列于后，斯氏甲胄茧蜂（Buluka straeleni De Saeger）（分布刚果、南非）；东方甲胄茧蜂（Buluka orientalis Chou）（中国台湾）；汉氏甲胄茧蜂（Buluka huddlestoni Austin）（所罗门群岛Solomon Is.Kolombangara）；诺氏甲胄茧蜂（Buluka noyesi Austin）（印度）；台湾甲胄茧蜂（Buluka taiwanensis Austin）（中国台湾）；汤氏甲胄茧蜂（Buluka townesi Austin）（马来西亚）；阿克氏甲胄茧蜂（Buluka achterbergi Austin）（马来西亚）（Austin，1989）。此属的种类主要是印澳区分布，不连续的扩散分布，从中国台湾扩散到印度经东南亚（马来半岛），具体说最远的可进入到澳洲区巴布亚亚区（Papuan）的所罗门群岛。此例支持巴布亚亚区昆虫和东洋区昆虫相近的结论。

（1）江苏省盐城滩涂湿地（viffle wetland in salt city of Jiangsu province）。有沿海滩涂面积680万hm²，海岸线长528km，拥有位于射阳的丹顶鹤国家自然保护区和位于大丰的国家级麋鹿自然保护区。属海岸盐沼植被，耐盐草本植物组成。

①植被概况。根据调查统计，盐城滩涂湿地共有维管植物688种，隶属114科391属。

②科的统计分析。盐城滩涂湿地植物区系中共有114科，可知滩涂湿地区系的优势科非常的明显。其中优势科有禾本科（Poaceae）、菊科（Compositae）、莎草科（Cyperaceae）、豆科（Leguminosae）、十字花科（Cruciferae）、唇形花科（Labiatae）和蓼科（Polygonaceae）等。15个优势科的分布区类型为世界分布80%、泛热带分布13.33%和北温带分布6.67%。表明该区系有向世界性大科集中的趋势，对本地植物区系起了主导作用，也与研究地区的北亚热带向暖温带过渡的气候类型相符合（朱莹等，2014）。

含5～9种的中型科共有14科47属97种，分别占本区科、属和种的12.28%、12.02%和14.10%。在属和种水平上也是滩涂湿地植物区系的重要组成部分。含2～4种的小型科共有32科60属80种，分别占本区科、属和种的28.07%、15.35%和11.63%。在科的水平上占了近1/3，科相对丰富，对植物区系的复杂性和多样性起到了很大的作用，单种科和单属科共有53个，在科的水平上所占比例近一半，为植物区系的科的多样性作出很大贡献。但在种和属水平上比例较低，说明可能是由于滩涂湿地盐碱地特殊条件的限制而导致的分化程度不高。

③属的统计分析。滩涂湿地维管植物共有391属，由表4.1可知，从属所含种的情况来分析，含10种（含10种）以上的属有7属84种，分别占总属数的1.79%，总

种数的12.21%，属的优势现象不明显。它们为飘拂草属（*Fimbristylis*）、莎草属（*Cyperus*）、蒿属（*Artemisia*）、蓼属（*Polygonum*）、蔗草属（*Polygonum*）、薹草属（*Carex*）和稗属（*Echinochloa*）。7个优势属的分布区类型主要以世界分布、北温带分布和泛热带分布为主。

表4.1　洞庭湖种子植物属的分布区类型

分布区类型	属	百分比(%)	中国属总数	占中国总属(%)
1.世界分布Cos	57		104	54.81
2.泛热带分布PanTr	30	25.51	362	8.29
3.热带亚洲和热带美洲间断分布TrAs-TrAm	2	2.04	62	3.23
4.旧世界热带分布PalTr	1	1.02	177	0.56
5.热带亚洲至热带大洋洲分布TrAs-TrAu	5	4.08	148	3.37
6.热带亚洲至热带非洲分布TrAs-TrAf	5	4.08	149	3.36
7.热带亚洲分布TrAs	5	3.06	611	0.81
8.北温带分布NTem	41	38.78	302	13.58
9.东亚和北美洲间断分布EAs-NAm	2	2.04	124	1.61
10.旧世界温带分布PalTem	11	9.18	164	6.71
11.温带亚洲分布TemAs	3	3.06	55	5.45
12.地中海区和西亚至中亚分布Me-WMeAs	3	–	171	1.75
13.中亚分布MeAs	–	–	116	–
14.东亚分布EAs	9	7.14	299	3.01
15.中国特有分布China	–	–	257	–
合计	174	100	3 116	

（据侯志勇和谢永宏，2014）

含5～9种12属75种，主要有灯心草属（*Juncus*）、眼子菜属（*Potamogeton*）、画眉草属（*Eragrostis*）和碱茅属（*Puccinellia*）等；含2～4种的有107属264种，如木贼属（*Equisetum*）、藜属（*Chenopodium*）、碱蓬属（*Suaeda*）和大豆属（*Glycine*）等；单种属有265属，主要有槐叶萍属（*Salvinia*）、盐角草属（*Salicornia*）、拟漆姑属（*Spergularia*）、紫穗槐属（*Amorpha*）、萝藦属（*Metaplexis*）和山羊草属

（*Aegitops*）等。小型属和单种属总共372属529种，表明盐城沿海滩涂植物区系主要是由小型属和单种属组成，它们占绝对的优势，表明了该地植物区系起源有一定的古老性。

④区系分布类型与分析。

a. 科的地理成分分析。可将滩涂湿地植物的114科划分为8个分布区类型及4个变型。其中世界分布有54科，以草本为主。热带分布比例高达61.67%（不包括世界分布，下同）。其中泛热带分布比例45%，说明了这个区系的组成受到泛热带分布区类型非常大的影响。常见的科有金星蕨科（Thelypteridacea）、天南星科（Araceae）、萝藦科（Asclepiadaceae）、爵床科（Acanthaceae）和马兜铃科（Aristolochiaceae）等。温带分布（8~10种）共21科，其中北温带分布及其变型占总科数比例30%，体现了明显的温带性质。北温带分布常见的科有松科（Pinaceae）、大麻科（Cannabaceae）和百合科（Liliaceae）。该地植物区系中植物的特有性质非常缺乏。

b. 属的地理成分分析。可将滩涂湿地植物的391个属划分为15个分布区类型及10个变型。

世界分布共有68属，常见的属有香蒲属（*Typha*）、蓼属（*Polygonum*）、藜属（*Chenopodium*）、碱蓬属（*Suaeda*）、藨草属（*Scirpus*）、眼子菜属（*Potamogeton*）、翅果菊属（*Pterocypsela*）和莎草属（*Cyperus*）等。

热带分布（2~7种）的有137属，其中泛热带分布及其变型87属，在热带分布中居于首位，常见的有田菁属（*Sesbania*）、鹅绒藤属（*Cynanchum*）、扁莎属（*Pycreus*）、飘拂草属（*Fimbrhtylis*）、白茅属（*Imperata*）、芦竹属（*Amndo*）和虎尾草属（*Chloris*）等；旧大陆热带及其变型16属，热带亚洲（印度-马来西亚）及其变型15属，热带中的泛热带成分很高，显示了本区系与泛热带的亲缘关系非常近。

温带分布温带分布（8~14种）总共有182属，是该地区构成植物区系的主要组成部分。其中北温带居首位，有88属，常见属有罗布麻属（*Apocynum*）、枸杞属（*Lycium*）、蒿属（*Artemisia*）、碱菀属（*Tripolium*）、苦苣菜属（*Sonchua*）、拂子茅属（*Calamagrostis*）和稗属（*Echinochloa*）等。它的变型之一：北温带和南温带间断分布24属；旧大陆温带及其变型33属，东亚分布及其变型29属。其他热带分布共32属，说明虽然它们与该区系有一定联系，但其影响是十分有限的。北温带及旧大陆温带成分较高，说明一些温带偏南的属生长良好，而热带分布的属达到北界或接近北界，限制了其生长，同时有一些属向温带过渡，表明了其与热带亲缘性较强，同时又向温带过渡的特点（朱莹等，2014）。

⑤湿地改良。2000—2015年，在湿地改良盐土农业植物资源，基础研究和开发利用方面做了许多前沿性的工作（游兰舫和张春银，2015）。

⑥鉴定昆虫。鉴定昆虫500多种为盐城滩涂湿地及生物多样性保护打下了基础（吕城，2008）。按照昆虫地理分布和植物地理分布相似的看法，盐城滩涂湿地植物科的分布为泛热带分布和北温带分布，昆虫的分布区系主要应属东洋区和古北区是没有疑问的。

（2）洞庭湖湿地（Dongting Lake wetland）。分布湖南（15 200km²）和湖北（3 580km²）两省。在湖南，本专著重点记录主要县、湖及芦苇场计有西洞庭：汉寿县；南洞庭：黄土包镇，万子湖芦苇场；东洞庭湖：东洞庭芦苇场。湖南是全国湿地资源最为丰富的省份之一，湖南湿地类型多样，包括河流湿地、湖泊湿地、沼泽湿地和人工湿地4大湿地类，以及永久性河流和洪泛平原湿地等9个湿地型。河流湿地包括永久性河流、季节性河流和洪泛平原湿地3个类型。永久性河流湿地占河流湿地面积的95.81%；季节性河流湿地占河流湿地面积的0.08%；洪泛平原湿地占河流湿地面积的4.11%。湖泊湿地，湖南境内湖泊湿地全部为永久性淡水湖；境内有长江区湖泊湿地，97%以上的湖泊湿地集中在湖南北部，大型湖泊有洞庭湖、横岭湖、黄盖湖、大通湖和毛里湖等。沼泽湿地有草本沼泽、森林沼泽，主要保存洞庭湖等大型湖泊、湖滨及长江和湘资沅澧四水沿江江滩。人工湿地：全省人工湿地主要有库塘、输水河和水产养殖场3种类型（湖南省林业厅，2011）。湖北省则按徐冠军等（1989）报道，湿地分布在石首、洪湖、江陵、汉阳、嘉鱼、宜城和仙桃市，有湖区洲滩湿地和湖区沼泽湿地。

①湖南省洞庭湖植被概述。

a. 科的统计分析。对59种种子植物进行归类统计。洞庭湖种子植物科的分布共6个分布类型，其中世界广布科共39科，占中国世界分布科的78%。

世界分布科 共39科，较为典型的有莎草科、菊科、禾本科、蓼科、十字花科、蔷薇科（Rosaceae）和旋花科（Convolvulaceae）等。禾本科是本区最大的一个科，共计25属34科。菊科为本区第二大科，共11属28种。莎草科为本区第三大科，共5属20种。该科在本区分布中以苔草属占优势，有些种类是芦毒蛾越冬寄主，共10种。除上述三大科外，蓼科所含物种也较多含2属19种。蓼科主要分布于北温带地区，在我国各种生境类型中均有分布。

泛热带分布科共计10科，占总数（不含世界分布科）50%，占中国泛热带分布的8.3%；北温带分布科共计9科，占总数35.0%，另外热带亚洲和热带美洲间断分布、旧世界热带分布和泛热带分布和热带亚洲分布各一科，占的比例均为5.0%。

热带分布科 热带分布科共有4个类型，分别为泛热带分布、热带亚洲和热带美洲间断分布、旧世界热带分布和热带亚洲分布。洞庭湖湿地有热带分布科13科，占总数的65.0%（不含世界分布科）。其中泛热带分布所占比例最大，共10科，包括卫矛科（Celastraceae）、天南星科（Araceae）、荨麻科（Urticaceae）、大戟科（Euphorbiaceae）、葫芦科（Cucurbitaceae）、萝藦科（Asclepiadaceae）、爵床科（Acanthaceae）、雨久花科（Pontederiaceae）、商陆科（Phytolaccaceae）和锦葵科（Malvaceae）。除大戟科含2属3种外，其他9科均为单属单种。热带亚洲和热带美洲间断分布和旧世界热带分布和热带亚洲分布各有一科。分布为苦苣苔科（Gesneriaceae）、胡麻科（Pedaliaceae）和灯芯草科（Juncaceae）。

温带分布科 温带分布科中仅含北温带分布1种类型，共7科，分别为牻牛儿苗科（geraniaceae）、紫堇科（Fumariaceae）、罂粟科（Papaveraceae）、大麻科（Cannabaceae）、杨柳科（Salicaceae）、列当科（Orobanchaceae）和忍冬科（Caprifoliaceae），占总科数的35.0%（不含世界分布科）。罂粟科在系统发育上是被子植物较原始的一个科。杨柳科全世界共3属，主要分布在北半球温带，在洞庭湖有2属3种。

由此可见，该区种子植物科的区系成分主要以世界分布、泛热带分布和北温带分布为主（侯志勇和谢永宏，2014）。表明该湿地植物区系有向世界性大科集中的趋势，对本地植物区系起主导作用。

b. 属的统计分析。对174属种子植物进行归类统计。由表4.1可以看出，该区种子植物属共15个分布区类型，其中世界分布属占的比例最大，共57属，占中国分布区属的54.8%；表4.1中2~7类属于各类热带成分分布类型，共48属，占总数的41.0%（不含世界分布属），其中泛热带分布属30种，占总数的25.5%，占中国泛热带分布属的8.3%；8~11类和14类属于温带分布，共66属，占总属59.0%，占中国北温带分布属的14.10%；在整个区域，未发现中国特有分布种。可见，洞庭湖植物属的区系成分以温带成分为主，同时兼顾热带成分（侯志勇和谢永宏，2014）。

从属的数量级别来看，洞庭湖湿地植物的分布以单种属为主，属的分化明显，分布类型主要以世界分布，泛热带分布和北温带分布。湿地植物物种数大于10的属仅有1个，即为蓼属，含15个物种；物种数6~10的属仅苔草属，含10个物种；物种数2~5个的属为35个，占总属数的19.2%，所含的物种总数为95，典型的属如蒿属（*Artemisia*）、委陵菜属（*Potentilla*）和及莎草属（*Cyperus*）等，以上5个属为优势属。单种属较多，共有145个，占总属的79.7%，所含物种数占湿地总物种数的54.7%，占了绝对优势，表明区系起源的古老性。此外，洞庭湖湿地植物由于人为因素影响较大，破坏较为严重，代表该区系的古老残存种类和特有种类不多，但仍保存了一些比较古老的植物种类和中国特有成分，如毛茛科（Ranunculaceae）和睡莲科（Nymphaeaceae）。古生代或中生代遗留下来的残存物种有莲属（*Nelumbo*）（侯志勇和谢永宏，2014）。

c. 昆虫鉴定。

（a）湿地昆虫[1]记录。湖南记录有昆虫128种（王宗典等，1985；王宗典等，1989；游兰韶等，1997；游兰韶和李志文，2003；van Achterberg et al，2013）；湖北记录有243种（徐冠军等，1989）。湖北省洞庭湖湿地有昆虫243种，数量较多，两省种类基本相同，现将其名录转载见表4.2。

表4.2　洞庭湖湿地昆虫名录（湖北，1984—1986年）

害虫

一、直翅目Orthoptera

　（一）蟋蟀科Gryllidae

　1. 油葫芦 *Gryllustestaceus*（Walker）

　（二）蝼蛄科Gryllotalpidae

　2. 非洲蝼蛄 *Gryllotalpa africana* Palisot et
　　　Beauvois

　（三）蝗科Acrididae

　3. 中华蚱蜢 *Acrida chinensis*（Westwood）

　4. 中华剑角蝗 *Acrida cinerea*（Thunberg）

　5. 花胫绿纹蝗 *Aiolopus tamulus* F.

　6. 长额负蝗 *Atractomorpha lata* M.

　7. 短额负蝗 *Atractomorpha sinensis*（Bolivar）

　8. 黄脊竹蝗 *Ceracris kiangsu*（Tsai）

　9. 棉蝗 *Chondracris rosea*（De Gree）

　10. 黑背蝗 *Eyprepocnemis shirakii*（Bolivar）

　11. 云斑车蝗 *Gastrimargus marmoratus*
　　　黑（Thunberg）

　12. 斑角蔗蝗 *Hieroglyphus annulicornis*
　　　（Shiraki）

　13. 东亚飞蝗 *Locusta migratoria* manilensis
　　　（Meyer）

　14. 黄胫小车蝗 *Oedaleus infernalis*（Sauss.）

　15. 中华稻蝗 *Oxya chinensis*（Thunberg）

　16. 日本黄脊蝗 *Patanga japonica*（Bolivar）

　（四）螽蟖科Tettigoniidae

　17. 长剑草螽 *Conocephalus gladiatus*
　　　（Redtembacher）

　18. 黑条螽蟖 *Ducetia japonica*（Thunberg）

　19. 尖头草螽 *Homorocoryphus jezoensis*
　　　（Walker）

二、半翅目Hemiptera

　（五）缘蝽科Coreidae

　20. 黄伊缘蝽 *Aeschyntelus chinensis*（Dallas）

　21. 稻棘缘蝽 *Cletus punctiger*（Dallas）

　22. 稻蛛缘蝽 *Leptocorisa varicorns*（Fabricius）

　（六）长蝽科Lygaenidae

　23. 高粱长蝽 *Dimorphopterus spinolae* Signoset

　（七）蝽科Pentatomidae

　24. 稻绿蝽 *Nezara viridula* Linnaeus

　25. 稻黑蝽 *Scotinophara lurida*（Burmeister）

　26. 二星蝽 *Ersacoris guttiger*（Thunberg）

---

①　过去从经济考虑，均以荻、芦害虫的概念发表，根据湿地定义和生态学的内涵实际上应该是湿地昆虫，为害荻、芦的种类在128种（湖南省）和243种（湖北省）中，百分比不是很高，重新以湿地昆虫的视野研究是适当的

害虫

三、同翅目Homoptera

（八）仁蚧科Aclerdidae

27. 芦苇日仁蚧 *Nipponaclerda biwakoensis*（Kuwana）

（九）蚜科Aphididae

28. 桃粉大尾蚜 *Hyalopterus pruni* Geoffroy

29. 高粱蚜 *Melanaphis sacchari*（Zehntner）

30. 禾谷缢管蚜 *Rhopalosiphum padi* L.

（十）沫蝉科Cercopidae

31. 赤斑黑沫蝉 *Callitettix versicolor*（Fabricius）

（十一）叶蝉科Cicadellidae

32. 二点叶蝉 *Cicadula fasciifrons*（Stål）

33. 电光叶蝉 *Inazuma dorsalis*（Motschulsky）

34. 稻斑叶蝉 *Deltocephalus oryzae*（Matsumura）

35. 双纹斑叶蝉 *Erythroneua limbata*（Matsumura）

36. 黑唇斑叶蝉 *Erythroneura maculifrons*（Motschulsky）

37. 白翅叶蝉 *Thaia rubiginosa*（kuoh）

38. 黑尾叶蝉 *Nephotettix bipunctatus*（Fabricius）

39. 二点黑尾叶蝉 *N. virescens*（Distant）

40. 大青叶蝉 *Tettigoniella viridis*（L.）

（十二）菱蜡蝉科Cixiidae

41. 黑头菱稻虱 *Oliarus apicalis*（L.）

（十三）飞虱科Delphacidae

42. 芦苇绿飞虱 *Chloriona tateyamana* Matsumura

43. 小额叉飞虱 *Dicranotropis nagaragawana*（Matsumura）

44. 灰飞虱 *Laodelphax striatellus*（Fallén）

45. 长绿飞虱 *Saccharosydne procerus*（Matsumura）

46. 白背飞虱 *Sogatella furcifera*（Horváth）

47. 黑边黄脊飞虱 *Toya propinqua*（Fieber）

48. 白脊飞虱 *Unkanodes sapporona*（Matsumura）

（十四）象蜡蝉科Dictyopharidae

49. 中华透翅蝉 *Dictyophara sinica*（Walker）

（十五）粉蚧科Pseudococcidae

50. 三刺绒粉蚧 *Eriococcus trispinatus*（Wang）

四、缨翅目Thysanoptera

（十六）管蓟马科Phlaeothripidae

51. 稻管蓟马 *Haplothrips aculeatus*（Fabricius）

（十七）蓟马科Thripidae

52. 花蓟马 *Frankliniella intonsa*（Trybom）

53. 稻蓟马 *Thrips oryzae*（Williams）

五、鳞翅目Lepidoptera

（十八）灯蛾科Arctiidae

54. 红缘灯蛾 *Amsacta lactinea*（Cramer）

55. 八点灰灯蛾 *Creatonotus tranciens*（Walker）

56. 星白灯蛾 *Spilosoma menthastri*（Esper）

（十九）毒蛾科Lymantridae

57. 肾毒蛾 *Cifuna locuples*（Walker）

58. 芦毒蛾 *Laelia coenosa candida*（Leech）（黑龙江扎龙自然保护区湿地记录有榆毒蛾 *Ivela ochropoda*，宋文军，2007）

（二十）夜蛾科Noctuidae

59. 小地老虎 *Agrotis ypsilon*（Rottemberg）

60. 苇锹额夜蛾 *Archanara phragmiticola*（Staudinge）

61. 仿劳氏黏虫 *Leucania incecuta*（Walker）

62. 劳氏黏虫 *Leucania loreyi*（Duponchel）

63. 黏虫 *Mythimna separata*（Walker）

（续表）

害虫

64. 白脉黏虫*Leucania venalba*（Moore）

65. 斜纹夜蛾*Spodoptera litura*（Fabricius）

66. 大螟*Sesamia inferens*（Walker）

67. 荻蛀茎夜蛾*Sesamia* sp.

68. 淡剑夜蛾*Sidemia depravata* Butler

69. 禾灰翅夜蛾*Spodoptera mauritia*

（Biosduval）

（二十一）螟蛾科Pyralidae

70. 白缘苇野螟*Calamochrous acutellus*

Eversmann

71. 棘禾草螟*Chilo niponella*（Thunberg）

72. 芦螟*Chilo luteellus*（Motschulsky）

73. 苇禾草螟*Chilo phragmitellus*（Hübner）

74. 条螟*Proceras venosatum*（Walker）

75. 芦苇大禾螟 *Schoenobius gigantellus*

Schiffermuller et Denis

（二十二）豹蠹蛾科Zeuzeridae

76. 芦苇豹蠹蛾*Phragmataecia castaneae*

（Hübner）

六、双翅目Diptera

（二十三）瘿蚊科Cecidomyiidae

77. 芦瘿蚊*Giramdiella* sp.

七、鞘翅目Coleoptera

（二十四）长角象科Anthribidae

78. 泥色长角象*Phloeobius lutosus* Jordan

分布：国外爪哇，老挝，越南和印度

（二十五）天牛科Cerambycidae

79. 曲牙锯天牛*Dorysthenes hydropicus*（Pascoe）

（二十六）叶甲科Chrysomelidae

80. 稻负泥虫*Oulema oryzae*（Kuwayama）

81. 瘤鞘尖爪铁甲*Hispellinus moeveus*（Baly）

（二十七）象虫科Curculionidae

82. 铜光纤毛象*Tanymecus circumdatus*

（Wiedemann）

（二十八）叩头甲科Elateridae

83. 沟金针虫*Pleonomus canaliculatus*

（Faldermann）

（二十九）花金龟科Cetoniidae

84. 白星花金龟*Protaetia brevitarsis*（Lewis）

（三十）鳃金龟科Melolonthidae

85. 大黑鳃金龟*Hloltrichia diomphalia*（Batesa）

86. 暗黑鳃金龟*Holotrichia parallela*

（Motschulsky）

87. 毛黄鳃金龟*Pledina trichophora*

（Motschulsky）

（三十一）丽金龟科Rutelidae

88. 中华喙丽金龟*Adoretus sinicus*

（Burmeister）

89. 斑喙丽金龟*Adoretus tenuimaculatus*

（Waterhouse）

90. 铜绿异丽金龟*Anomala corpulenta*

（Motschulsky）

91. 红脚异丽金龟*Anomala curpripes*（Hope）

92. 深绿异丽金龟*Anomala heydeni*

（Frivaldszky）

（三十二）蜗牛科（腹足纲，柄眼目）

Fruticicolidae

93. 薄球蜗牛*Fruticiola ravida* Benson

（续表）

天敌昆虫

一、半翅目

（一）猎蝽科Reduviidae

1. 八节黑猎蝽*Ectrychotes andreae*（Thunberg）

2. 灰姬猎蝽*Nabis palliferus*（Hsiao）

3. 日月猎蝽*Pirates arcuatus*（Stål）

4. 黄纹盗猎蝽*Pirates*（*Cleptocoris*）*atromacutatus*（Stål）

5. 黄足猎蝽*Sirthenea flavipes*（Stål）

二、双翅目Diptera

（二）寄蝇科Tachinidae

6. 黄毛脉寄蝇*Ceromyia silacea*（Meigen）

寄主：黏虫

7. 日本追寄蝇*Exorita japonica*（Tyler Townsend）

寄主：黏虫

8. 黏虫缺须寄蝇*Cuphocera varia*（Fabricius）

寄主：黏虫

9. 饰额短须寄蝇*Linnaemya compta*（Fallen）

寄主：小地老虎、黏虫

（三）食蚜蝇科Syrphidae

10. 黑带食蚜蝇*Episyrphus balteatus*（De Geer）

11. 梯斑食蚜蝇*Melanostoma scalare*（Fabricius）

12. 四条小食蚜蝇*Paragus quadrifasciatus*（Meigen）

13. 大灰食蚜蝇*Metasyrphus corollae*（Fabricius）

三、鞘翅目Coleoptera

（四）步甲科Carabidae

14. 素尖须步甲*Acupalpus inornatus*（Bates）

15. 黑条窄胸步甲*Agonum daimio*（Bates）

16. 青寡行步甲*Anoplogenius cyanescens*（Hope）

17. 横滨尾步甲*Armatocillenus yokohamae*（Bates）

18. 尼罗锥须步甲*Bembidion niloticum*（Dejean）

19. 大阪短鞘步甲*Brachinus osakaensis*（Nakana）

20. 大短鞘步甲*Brachinus scotomedes*（Bates）

21. 窄胸短鞘步甲*Brachinus stenoderus*（Bates）

22. 艳大步甲*Carabus lafossei coelestis*（Staw）

23. 赤背梳爪步甲*Calathus*（*Dolichus*）*halensis*（Schaller）

24. 黄胸丽步甲*Callistoides pericallus* Redtenbacher

25. 虾铜青步甲*Chlaenius abstersus*（Bates）

26. 大黄缘青步甲*Chlaenius nigricans*（Wiedemann）

27. 双斑青步甲*Chlaenius bioculatus*（Motschulsky）

28. 金缘青步甲*Chlaenius chrysopleurus*（Chaudoir）

29. 弱黄缘青步甲*Chlaenius inops*（Chaudoir）

30. 大逗斑青步甲*Chlaenius micans*（Fabricius）

31. 毛青步甲*Chlaenius pallipes*（Gebler）

32. 窄黄缘青步甲*Chlaenius prostenus*（Gebler）

33. 叶小锹步甲*Clivina lobata*（Bonelli）

34. 长重唇步甲*Diplocheila elongala*（Bates）

35. 大颚重唇步甲*Diplocheila macromandibularis*（Bates）

36. 日本撕步甲*Drypita japonica*（Bates）

37. 蟹蛛步甲*Dsychirus chelosceolis*（Bates）

38. 草绿旱青步甲*Eochlaenrus suvorovi*（Semenov）

39. 大头娄步甲*Haripalus capito*（Morawitz）

40. 眼后毛娄步甲*Haripalus eous*（Tschitscherine）

41. 烟斑娄步甲*Haripalus fuliginosus*（Duftschmid）

42. 毛娄步甲*Haripalus griseus*（Pawzer）

43. 中华娄步甲*Haripalus sinicus*（Hope）

（续表）

天敌昆虫

44. 三齿婪步甲 *Haripalus tridens*（Morawitz）

45. 乌苏里婪步甲 *Haripalus ussuriensis*（Chaudoir）

46. 台湾异舌步甲 *Heteroglossa formosana*（Tedlicka）

47. 黑斑六角步甲 *Hexagonia insignis*（Bates）

48. 毛跗步甲 *Lachnocrepis japonica*（Bates）

49. 半沟长胸步甲 *Osacantha aegrota*（Bates）

50. 黑角胸步甲 *Peronomerus nigrinus*（Bates）

51. 二斑平步甲 *Planetes puncticeps*（Andrewes）

52. 赤角色步甲 *Poecilus caerulescens* L.

53. 光通缘步甲 *Pterostichus noguchii*（Bates）

54. 长通缘步甲 *Pterostichus prolongatus*（Morawtiz）

55. 跗沟通缘步甲 *Pterostichus sulcitarsis*（Morawtiz）

56. 二棘揪步甲 *Scarites acutidens*（Chaudoir）

57. 一棘锹步甲 *Scarites terricola*（Bonelli）

58. 集圆胸步甲 *Stenolophus agonides*（Bates）

59. 铜绿圆胸步甲 *Stenolophus chalceus*（Bates）

60. 中黑圆胸步甲 *Stenolophus connotatus*（Bates）

61. 级四斑小步甲 *Tachys gradatus*（Bates）

62. 二沟小步甲 *Tachys laetificus*（Bates）

（五）虎甲科 Cicindelidae

63. 中国虎甲 *Cicindela chinenesis*（Degeer）

64. 曲纹虎甲 *Cicindela elisae*（Motschulsky）

65. 星斑虎甲 *Cicindela raleea*（Bates）

66. 散纹虎甲 *Cicindela specularis*（Chevrolat）

67. 膨边虎甲 *Cicindela sumatrensis*（Herbst）

（六）瓢虫科 Coccinellidae

68. 多异瓢虫 *Adonia variegata*（Goezè）

69. 十五星裸瓢虫 *Calvia quindecimguttata*（Fabricius）

70. 黑缘红瓢虫 *Chilocorus rubidus*（Hope）

71. 七星瓢虫 *Coccinella septempunctata* L.

72. 黄斑盘瓢虫 *Coelophora saucia*（Mulsant）

73. 异色瓢虫 *Leis axyridis*（Pallas）

74. 龟纹瓢虫 *Propylaea japonica*（Thunberg）

75. 黑背毛瓢虫 *Soymnus*（*Neopullus*）*babai*（Sasaji）

76. 稻红瓢虫 *Micraspis discolor*（Fabricius）

（七）隐翅虫科 Staphylinidae

77. 青翅蚁形隐翅虫 *Paederus fuscipes*（Curtis）

四、革翅目 Dermaptera

（八）原蠼螋科 Labiduridae

78. 黄揭蠼螋 *Labidura* sp.

（九）肥螋科 Anisolabididae

79. 黄足肥螋 *Euborellia pallipes*（Shiraki）

五、螳螂目 Mantedea

（十）螳螂科 Mantidae

80. 巨斧螳螂 *Hierodula patellifera*（Serville）

81. 拟宽腹螳螂 *Hierodula saussurei*（Kirby）

六、膜翅目 Hymenoptera

（十一）茧蜂科 Braconidae

82. 螟黄足盘绒茧蜂 *Cotesia flavipes*（Cameron）
寄主：大螟

83. 汉寿盘绒茧蜂 *Cotesia hanshouensis*（You et Xiong）
寄主：荻蛀茎夜蛾

84. 黏虫盘绒茧蜂 *Cotesia kariyai*（Watanabe）
寄主：黏虫

85. 芦螟盘绒茧蜂 *Cotesia chiloluteelli*（You, Xiong et Wang）
寄主：芦螟、棘禾草螟

86. 螟蛉盘绒茧蜂 *Cotesia ruficra*（Haliday）
寄主：黏虫

87. 芦苇豹蠹蛾原绒茧蜂 *Protapanteles*（*Protapanteles*）*phragmataeciae*（You et Zhou）
寄主：芦苇豹蠹蛾

88. 中华茧蜂 *Amyosoma chinensis*（Szépligeti）
寄主：大螟和荻蛀茎夜蛾

（续表）

天敌昆虫

89. 稻螟小腹茧蜂 *Microgaster russata* Haliday

寄主：大螟

（十二）狭面姬小蜂科 Elechertidae

90. 黏虫裹尸姬小蜂 *Euplectrus* sp.

寄主：黏虫

（十三）姬小蜂科 Eulophidae

91. 荻蛀茎夜蛾羽角姬小蜂 *Sympiesis flavopicta* Boücex

寄主：荻蛀茎夜蛾

92. 肾毒蛾羽角姬小蜂 *Sympiesis* sp.

寄主：肾毒蛾

（十四）广肩小蜂科 Eurytomidae

93. 芦瘿蚊广肩小蜂 *Eurytoma* sp.

（十五）姬蜂科 Ichneumonidae

94. 夹色姬蜂 *Centeterus alternecoloratus*（Cushman）

寄主：棘禾草螟

95. 二化螟沟姬蜂 *Gambrus wadal*（Uchida）

寄主：芦螟和棘禾草螟

96. 横带驼姬蜂 *Goryphus basilaris* Holmgren

寄主：大螟

97. 螟蛉瘤姬蜂 *Itoplectis naranyae*（Ashmead）

寄主：大螟和黏虫

98. 螟黄抱缘姬蜂 *Temelucha biguttula* [Munakata]

寄主：大螟

99. 菲岛抱缘姬蜂 *Temelucha philippinensis*（Ashmead）

寄主：白缘苇野螟

（十六）缘腹细蜂科 Scelionidae

100. 飞蝗黑卵蜂 *Scelio uvarovi*（Ogloblin）

寄主：棘禾草螟、条螟和白缘苇野螟等

101. 草蛉黑卵蜂 *Telenomus acrobats* Giard

寄主：大草蛉和中华草蛉

（十七）长尾小蜂科 Torymidae

102. 芦瘿蚊长尾小蜂 *Torymus* sp.

寄主：芦瘿蚊

（十八）纹翅卵蜂科 Trichogrammatidae

103. 拟澳赤眼蜂 *Trichogramma confusum*（Viggiani）

寄主：棘禾草螟、条螟和白缘苇野螟等

104. 稻螟赤眼蜂 *Trichogramma japonicum*（Ashmead）

寄主：芦螟、棘禾草螟和白缘苇野螟

七、脉翅目 Neuroptera

（十九）草蛉科 Chrysopidae

105. 中华草蛉 *Chrysopa sinica* Tjeder

106. 大草蛉 *Chrysopa pallens*（Rambur）

107. 晋草蛉 *Chrysopa shansiensis*（Kawa）

八、线虫纲 Nematoda

（二十）索科 Mermithidae

108. 六索线虫 *Hexamermis* sp.

寄主：芦螟、棘禾草螟和荻蛀茎夜蛾

九、蜘蛛目 Araneida

（二十一）圆蛛科 Araneidae

109. 角圆蛛 *Araneus cornutus*（Clerck）

110. 叶斑圆蛛 *Araneus uyemurai* yaginuma（Strand）

111. 白纹大腹圆蛛 *Araneus ventricosus*（L.Koch）

112. 黄金肥蛛 *Larinia argiopiformis*（Bosenberg et Strand，1906）

113. 黄褐新圆蛛 *Neoscona scylla*（Boes.et Str.）

114. 嗜水新圆蛛 *Neoscona nautica*（L.Koch）

115. 茶色新圆蛛 *Neoscona theisi*（Walckenaer）

116. 四点亮腹蛛 *Singa pygmaea*（Sundevall）

（二十二）漏斗网蛛科 Agelenidae

117. 迷宫漏斗蛛 *Agelena labyrinthica*（Clerck）

（二十三）管巢蛛科 Clubionidae

118. 裙管巢蛛 *Clubiona asrevida*（Boes.et Str.）

119. 棕管巢蛛 *Clubiona japonicola*（Boes.et Str.）

（续表）

天敌昆虫

（二十四）微蛛科Erigonidae

120. 草间小黑蛛*Hylyphantes graminicola*
（Sundevall）

121. 食虫瘤胸蛛*Oedothorax insecticeps*（Boes.
et Str.）

（二十五）狼蛛科Lycosidae

122. 拟环纹狼蛛*Lycosa pseudoamulata*（Bose.
et Str.）

123. T纹豹蛛*Pardosa T-insignita*（Boes. et Str.）

124. 稻田水狼蛛*Pirata japonicus*（Tanake）

125. 奇异獾蛛*Trochosa ruricola*（Degeer）

（二十七）跳蛛科Salticidae

126. 梨形狡蛛*Dolomedes chinensis*
（Chamberlin）

（二十七）跳蛛科Salticidae

127. 白斑猎蛛*Evarcha albaria*（L. Koch）

128. 日本蚁跳蛛*Myrmarachne japonica*
（Karsch）

129. 黑褐蚁跳蛛*Myrmarachne* sp.

130. 纵条蝇狮*Marpissa magister*（Karsch）

131. 黑色蝇狮*Plexippus paykulli*（Auidouin）

132. 条纹蝇狮*Plexippus setipes*（Karsch）

（二十八）肖蛸科Tetragnathidae

133. 柔弱锯螯蛛*Dyschiriognatha tenera*
（Karsch）

134. 伴侣肖蛸*Tetragnatha sociella*
（Chemberlin）

135. 华丽肖蛸*Tetragnatha nitens*（Auidouin）

136. 锥腹肖蛸*Tetragnatha maxillosa*（Thoren）

137. 圆尾肖蛸*Tetragnatha shikokiana*
（Yaginuma）

138. 鳞纹肖蛸*Tetragnatha squamata*（Karsch）

（二十九）球腹蛛科Theridiidae

139. 背纹巨螯齿蛛*Enoplognatha daortosinotato*
（Boes. et Str.）

140. 叉斑巨螯齿蛛*Enoplognatha japonica*
（Boes. et Str.）

141. 八斑球腹蛛*Theridion octomaculatum*
（Boes. et Str.）

142. 温室球腹蛛*Theridion tepidariorum*
（L.Koch）

（三十）蟹蛛科Thomisidae

143. 三突花蛛*Ebrechtella tricuspidata*（Fabricius）

144. 草地逍遥蛛*Philodromus cespitum*
（Walckenaer）

145. 波纹花蟹蛛*Xysticus croceus*（Fox）

146. 鞍形花蟹蛛*Xysticus ephippiafus*（Simon）

（三十一）猫蛛科Oxyopidae

147. 斜纹猫蛛*Oxyopes sertatus* L. Koch

注：步甲科（Carabidae）不一定都是天敌昆虫，名录内个别种类学名有修改，名录据徐冠军等（1989）。湿地步甲多，喜湿

（b）另外，此处报道5种徐冠军等（1989）未报道的湖南湿地昆虫如下。

I 革翅目Dermaptera

拟垫跗蠼螋亚科Chelisochinae

拟垫跗蠼螋［*Proreus simulans*（Stål）］

生物学：捕食小爪螨、食荻色蚜、蔗腹齿蓟马、1龄高粱长蝽和1龄棘禾草螟幼

虫。以成虫和3~4龄若虫在荻蔸、土缝和植物残渣内越冬。

分布：湖南沅江、云南、广东、江苏和浙江。国外分布于日本、泰国、印度、印度尼西亚、马来西亚、菲律宾。

Ⅱ膜翅目Hymenoptera

（Ⅰ）茧蜂科Braconidae

黄脸前腹茧蜂（*Hybrizon flavofacialis* Tobias）

生物学：寄生亮毛蚁［*Lasius fuliginosus*（Latrielle）］（荻、芦地）。

分布：湖南沅江东南湖黄土苞镇（南洞庭湖）。国外分布于俄罗斯远东地区。

格氏前腹茧蜂（*Hybrizon ghilarovi* Tobias）

生物学：寄生亮毛蚁［*Lasius fuliginosus*（Latrielle）］（荻、芦地）。

分布：湖南沅江东南湖黄土苞镇（南洞庭湖）和吉林。国外分布于俄罗斯远东地区、保加利亚、朝鲜、日本。

（Ⅱ）蚁科Formicidae

亮毛蚁［*Lasius fuliginosus*（Latrielle）］

生物学：在荻、芦田荻和芦基部活动，为上述两种前腹茧蜂的寄主。

分布：湖南沅江东南湖黄土苞镇（南洞庭湖）。

（Ⅲ）黑卵蜂科Scelionidae

芦毒蛾黑卵蜂（*Telenomus laelia* Wu et Huang）

生物学：湿地芦毒蛾卵期寄生蜂，寄生率7.14%~7.59%。

分布：湖南沅江漉湖。

总之，湿地昆虫多是因为有众多的荻、芦伴生植物是昆虫的食料和越冬寄主。洞庭湖湿地共有植物256种，分属66科，182属（侯志勇和谢永宏，2014）。如马齿苋（*Portulaca oleracea* L.）荠菜（*Capsella bursapastoris*）乌蔹莓（*Cayratia japonica*）均为地老虎寄主，地老虎早春咬断荻、芦苗。莲（*Nelumbo nucifer* Gaertn）为斜纹夜蛾寄主，斜纹夜蛾亦可加害荻、芦。洞庭湖湿地是一个完整的湿地生态系统，执行湖长制处理得当湿地生态系统服务功能修复可以做到。

（3）红树林。红树林（mangrove forest），此处报道福建云霄县漳江红树林国家自然保护区，龙海市龙江口省级红树林自然保护区及广州南沙湿地红树林研究结果。红树林是热带海岸的常绿矮林，分布在平坦海岸及海湾浅滩上，主要有红树科（Rhizophoraceae）和马鞭草科（Verbenaceae）植物组成，红树植物是盐生植物。我国红树林可见于海南、广东、福建、台湾，计11科18种，每处由少数种类组成丛林，在雷州半岛组成种类常见有白骨壤（*Avicennia mavina*）、桐花树［*Aegiceras corniculatum*（L）Blanco］、秋茄树［*Kandelia candel*（Linn.）Druce］、红茄苳（*Rhizophora mucronata* Poir.）、木榄［*Bruguiera gymnorrhiza*（L.）Poir.］（姜汉侨，2004）。当前福建红树林遭大量破坏，面积大为减少。丁珌等（2007）和付小勇等（2013）报道了在福建上述地点（2000—2006年）和广州南沙湿地（2012年）红树林昆虫群落的研究成果。关于红树林湿地生态系统修复有专家建议为今后红树林恢复研究重点应做到如下方面：长期开展"退塘还林"工程，监测红树林湿地生态系统生物多样性的恢复，深入探讨红树林的化感作用，营造红树林混交林，全面实现红树林的生态恢复（赵运林等，2014）。

（4）洞庭湖湿地鸟类（birds in Dingting lake wetland）——提供重要的生态系统服务功能（ecosystem services function）。钟福生等（2007）2005年7月至2007年4月调查发现洞庭湖湿地珍稀濒危保护鸟类有218种，隶属于16目46科。其中古北界鸟类占优势，有118种，东洋界鸟类54种，广布种鸟类46种。冬候鸟为主体，有118种（占总数的54.13%），留鸟40种（占总数的18.35%），夏候鸟35种（占总数的16.06%），旅鸟25种（占总数的11.47%）。按生态类群分，游禽45种、涉禽69种、陆禽3种、猛禽22种、攀禽11种和鸣禽68种（谢永宏等，2014）。此处另介绍食虫鸟类在湿地植物生态系统中作用的论文。

①食虫鸟类能提供重要的湿地生态系统服务功能（ecosystem services function），包括调节昆虫种群。过去不曾报道过潮汐湿地生态系统内食虫鸟类的作用，大部分的研究是食虫鸟类和食叶昆虫（并不隐藏的昆虫）的相互关系，很少报道食虫鸟类和隐藏取食植物的昆虫间的关系。研究者在芦苇占优势的河口潮汐湿地检查食虫鸟类对3种类型隐藏取食习性的害虫的作用，包括介壳虫，形成虫瘿的双翅目幼虫及蛀茎鳞翅目幼虫。苇田食虫鸟类对芦苇苗的介壳虫、虫瘿双翅目幼虫和芦苇茎内的鳞翅目幼虫的攻击率（取食）分别为14.0%～75.8%、13.3%～20.7%和8.0%～100%。食虫鸟类同样也明显减少害虫的数量，减少百分比分别为36.7%～85.9%、33.3%～46.0%和77.0%～100.0%。鸟类在介壳虫和鳞翅目幼虫整个生育期的不同阶段都可取食。表明在潮汐湿地，食虫鸟类对隐藏取食的害虫的明显作用，它在植物生态系统中的生态功能是最大的（Xiong et al，2010）。

②湖南省洞庭湖湿地苇田有4种苇鳽，它们是小苇鳽（*Ixobrychus minitus*）、黄苇鳽（*I.sinensis*）、苇鳽（*I.eurhythmus*）、栗苇鳽（*I.cinnamomeus*）。长期以来苇鳽各种群在洞庭湖湿地的食虫鸟类作用是我们感兴趣并想解决的内容。黄苇鳽（*Ixobrychus sinensis*）是湿地小型鸟类，一般分布亚洲国家，包括韩国、日本和中国。Kim和Yoo（2012）报道，1991—2001年5—8月在韩国东北部的人工湿地在黄苇鳽的繁育季节研究成鸟喂饲幼鸟的食谱，有鱼类63%、昆虫33%。昆虫中有双翅目（Diptera）蚊类、蜻蜓目（Odonata）蜻蜓稚虫［蜻科（Libelluidae）］、蟌［蟌科（Coenagrinonidae）］、半翅目（Himiptera）、水蝽（*Diplonychus japonicus*）、牛蛙（*Rana catesbeiana*）、小虾（palaemonidae）和蜘蛛（Araneae）。估计在洞庭湖湿

地的黄苇鳽及同属的3种苇鳽捕食习性相同。

③洞庭湖湿地是一个完整的湿地生态系统，为便于湿地生态系统服务功能早日修复，选几种洞庭湖湿地食虫鸟类简单展示如下。

红喉歌鸲（*Luscinia calliope*）（图4.5）

鹟科（Muscicapidae）鸫亚科（Turdidae）

习性：地栖性鸟类，喜在平原树丛或湿地芦苇间跳跃，离水不远，以甲虫和蝽象等湿地昆虫为食。

分布：青海和甘肃以东大部分地区。国外分布于俄罗斯、蒙古、日本、朝鲜半岛、印度、孟加拉国和缅甸等。

北红尾鸲（*Phoenicurus auroreus*）（图4.6）

鹟科（Muscicapidae）鸫亚科（Turdidae）

习性：栖息于河谷、山地和林缘或村庄附近的灌丛或低矮树木上，以昆虫和浆果或草籽为食。

分布：全国大部分地区。国外分布于俄罗斯、蒙古、朝鲜半岛、印度和日本及中南半岛。

图4.5　红喉歌鸲

图4.6　北红尾鸲

（据谢永宏等，2014；中华人民共和国濒危物种进出口管理办公室，2002）

乌鸫（*Turdus merula*）（图4.7）

鹟科（Muscicapidae）鸫亚科（Turdidae）

习性：栖息于平原草地或园圃间。以食昆虫为主，亦食淡水螺和植物。

分布：除东北和华北以外的全国各地。国外分布于欧亚大陆和北非及印度。

沼泽山雀（*Parus palustris*）（图4.8）

山雀科（Paridae）

习性：在近水源或潮湿地段比较常见，栖息于山地森林。以昆虫为食。

分布：东北、华北及黄河和长江流域各地。国外分布于欧洲及东亚各国。

图4.7　乌鸫

图4.8　沼泽山雀

（据谢永宏等，2014；中华人民共和国濒危
物种进出口管理办公室，2002）

黄胸鹀（*Euberiza aurcola*）（图4.9）

雀科（Fringillidae）

习性：栖息于河谷草甸与灌丛。以谷物种子、草籽和昆虫等为食。

分布：我国分布广泛。国外分布于俄罗斯及及东南亚地区。

普通朱雀（*Carpodacus erythrinus*）（图4.10）

雀科（Fringillidae）

习性：栖息于海拔1 000～4 500m的山区，迁徙期间可见于平原。喜在河谷沿岸的灌丛、针阔混交林和阔叶林边缘活动。筑巢在河谷灌丛或林地边缘的树木上。主要采食植物种子、浆果和嫩芽，繁殖期也捕食昆虫。

分布：除海南和台湾外，广泛分布全国各地。国外分布于欧洲、朝鲜半岛、中亚和南亚的部分国家。

图4.9　黄胸鹀　　　　　　　　　　　　图4.10　普通朱雀

（据谢永宏等，2014；中华人民共和国濒
危物种进出口管理办公室，2002）

（5）随机扩增多态性DNA（RAPD-PCR）技术用于湿地植物和水稻的种间关系研究。随机扩增多态性DNA（random amplified polymorphic DNA，RAPD）技术是一种分子标记技术，因其具有快速、简便和通用性好等优点，近年来有将其用于昆虫种间亲缘关系和种群关系研究（刘春林等；2003），取得了较好的效果。如以RAPD分子标记构建此基因组的RAPD多态性和遗传相似系数，就可以得到湿地植物或昆虫种间亲缘关系的研究结果。李氏禾（*Leersia hexandra*）［禾本科（Gramineae）］是洞庭湖湿地荻、芦伴生植物（谢成章等，1993），是稻褐飞虱［*Nilaparvata lugens*（Stål）］［飞虱科（Delphacidae）］的寄主。Latif等（2012）的研究分别用水稻和李氏禾饲养稻褐飞虱的2个试验种群，测定2个试验种群稻褐飞虱食物消化和同化的质量，发现寄主植物的随机扩增多态性DNA有昆虫的提取物。总之，两种寄主植物扩增DNA图谱，也可以看到取食它们的昆虫种群的DNA图谱。原因RAPD-PCA技术使用的许多引物并不具有专一性（Latif et al，2012）。使用RAPD-PCR技术测定湿地昆虫取食湿地植物消化和同化食物的情况，可见，湿地研究已进入分子数据分析阶段，使本学科的研究层次又提高了一步。

（6）湿地的丽蝇捕食蛙。丽蝇科（Calliphoridae）幼虫孵化后可钻入动物体（*Calliphora erythrocephala*）组织内，幼虫腐食性，可生活在动物尸体、肌肉和脓疮伤口，引起蝇蛆病。图4.11为红头丽蝇。

成虫：中至大形，长5～17mm，纯黑、暗灰、金属的蓝、绿、黄、铜以及彩虹等颜色。行动活泼，类似舍蝇。喙肉质。体上有毛，刚毛不很发达，或背面无刚毛。有下后侧鬃。芒全部生有羽状毛。

幼虫：幼虫为标准的蛆形，长17mm以下，腹部8～10节有乳头状凸起。前气门有指状凸起约10个，后气门板圆形，左右各板有纵气门孔3个。

图4.11　红头丽蝇

在东亚和东南亚，褐树蛙（*Polypedates megacephalus*）在突出在水面上的植被阴暗处，以涎沫做一个窝，把卵产在内，以躲避蛙卵被水生动物或昆虫捕食的风险。有趣的是科氏丽蝇（*Phumosia coomani*）成虫产卵在阴暗处的蛙的窝内，丽蝇在卵孵化后幼虫取食蛙的胚胎（卵）。说明两栖类对pH值、环境污染、温度、紫外线和湿度的变化会改变自身的行为，发育状况，改变捕食者-猎物的生理学关系，降低了蛙自身的存活率。北京野鸭湖湿地有丽蝇科（Calliphoridae）分布（张海周，2009）。小结：已报道过湖南省洞庭湖湿地有蟾蜍捕食芦毒蛾和荻蛀茎夜蛾（王宗典等，1989），暂未发现丽蝇。

（7）湿地、稻田和苍耳。①背景。谢成章等（1993）专著内苇田杂草和分布这一章节，有关苍耳（*Xanthium sibiricum* Pater）［菊科（Asteraceae）］（图4.12）的记述。一年生粗糙草本，头状花序，花期8—9月，中害，也有认为苍耳虽然野生，一般土壤均能生长，但耐旱能力不强，土壤肥沃水分充足才能枝条长茂盛高大（潘桐等，1993；陈永年，2011）。所以在稻田周围凹地和平地或分散分布常见的寄主植物（游兰韶等，1999）。广义的湿地定义为包括沼泽、滩涂和低潮时水深不超过6m的浅海区、河流、湖泊、水库、稻田等，并把稻田归入人工湿地（赵运林等，2014）。研究稻田生态系统时，从生态学的角度稻田周围的苍耳进入了人们的研究视野。

②苍耳蛀虫。苍耳蛀虫对环境条件要求不严，凡

图4.12　苍耳

（仿周萍，2002）

有苍耳的地方均可栖息，但植株稀疏，茎秆直径在1cm以上，生长旺盛，分枝多而粗长的苍耳上蛀虫数量多，单枝有虫可达数10头；而生长过密、分枝短小和茎秆直径在1cm以下或矮小苍耳上少虫或无虫。茎枝较粗的其内蛀虫也较肥大，较细的茎枝内蛀虫也瘦小。据1992年4月—1996年9月湖南省长沙地区、澧县、郴州、耒阳、湘阴、望城和沅江等地5年调查雄蛾430头，苍耳内的鳞翅目蛀虫有4种，为苍耳螟（*Ostrinia orientalis*）（92.77%）、豆螟（*Ostrinia scapulalis*）（3.95%）、大胫麻螟（*Ostrinia zealis*）（2.33%）和二化螟[①]（*Chilo suppressalis*）（0.93%），二化螟比例较少。

③苍耳螟的寄生蜂（图4.13）。取苍耳螟幼虫5 673头，育出苍耳螟的寄生蜂种类较多，记载如下。

姬蜂科（Ichneumonidae）

　　横带沟姬蜂（*Goryphus baslaris* Helomgren）

　　　二化螟沟姬蜂（*Gambrus wadai* Uchida）

　　　黄眶离缘姬蜂［*Trathala flavo-orbitalis*（Cameron）］

　　　玉米螟厚唇姬蜂（*Phaeogenea eguchii* Uchida）

　　　广黑点瘤姬蜂（*Xanthopimpla punctata* Fabricius）

　　　姬蜂2种（种名待定）

茧蜂科（Braconidae）

　　稻螟小腹茧蜂（*Hygroplitis russata* Haliday）（单寄生）

　　玉米螟小腹茧蜂（*Microgaster ostriniae* Xu et He）（群集寄生）

　　苍耳螟茧蜂［*Bracon*（*Bracon*）sp.1］

　　苍耳螟茧蜂［*Bracon*（*Bracon*）sp.2］（群集寄生）

　　苍耳螟扁股茧蜂（*Iconella* sp.）（单寄生）

　　悬茧蜂（*Meteorus* sp.）

　　条背茧蜂（*Rhaconotus* sp.）

姬小蜂科（Eulophidae）

　　姬小蜂（*Sympiesis* sp.）

广肩小蜂科（Eurytomidae）

　　黏虫广肩小蜂［*Eurytoma verticillata*（Fabricius）］

④苍耳秆内的捕食性天敌。大草蛉（*Chrysopa septempunctata*）以茧在苍耳秆内越冬。

---

　　① 幼虫化蛹再羽化成蛾后，经雄性外生殖器鉴定确实。二化螟不为害苍耳，进入苍耳原因有待查明

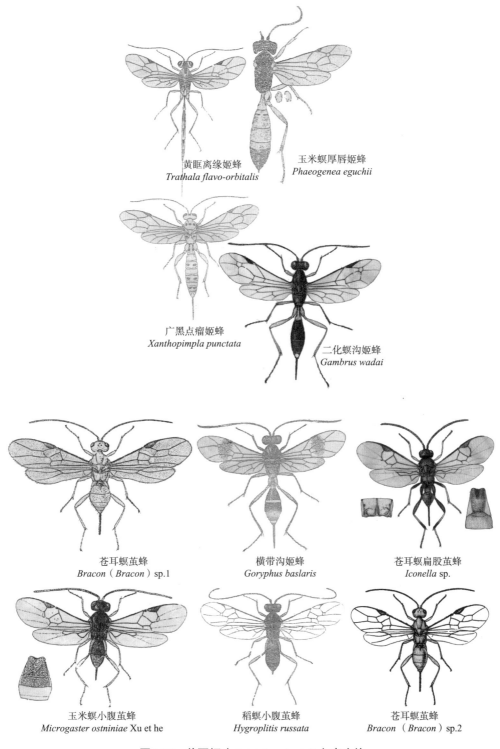

黄眶离缘姬蜂
Trathala flavo-orbitalis

玉米螟厚唇姬蜂
Phaeogenea eguchii

广黑点瘤姬蜂
Xanthopimpla punctata

二化螟沟姬蜂
Gambrus wadai

苍耳螟茧蜂
Bracon（*Bracon*）sp.1

横带沟姬蜂
Goryphus baslaris

苍耳螟扁股茧蜂
Iconella sp.

玉米螟小腹茧蜂
Microgaster ostniniae Xu et he

稻螟小腹茧蜂
Hygroplitis russata

苍耳螟茧蜂
Bracon（*Bracon*）sp.2

图4.13　苍耳螟（*Ostrinia orientalis*）寄生蜂

小结：a. 苍耳我国各地常见，在湖南省尤以稻田周围数量多。经5年调查鉴定苍耳蛀虫有寄生性天敌16种，且大多为水稻害虫寄生蜂。暂时可以判断，寄生蜂某一时期飞向稻田寄生水稻害虫，水稻收割后又飞回苍耳，寄生苍耳蛀虫，是否果真如此，有待证实。但有一点是应该指出的，我国各地农户每年冬季收割苍耳草梗作柴烧，毁灭了大量天敌资源，实不足取（游兰韶，2003）。b. 苍耳螟（*Ostrinia orientalis*）不为害玉米，苍耳也非亚洲玉米螟（*Ostrinia furnacalis*）寄主。苍耳蛀虫是多种鳞翅类（Lepdopterous）昆虫的复合体（Complex）（陈永年等，1993—2011）。也可以说是多种螟蛾（Pyralidae）的混合。为何寄主和昆虫间的关系如此专一，只能借助化学生态学来说明，是植物释放的挥发物引诱专一的害虫，如玉米吸引玉米螟，而不吸引苍耳螟的缘故。未受到虫害的植物称完整植物，完整植物也持有基础水平量的各种各样的挥发物，但是其释放率很低数量很少，如在正常情况下，完整的玉米、烟草和棉花释放的挥发物种类少并且数量很小。这些挥发物主要为单萜类、倍半萜烯类和芳香化合物，常常贮存在植物的特殊的腺体和香毛簇里，通过开放的气孔、叶部的表皮和腺体壁等散发到周围的空气中。20世纪70年代以来发展起来的挥发气体顶空收集法（head space sampling）加上气相色谱技术为我们认识完整植物（包括损伤的植物）的挥发物的化学组成和昆虫的关系提供了可能（游兰韶等，2015）。

（8）拟垫跗螋（*Proreus simulans*（Stål）〕。本节报道拟垫跗螋捕食食荻色蚜（*Melanaphis* sp.）后，对食荻色蚜的消化时间和消化特点，确定同工酶技术可以用于检测拟垫跗螋猎食荻色蚜前后同工酶带谱变化。

拟垫跗螋属革翅目（Dermaptera），垫跗螋科（Chelisochodae）。广泛分布于东洋区和古北东部，如印度、缅甸、泰国、菲律宾、印度尼西亚、马来西亚和日本等国家。在我国分布台湾、湖南、湖北、江苏、浙江、广东和云南。湖南省主要分布于洞庭湖湿地的荻、芦混产区。

拟垫跗螋是一种完全的捕食性天敌。在印度报道其捕食蔗螟幼虫。在东南亚地区有搯食亚洲玉米螟、蔗飞虱、稻纵卷叶螟和稻苞虫的记载。在我国的台湾则报道其捕食大螟幼虫和甘蔗粉蚧等。在湖南洞庭湖区苇田里捕食食荻色蚜（*Melanaphis* sp.）、蔗腹齿蓟马（*Fulmekioia serrata*）、小爪螨（*Oligonychus* sp.）、荻蛀茎夜蛾（*Sesamia* sp.）、黏虫（*Leucania separata*）、棘禾草螟（*Chilo niponella*）和高粱长蝽（*Dimorphopterus spinalae*）。

食荻色蚜（*Melanaphis* sp.）是荻、芦生长期（4—6月）的常见害虫，主要为害心叶、倒2叶和倒3叶，数量多时造成心叶枯萎影响光合作用。美国研究人员在泰国的研究表明拟垫跗螋的种群数量和玉米蚜种群数量有密切的关系。目前，血清学技术已经用来进行天敌-害虫系统和天敌消化时间的研究，本研究于1992年4月至

1995年6月完成，旨在研究拟垫跗蠼螋对食获色蚜的消化时间，探讨拟垫跗蠼螋对害虫的控制能力。

a. 材料和方法。蠼螋捕食前后酯酶同工酶的变化及消化时间，本试验采用聚丙烯酰胺凝胶电泳方法进行检测。

（a）样品制备。取样分食获色蚜，连续饥饿96h的蠼螋，饥饿48h后的连续2d喂食蚜虫的蠼螋，以及饱食蚜虫3h、6h、12h和24h后的蠼螋7个处理进行。各处理试虫按以下步骤分别制样：冰冻致死，剪去蠼螋（蚜虫不剪）的头、翅、足和尾铗，用双蒸水洗净，滤纸吸干后称重，放入匀浆器内，按每克体重6ml的比例加入0.2M pH值7.0的磷酸缓冲溶液，冰冻匀浆后，将匀浆液置300rpm离心20～30min，取上清液为样品，置冰箱内保存待用。

（b）电泳方法。采用DY-Ⅱ型电泳仪和DYY-Ⅲ型电泳槽，调节电流至浓缩胶时18mA（电压约180V），分离胶时22mA（电压约240V），电泳2～3h。

（c）点样。用微量点样器每样槽吸10～15μl样品，5μl 0.03%溴酚蓝及5μl 40%蔗糖溶液混匀后点样。

（d）染色。室温下凝胶移至染色液中染色5～15min，棕色带出现后，用水清洗，置于7%的醋酸溶液中保存。

b. 结果。

（a）形态。雌体长8.5～10mm，尾铗长5mm；雄体长10～12mm，尾铗长3mm，体中等大小。细长；色黄红或杂有褐色。触角褐，细长，20节，第三节长，圆柱形，第四节明显短于第三节，圆柱形，第五节多与第三节等长，其余各节长，多圆柱形和细长，头部明显红黑，光滑，肿胀，头部各缝清晰。前胸背板比头部稍窄，前部横截，后部微加宽，后缘宽圆；前胸沟前区微微肿胀，橘红色，两侧及前胸沟后区扁平，明显地为黄色。鞘翅长，稍狭，光滑，明显地为橘黄色，沿沟和前缘褶之间有一条狭长的暗色带。后翅突出。足较短，橘黄红色，胫节沟只位于端部1/3处。腹部宽，扁平，两侧平行，颜色为深的粟红色，近腹基部稍暗；侧瘤明显，具线形刻点，雄虫最末一节背板大，矩形，光滑，纯红色，后缘平截而暗，中部具两个小的扁平瘤，每边有具颗粒的钝瘤；雌虫与雄虫相似，但腹部稍狭，瘤退化。雄虫腹部倒数第二节宽圆。雌雄两性的脊板非常短，钝，横置，不突出。雄虫尾铗稍细长，基部1/3处内缘有一尖锐的三角形齿（有时退化），有时在近端部有第二个极小型的齿，该齿长，一般向内弯；雌虫离基部处多直，整个内缘具颗粒（图4.14）。

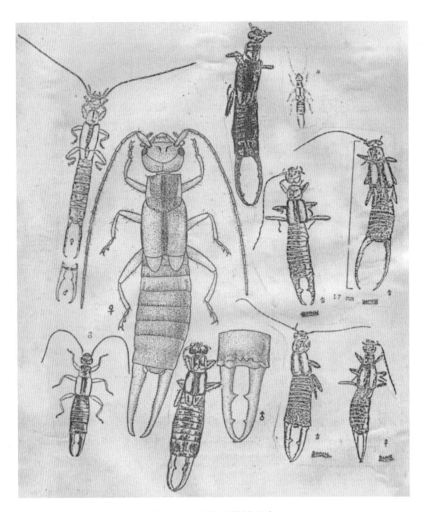

图4.14　拟垫跗蠼螋形态

示雄性尾铗内缘齿的形态和数量变化

（b）拟垫跗蠼螋捕食食荻色蚜前后酯酶同工酶的变化电泳图谱见图4.15和图4.16。从图4.16和图4.17可以看出，食荻色蚜可辨酯酶同工酶带2条，Rf值为0.204和0.265；饥饿96h的拟垫跗蠼螋可辨酯酶同工酶带4条，Rf值在0.408～0.633；捕食色蚜后，可辨酯酶同工酶带6条，Rf值在0.204～0.633。从图4.17和图4.18可以看出，捕食后3h和6h，可辨酯酶同工酶带6条，比饥饿状态下增加2条，Rf值0.204～0.265。捕食后12h和24h，其酶谱特征无论是酶带数目和位置，还是迁移率都与饥饿状态完全相同，说明拟垫跗蠼螋捕食食荻色蚜后，消化道内含物的电泳可检测时间，是在捕食后6h以前。

总之，酯酶同工酶研究表明拟垫跗蠼螋对食荻色蚜的捕食具有消化快的特点，因捕食后12h其酶谱特征在酶带数目、位置和迁移率与饥饿状态的完全相同，12h后又需觅食，这也是雌雄成虫日均捕食量大，分别为89.8头和91.8头的原因。

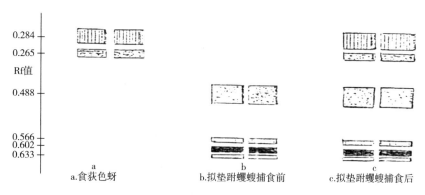

图4.15　拟垫跗蠷螋捕食食荻色蚜前后酯酶同工酶的变化

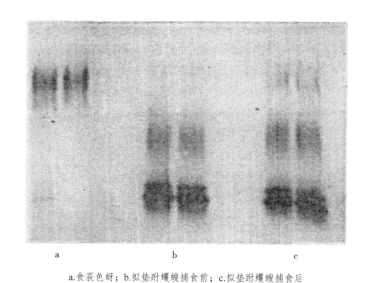

a.食荻色蚜；b.拟垫跗蠷螋捕食前；c.拟垫跗蠷螋捕食后

图4.16　拟垫跗蠷螋捕食食荻色蚜前后酯酶同工酶的变化谱

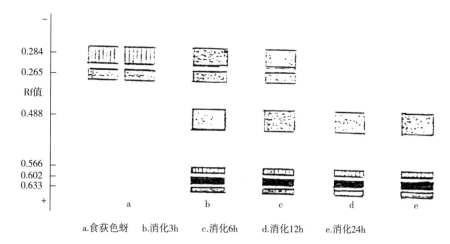

a.食荻色蚜　b.消化3h　c.消化6h　d.消化12h　e.消化24h

图4.17　拟垫跗蠷螋捕食食荻色蚜不同消化时间酯酶同工酶的变化

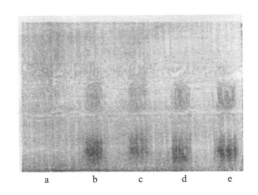

a.食荻色蚜；b.消化3h；c.消化6h；d.消化12h；e.消化24h

图4.18　拟垫跗螳蛉捕食食荻色蚜不同消化时间酯酶同工酶的变化谱

（9）捕食性天敌拟垫跗螳蛉的空间分布型调查。早在1936年Yangihura报道我国台湾甘蔗地有拟垫跗螳蛉分布，目前拟垫跗螳蛉国内分布除台湾省外，还有云南、广东、湖南、江苏和浙江。估计是随甘蔗的运输自南而北传入。

①材料和方法。1992年5月份选择未施药生长均匀的湿地荻和芦混生田3块，样品以平方米为单位按方向连续检查各100m²，检查荻、芦1 327株、1 289株和1 273株，分别是成若虫191头、120头和256头，将所得的资料进行频次分布的适合度测定。

②研究结果。拟垫跗螳蛉在湿地每年冬季荻、芦收割后，以成、若虫在湿地残存芦苑和土壤缝隙越冬，翌年春天，湿地芦苇恢复生长，又栖息芦苇，常集中在心叶内取食猎物。所得3块田的空间分布型见表4.3至表4.5。

表4.3　拟垫跗螳蛉的空间分布型（湖南沅江，1992.5.5）

虫数（x）	观察频数（f）	fx	fx^2	潘松分布理论值	核心分布理论值	嵌纹分布理论值	px^2	Nx^2	Kx^2
0	25	0	0	14.81	38.42	30.85	7.01	3.58	1.11
1	31	31	31	28.29	16.19	23.90	0.26	13.55	2.11
2	17	34	68	27.02	15.46	16.36	3.72	0.15	0.03
3	11	33	99	17.20	11.60	10.71	2.23	0.03	0.01
4	8	32	128	8.21	7.86	6.85	0.01	0.00	0.19
5	2	10	50	3.14	5.06	4.32	0.41	1.85	1.25
6	1	6	36	1.33	3.13	2.70	16.40	1.44	1.07
7	1	7	49		1.91	4.31		0.43	0.11

（续表）

虫数（x）	观察频数（f）	fx	fx^2	潘松分布理论值	核心分布理论值	嵌纹分布理论值	px^2	Nx^2	Kx^2
8	2	16	128					1.12	
9	0	0	0						
10	0	0	0						
11	2	22	242						
Σ	100	191	831				30.04	22.15	5.88

注：田块1，检查荻、芦1 327株

表4.4　拟垫跗蟏蛸的空间分布型（湖南沅江，1992.5.6）

虫数（x）	观察频数（f）	fx	fx^2	潘松分布理论值	核心分布理论值	嵌纹分布理论值	px^2	Nx^2	Kx^2
0	37	0	0	20.12	37.19	36.44	14.16	0.00	0.01
1	28	28	28	36.14	29.92	31.23	1.83	0.12	0.33
2	22	44	88	26.68	18.02	17.85	0.82	0.88	0.96
3	7	21	63	12.67	8.84	8.5	2.54	0.38	0.26
4	5	20	80	3.60	3.79	3.64	0.54	0.39	0.51
5	0	0	0	0.79	2.24	2.34	0.06	0.69	0.77
6	0	0	0						
7	1	1	49						
Σ	100	120					19.95	2.46	2.84

注：田块2，检查荻、芦1 289株

表4.5　拟垫跗蟏蛸的空间分布型（湖南沅江，1992.5.5）

虫数（x）	观察频数（f）	fx	fx^2	潘松分布理论值	核心分布理论值	嵌纹分布理论值	px^2	Nx^2	Kx^2
0	21	0	0	7.73	21.13	17.75	22.7	0	0
1	16	16	16	19.79	18.03	21.66	0.73	0.23	1.43
2	21	42	84	25.33	17.6	18.89	0.74	0.66	0.24

（续表）

虫数（x）	观察频数（f）	fx	fx^2	潘松分布理论值	核心分布理论值	嵌纹分布理论值	px^2	Nx^2	Kx^2
3	13	39	117	21.62	14.23	14.28	3.44	0.11	0.11
4	12	48	192	13.83	10.5	9.97	0.24	0.21	0.41
5	8	40	200	7.08	7.19	6.61	0.12	0.09	0.29
6	2	12	72	3.02	4.64	4.62	0.34	1.50	1.49
7	2	14	98	1.6	2.86	3.36	18.23	0.26	0.55
8	3	24	192		2.06	2.86		0.43	1.6
9	0	0	0		1.71			0.05	
10	1	10	100						
11	1	11	121						
Σ	100	256					46.62	3.54	6.77

注：田块3，检查荻、芦1 273株

表4.6　拟垫跗蠼螋的频次分布x^2测定

调查时间（月日）	调查株数（株）	平均密度（头/m^2）	潘松分布			核心分布			嵌数分布		
			x^2	$x^2_{0.05}$	符合情况	x^2	$x^2_{0.05}$	符合情况	x^2	$x^2_{0.05}$	符合情况
5.5	1 327	19.1	30.04	11.07	不符合	22.15	12.59	不符合	5.88	11.07	符合
5.5	1 289	12.0	19.95	9.47	不符合	2.46	7.82	符合	2.84	7.82	符合
5.6	1 273	25.6	46.62	12.59	不符合	3.54	14.07	符合	6.77	12.59	符合

频次分布结果如表4.6，在成虫19.1头/m^2的密度下，该成若虫在苇田呈嵌纹分布，在密度12.0头/m^2，呈核心分布和嵌纹分布，核心分布符合得更好。

总之，成若虫在荻苇田呈嵌纹分布和核心分布，主要和产卵成堆的习性和猎物如棘禾草螟（*Chilo niponella*）也呈核心分布便于捕食有关。

（10）温带亚洲人工湿地早期深海大型无脊椎动物定殖的分析。人工湿地必须有无脊椎动物，在2个人造小型湿地（有植被和无植被）和韩国的一个年代久远的人造湿地附近，模拟了深海大型无脊椎动物群落定殖率。从2009年5月到2010年10月，采用最新的定殖指数（CI）来确定定殖率，用多元分析来评估定殖率类型，包括使用非度量多维标度法（NMS）和分析指示物种（ISPAN）。经预测，在两个人造湿地的早期，深海大型无脊椎动物的丰富度和多样性显著增长，而原先的植被的作用是加快了深海大型无脊椎动物群落的定殖，比较之下，年代久远的人造湿地其物种丰富度和多样性显示出逐渐增长，随时间进展人造湿地的定殖指数从100到0下降，而且有植被的湿地比无植被的湿地下降更快，在外国历法儒略历法的400d之后，在有植被湿地内的深海大型无脊椎动物群落表现出和年代久远的人造湿地的无脊椎动物有90%的相似，多维标度法（NMS）方法的研究结果显示出有植被小型湿地内深海无脊椎动物定殖类型［无植被与有植被湿地对比（P=0.000）］，季节（P=0.001），年份（P=0.014）存在明显差异。分析指示物种（ISPAN），结果显示在无植被与有植被的湿地中，各自的生物指示剂是挖洞蜉蝣（*Ephemera orentalis*）指示物种和豆娘（*Ischnura asiatia*）。研究证明了在典型小型温带湿地用定殖指数来得出湿地地中深海大型无脊椎动物的群落定殖率是有效的（Kim，2014）。

6. 澳洲区

有学者提供澳洲大陆昆虫化石的情况，以完善前辈学者的工作，并提示了一部分过去澳洲大陆的气候情况和动物区系变化。昆士兰东北部分排除在东洋区以外（不属于东洋区）。除澳洲大陆的昆虫和新几内亚的昆虫有少量近代交流，一些古老类群分布在大陆南部外，澳洲大陆的昆虫区系内有许多类群明显不同于其他动物地理分布区，因为它在中生世（Miocene）后期白垩纪时就已经脱离了大陆。新西兰昆虫区系，在许多方面都明显不同于澳洲大陆的昆虫区系，两地亦无近代的昆虫交流。

（1）澳大利亚南部Diamantina河Goyder Lagoon湿地的大型无脊椎动物群落。澳大利亚干旱地带中的湿地作为干旱之地的避难所有重要的意义。但很少记录湿地内的生物学情况。Goyder Lagoom淡水湿地位于澳大利亚南部中心湖Eype盆地（Central lake eyre Basin），是澳大利亚最干旱地区。在Goyder Lagloon湿地的11个地点考察了大型无脊椎动物的丰富度和种-多度，类群有76%是昆虫，个体有63%是昆虫；软体动物*Thiara balonnensis*（Smith）是最丰富的类群，澳洲明对虾［*Macrobrachium australienis*（Ortmann）］的生物量最大，得到摄食类群（FFGs）不同功能的比率。采集了栖息地内的摄食类群，显示Goyder Lagloon湿地是异养的，是依赖外来有机物质作碳源。同时对暂时栖息地和长期栖息地进行多元分析。结果是明虾*M.australiensis*，小龙虾*Cherax destructor*（Clark），蜉蝣*Tasmanocoenis arcuata* Albatercedor & Suter和毛翅目*Ecnomus* sp.在洪水通常泛滥地点占主导优势，而仰泳蝽*Enithares* sp.和*Micronecta* spp.在洪水不常泛滥的地点占优势，在不同地点，类群有差异即使是地点内有相似类型的栖息地（水渠、水坑、死水潭）也是如此。这也反映了在每个地点每次水体独立引发了不同类群不同的栖息地栖息路线。这也证明了Goyder Lagloon湿地多度的水体特性对维持大型无脊椎动物物种多样性有很重要的作用这一假说（Sheldon et al, 1998）。

（2）澳大利亚Murrumbridgee河漫滩湿地水体和大型无脊椎动物的关系。地貌变化、水资源开发和气候变化可以通过漫滩流改变洪泛平原湿地水补给的时间、频率、幅度和持续时间。如果我们理解这些水文变化的生态后果，环境水分配可以更有效地用于维持湿地生物多样性和相关的生态系统过程。为了判断水生大型无脊椎动物类群与湿地有水时段之间的关系，Chessman等分析了澳大利亚东南部Murrumbridgee河漫滩的13个湿地的长期观察资料。和永久湿地比较，临时性湿地水生大型无脊椎动物类群的发生有明显的不同，其中只有8个属的无脊椎种类的发生频率与永久湿地呈负相关（无关），17个属与永久湿地是正相关。临时性湿地无脊椎动物种类最多的是甲壳纲动物（其休眠阶段经受干燥）和活动性强的昆虫，而栖息在更为永久的湿地的是明虾、软体动物和活动性不强的昆虫。这些发现指出如果要维持Murrumbridgee河漫滩的大型无脊椎动物多样性，就要在局部范围内维持多种水文制度（Chessman et al, 2014）。

总之，①南美洲和非洲原来是连在一起的，在早白垩纪（early Cretaceous）（105Ma）分离（De Jong & van Achterberg, 2007），分离时间较早于其他大陆，独立演化发展了一些特有的亚科和属。②东洋区的情况是印度大陆和亚洲大陆的分离，后又和亚洲大陆连接。先是在白垩世早期（130Ma），印度、马达加斯加岛和南极分离，白垩世晚期（90Ma）印度和马达加斯加岛分离，古新世时（60Ma），非洲浅海干涸，印度大陆达到赤道，此时印度大陆和欧亚大陆有初步接触。始新世中期（45Ma），南大陆分离，印度大陆和澳洲大陆继续往北漂移，印度和欧亚大陆之间已有主要通道，此时印度已出现大型哺乳动物，也有认为始新世中期之前，印度与亚欧大陆之间已建立陆路走廊。渐新世（30Ma）时，印度完全越过赤道，中新世早期（20Ma）印度大陆和欧亚大陆广泛连接，印度大陆的动物在中新世时已处于独立发展的状态。再者，印度大陆和古北区之间有喜马拉雅山脉为界的自然屏障，因而东洋区保留了一些特有的属种。③白垩世早期（130Ma），澳洲大陆开始分离，白垩世晚期（90Ma）澳洲大陆仍然连接南极洲，在80Ma时，新西兰脱离南极洲，澳大利亚亦脱离南极洲并向东行进，始新世中期（45Ma）澳大利亚向北漂移，到渐新世（30Ma）澳洲大陆完全脱离南极洲。以上的一段地质年代大洋洲区（澳大利亚、新西兰）脱离了南极洲大陆，动物和昆虫开始了独立的演化过程，亦形成特有属种。其他动物地理分布区情况大致相同，都保留了或形成各自的特有亚科和属。

为维持区系分布及相关理论的完整性，下面讨论中国-日本分布（东亚分布）。

（二）中国-日本分布（东亚分布）

中国学者在实践华莱士（Wallace，1876）6大陆地动物地理分布区过程中，先后发现有中国-日本分布（Sino-Japanese distribution，东亚分布Eastern Asian distribution）。将分布中国东部、南部、朝鲜和日本的分布确定为中国-日本分布（Sino-Japanese distribution）（杨星科等，1999；吴鸿等，2001；徐华潮等，2010）；亦称东亚分布（Eastern Asian distribution）（魏美才等，1997；游兰韶等，2006；曾爱平等，2009）；或定为东亚特有分布型（Eastern Asian endemic distribution pattern）（乔格侠等，2003）。Holt等15位动物学家研究了全世界21 037种动物（6 610种两栖类，10 074种非远涉鸟类及4 853种陆地哺乳类）的分布资料和系统发育关系，否定了华莱士（Wallace，1876）的6大陆地动物分布区的理论，认为应将世界动物区系划分为11个动物地理分布区，其中有建立中国-日本区（Sino-Japanese Region）的见解[①]（图4.19）（Holt et al，2013）。此"东亚区系成分"因是一个有限的范围，能否适用于昆虫不作为亚区（subregion）而作为一个独立的区，有待深入研究。但从众多中国学者15年来的研究报告断言存在中国-日本分布，和Holt等的研究结论相一致，可以肯定东亚分布是可接受的，由于研究东亚分布有利于资源保护计划（Conservation planning）的实施，中国学者申效诚（2008）意欲提高东亚成分的整体性和独立性，现将其1998—2010年主持发表的9本河南昆虫区系研究内2 527种昆虫中的中国—日本分布（东亚分布）种类作一剖析[②]。

图4.19 世界11个陆生动物地理区系（Holt et al，2013）

---

① Gressitt（1985）重提Wallace（1867）亚区观点，讨论古北区昆虫区系时介绍了其内的中国东北亚区（Manchurian subregion）［又称日本亚区（Japanese subregion）］区系情况，Holt等（2013）根据系统发育研究首次提出建立中国-日本区（Sino-Japanese Region）

② 中国学者申效诚认为华莱士线是一个定性使用的相似性研究结果，借用世界哺乳动物分布资料，系数公式SI-C/（A+B-C），重新验证华莱士六大动物地理分布区的可靠性，提到新西兰可不放在澳洲区，马达加斯加岛可不放在非洲区，因为运算中的"距离"所致（申效诚，2013）。可惜此一研究结果比Holt等（2013）已发表的结果整整迟了一年之后才透露

研究河南省昆虫6目23科2 527种，得中国-日本分布（东亚分布）392种，占16%，中国-日本分布（东亚分布）占不到1/5，按类群计为1%~35%，扩散能力强的蝶蛾类百分比高（表4.7）。河南省昆虫的中国-日本分布（东亚分布）百分比不高，和河南全省大范围相比只是一个有限的百分比。但中国-日本分布亚区是存在的，同样申效诚（2008）报道全世界夜蛾27 000种，中国-日本分布（东亚分布）1 900种分布在此有限范围内仅7%。并没有达到如Holt（2013）等以动物为材料研究后所说的在世界范围内形成中国-日本区的条件。是否如此，有待进一步研究。

另外，我国北方白洋淀湿地昆虫多样性研究鉴定湿地昆虫700多种，报道区系组成特点：中日界+古北界共有成分（彭吉栋，2015），中日界+古北界意在提高东亚成分的整体性和独立性，应该说只是湿地昆虫存在中国-日本分布。中日界意指中国-日本区，此区尚未认可，此一说法有待商榷。

表4.7　河南省昆虫的中国-日本分布（东亚分布）统计（1998—2010年）

类群	研究种数	中国-日本分布数	百分比（%）	调查地点	资料来源
双翅目（Diptera）					
长足虻科（Dolichopodidae）	107	3	3	全省	杨定等（2010）
舞虻科（Empididae）	75	1	1	全省	杨定等（2010）
膜翅目（Hymenoptera）					
姬蜂科（Ichneumonidae）	210	28	13	全省	盛茂领等（2009）
叶蜂亚目（tenthredinomorpha）	306	15	5	河南西部	魏美才等（2002）
叶蜂总科（Tenthredinnoidea）	165	8	5	伏牛山南坡，大别山	魏美才等（1999）
	114	7	6	中西部太行山（辉县），伏牛山脉（嵩县）等	魏美才等（2008）
鞘翅目（Coleoptera）					
瓢虫科（Coccinellidae）	63	3	5	伏牛山南坡	虞国跃（1999）
鳞翅目（Lepidoptera）					
螟蛾科（Pyralidae）	117	34	29	全省	李后魂等（2009）
草螟科（Crambidae）	159	49	31	全省	李后魂等（2009）
舟蛾科（Notodontidae）	110	14	13	全省	武春生等（2010）
灯蛾科（Arctiidae）	86	19	22	全省	武春生等（2010）

（续表）

类群	研究种数	中国-日本分布数	百分比（%）	调查地点	资料来源
夜蛾科（Noctuidae）	203	56	28	全省	申效诚等（2002）
	162	56	35	伏牛山南坡，大别山	申效诚等（1999）
	101	29	29	鸡公山	申效诚等（1999）
蝶类（Rhopalocera）	327	35	11	全省	王爱萍等（2008）
同翅目（Homoptera）					
叶蝉科（Cicadellidae）	59	12	20	灵山、鸡公山和桐柏山等	蔡平和申效诚（2002）
	90	13	14	伏牛山南坡，大别山	蔡平和申效诚（1999）
半翅目（Hemiptera）	73	10	14	鸡公山	任树芝等（1999）

第二节　湿地昆虫分布的区系分析

一、乌溪江国家湿地公园生物多样性和昆虫区系研究

2011年7—8月和2012年9月对衢州乌溪江国家湿地公园生物多样性和昆虫区系进行调查，共采集到昆虫样本16目138科454种，根据所采集昆虫标本，从昆虫组成、昆虫地理区系成分以及不同生境对昆虫区系构成的影响3个方面对乌溪江国家湿地公园内的昆虫种群进行了区系分析。结果表明，区内昆虫物种丰富，以鞘翅目鳞翅目为优势目，选取鳞翅目作地理区划分析，其中以东洋种和广布种为主体，分别占50%和45.6%，古北成分只占5.6%；符合浙江省的地理分布特征，选取不同生境间的昆虫种群构成进行分析后，得出山地植被与湿地植被间昆虫组成存在差异，且有明显的垂直分布特征（贾克锋，2015）。

二、菜子湖湿地鞘翅目昆虫多样性研究

2012—2013年，选取菜子湖湿地的3种不同的生境类型（草丛-灌木区、农田区和滩涂-草丛区）。通过灯诱法共采集到昆虫标本4 039只，隶属于8目78科213属279种，其中鞘翅目（Coleoptera）、半翅目（Hemiptera）和鳞翅目（Lepidoptera）

为优势类群，其个体数分别占总捕获量的66.02%、13.38%和7.52%。步甲科（Carabidae）、天牛科（Cerambycidae）和瓢虫科（Coccinellidae）为鞘翅目中的优势科，分别占总种数的25.51%、15.31%和7.14%；优势属为青步甲属（*Chlaenius*）、婪步甲属（*Harpalus*）、锥须步甲属（*Bembidion*）、椐胸伪叶甲属（*Syneta*）、锥尾叩甲属（*Agriotes*）、蜉金龟属（*Aphodius*）和刺鞘牙甲属（*Berosus*）；优势种为金龟科（Scarabaeidae）的暗黑鳃金龟（*Holotrichia parallela*）、叶甲科（Chrysomelidae）的*Aragopistes udege*、水龟甲科（Hydrophilidae）的大水龟（*Hydrophilus acuminants*）、叶蝉科（Cicadellidae）的大青叶蝉（*Cicadella viridis*）、瓢虫科（Coccinellidae）的异色瓢虫（*Harmonia axyridis*）、步甲科（Carabidae）的*Bembidion mannerheimii*。菜子湖湿地灯下的鞘翅目昆虫区系分析组成特点：跨东洋-古北两界的广布种类最多，东洋界次之，古北界最少，其中广布种63种，占64.29%，东洋种25种，占25.51%，古北种10种，占10.2%（葛洋等，2014）。

三、四明山地区蜻蜓资源野外调查

蜻蜓为水生昆虫，2009—2010年对浙江省宁波四明山地区的蜻蜓资源进行了野外调查，共采集蜻蜓标本460头，隶属9科32属43种。蜻科（Libellulidae）为优势科（17种，占总数的39.5%），灰蜻属（*Orthetrum*）为优势属（5种，占属总数的15.6%）。单种单属有25个，占总属数的78.1%，说明四明山区蜻蜓区系成分多源蜻蜓区系以东洋区和跨古北区-东洋区种类占优势（刁萍萍等，2011）。

四、洞庭湖湿地昆虫

（一）泥色长角象（*Phloeobius lutosus* Jordan）

分布于湖南、湖北。国外分布于印尼爪哇、老挝、越南、Buru、近印尼苏拉威西的Kajidupa。分布东洋区。

（二）棘禾草螟［*Chilo niponella*（Thunberg）］

分布于湖南、湖北、江西、安徽、浙江、江苏、黑龙江。国外分布于日本。分布古北区、东亚分布。

（三）芦毒蛾［*Laelia coenosa candida*（Leech）］

分布于湖南、湖北、江苏、江西、安徽、山东。国外分布于朝鲜、日本。分布古北区。

（四）芦苇豹蠹蛾［*Phragmataecia castaneae*（Hübner）］

分布于湖南、湖北、北京、河北、辽宁。国外分布于日本、缅甸、印度尼西亚、斯里兰卡、中亚、欧洲、马达加斯加岛。分布东洋区、古北区、非洲区。

（五）螟蛉盘绒茧蜂［*Cotesia ruficras*（Haliday）］

寄主湿地黏虫［*Mythimna separata*（Walker）］，分布于全世界。

（六）螟黄足盘绒茧蜂［*Cotesia flavipes*（Cameron）］

分布于湖北、湖南、浙江、江苏、安徽、江西、四川、台湾、福建、广东、广西、贵州和云南等地；日本、马来西亚、菲律宾、印度、巴基斯坦、斯里兰卡、澳大利亚和毛里求斯等。分布东洋区、古北区、澳洲区和非洲区。本种在湿地寄生高粱条螟*Proceras venosatum*（Walker）。

（七）黄脸前腹茧蜂（*Hybrizon flavofacialis* Tobias）

寄主亮毛蚁［*Lasius fuliginosus*（Latrielle）］（荻、芦地）。
分布于湖南。国外分布于俄罗斯远东地区。分布古北区、东亚。

（八）格氏前腹茧蜂（*Hybrizon ghilarovi* Tobias）

寄生亮毛蚁［*Lasius fuliginosus*（Latrielle）］（荻、芦地）。
分布于湖南、吉林。国外分布于俄罗斯远东地区、保加利亚、朝鲜、日本。分布古北区。

（九）中华茧蜂［*Amyosoma chinensis*（Szépligeti）］

本种在湿地寄生荻蛀茎夜娥。
分布于湖南、浙江、山东、上海、安徽、江西、湖北、四川、台湾、福建、广东、广西、贵州和云南等地。国外分布于朝鲜、日本、菲律宾、印度尼西亚、印度、巴基斯坦。分布东洋区、古北区、新北区和非洲区。

（十）拟垫跗蠷螋［*Proreus simulans*（Stål）］

捕食小爪螨、食荻色蚜、蔗腹齿蓟马、1龄高粱长蝽和1龄棘禾草螟幼虫。以成虫和3～4龄若虫在荻蔸、土缝和残渣内越冬。

分布于湖南。国外分布于泰国等国家。分布东洋区。本种在湿地捕食螨类、蚜虫、蓟马和鳞翅目低龄幼虫。

（十一）湿地特有种

湿地像海岛，像非洲马达加斯加岛一样，地理环境及生态环境特殊，确有一些其他地区不具有的特有种。芦毒蛾黑卵蜂（*Telenomus laelia* Wu et Huang）、芦螟盘绒茧蜂［*Cotesia chiloluteelli*（You Xiong et Wang）］、汉寿盘绒茧蜂（*Cotesia hanshouensis* You et Xiong）、棘禾草螟盘绒茧蜂［*Cotesia chiloniponellae*（You Xiong et Wang）］、芦苇豹蠹蛾原绒茧蜂［*Protapanteles*（*Protapanteles*）*phragmataeciae*（You et Zhou）］、沅江长体茧蜂［*Macrocentrus yuanjiangensis*（He et Chen）］等。

总之，对湖南、湖北两省洞庭湖湿地优势种昆虫分布的地理区系研究，初步明确仍然是属于六大动物地理分布区的范围之内，只是湿地植被多样化，血吸虫普遍存在，国内外专家不曾涉足，而有许多特有种。

第五章　洞庭湖湿地昆虫

保护湿地措施之一就是保护湿地的物种多样性，有说多样性导致稳定性（游兰韶等，2003），物种较多的群落就可能保持稳定，物种组成简单的群落要比组成复杂的群落易于绝灭，要使捕食者和被食性能够共存，需要较为复杂的物种关系（戈峰，2008），有鉴于此物种关系，要用部分篇幅介绍湿地的寄生种类。过去，出于经济上造纸的原因，花了大量的时间去研究湿地消费者（昆虫）和生产者（荻和芦）的密切关系如荻、芦害虫生物学，在湿地种群的消长动态等，但栖息在湿地主要植物荻、芦上的专一性昆虫就只6种，因多种原因成为事实上的优势物种。从全面考虑应加强洞庭湖200多种湿地昆虫的研究，从生态系统服务功能的视野达到保护治理湿地的目的。全面掌握湿地昆虫有利于湿地生态系统服务功能修复。就当前已研究较为详细的湿地优势植物荻、芦的害虫来说，这些害虫为害的方式或以其为害荻和芦的部位不同分类，可以分为以下3类。

（1）蛀茎（含地下茎）。荻蛀茎夜蛾（*Sesamia* sp.）、棘禾草螟（*Chilo niponella* Thunberg）、苇锹额夜蛾（*Archanara phragmiticola* Staudinger.）、条锹额夜蛾（*A.aerata* Butler）、芦苇豹蠹蛾（*Phragmateaecia castaneae* Hübner）、芦螟（*Chilo luteellus* Motschulsky）、条螟（*Proceras venosatum* Walker）、泥色长角象（*Phloeobius lutosus* Jordan）、芦瘿蚊（*Giravdiella* sp.）和曲牙锯天牛（*Dorysthenes hydropicus* Pascoe）等。

（2）取食叶片。芦毒蛾（*Laelia coenosa candida* Leech）、肾毒蛾（*Gifuna locuples* Walker）、东亚飞蝗（*Locusta migratoria manilensis* Meyen）和白缘苇野螟（*Calamochrovs acutellus* Eversmann）等。

（3）刺吸汁液。高粱长蝽象［*dimorphopterus spinolae*（Signoret）］、桃粉大尾蚜（*Hyalopterus pruni* Geoffroy）等（谢成章等，1993）。

如按食性来分，大致可以分为如下3类。

（1）寡食性。荻蛀茎夜蛾、棘禾草螟、条锹额夜蛾、苇锹额夜蛾、芦毒蛾、芦螟、芦苇豹蠹蛾、芦瘿蚊和泥色长角象等。这类害虫的食性单一，通常只为害荻和芦而不为害湿地其他伴生寄主植物。

（2）多食性。这类害虫的寄主广泛，食性较杂，除为害同科多种植物外，甚至能为害不同科的多种植物，如东亚飞蝗、高粱长蝽象、肾毒蛾和条螟等。

（3）转换寄主。这类害虫通常需要在两种以上的寄主上辗转为害方能完成其生活史的发育，如桃粉大尾蚜和禾谷缢管蚜（*Rhopalosiphvm padi* Linn.）等（王宗典等，1989）。

第一节　湿地昆虫

一、鞘翅目（Coleoptera）

长角象虫科（Anthrididae）

泥色长角象（*Phloeobius lutosus* Jordan）（**图**5.1）

（1）形态特征。成虫雌虫体长10～14mm。

头部：触角11节。

胸部：前胸背板宽大于长，略呈梯形，后缘比前缘宽，前端截断形，无隆起边缘，后缘中间略凸出，两侧略凹入，有隆起边缘，中胸小盾片小，呈三角形，每鞘翅具10行刻点，小盾片后方另具半行刻点，具步行足，足跗节5节，第3节呈双叶状，发达，第4节小，隐藏在第3节之内。

腹部：臀板外露，呈倒梯形。

体色：体黑褐色，披黄褐色毛，间有黑色和灰白色毛，头部腹面和两侧黑色，头顶额灰褐色，触角棒节黑，第8节暗白，其余各节浅棕色。小盾片着生灰白色毛，鞘翅黑褐色毛组成不太明显的3条斑纹。跗节第3节着生棕黄色毛。

雄虫：触角短于雌虫。

幼虫：体白色，老熟幼虫12～13mm，体多皱折。

（2）生活习性。在湖南每年发生1代，以幼虫在荻残株内越冬。

分布：湖南。徐冠军等（1989）在湖北省荻、芦害虫名录内有本种分布的记录，无分布地点，其与谢成章（1993）的荻、芦生物学专著内未见形态描述，此虫在洞庭湖湿地寄居荻秆内，普遍。国外分布印尼爪哇岛、老挝、越南、Buru和近苏拉威西的Kalidupa，典型的东洋区种，国外取食甘蔗。本种不但是外来种（alien species），因其可以繁殖，并造成经济损失，所以是入侵种（invasive species）（徐汝梅等，

2005），另外据查阅文献。铜光纤毛象（*Lanymecus circumdatrus*）（湖南，王宗典等，1989）、大灰象甲（*Sympiezomias* sp.）（黄河湿地，刘立杰，2010）、千屈菜卷叶象（*Apoderus* sp.）（武汉，王珊珊，2010）等象虫均已进入湿地。

注：本种由俄亥俄州（Ohio）州立大学长角象虫专家Valentine教授鉴定。我国张润志、王宗典等（1994）作新种发表的荻粉长角象（*Phloeobius triarrhenus*）系异名。

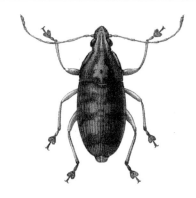

图5.1　泥色长角象雌成虫

（仿王宗典、游兰韶和杨集昆，1989，前胸背板有改动）

二、鳞翅目（Lepdoptera）

（一）螟蛾科（Pyralidae）

1. 棘禾草螟［*Chilo niponella*（Thunberg）］（图5.2）

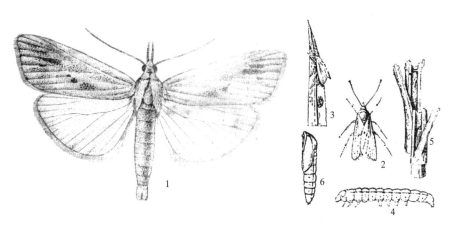

图5.2　棘禾草螟

1.雌成虫；2.雄成虫；3.雌成虫产卵状；4.幼虫侧面观；5.荻被害状；6.蛹侧面观

（1.仿王宗典等，1989；2～6.仿谢成章等，1993）

（1）形态特征。

雌成虫：体长12～18mm，翅展20～34mm，全体灰褐色。额部向前凸出，从侧面观有一个凸起。下唇须发达，水平前伸，其长度为复眼直径的4倍以上。触角丝状，长度约为前翅的1/2。前翅翅面散生暗褐色鳞片，单个鳞片外缘略呈弧形而无齿，翅中央有1个暗褐色斑点，其下方有3个同色小斑作斜形排列，沿外缘有7个黑点，后翅灰白色。

雄成虫：体长12～13mm，翅展23～26mm。

雄蛾体色较雌蛾深。外生殖器阳端基环对称，末端各生一个三角形小齿，阳茎上有腹枝。幼虫老熟幼虫体长26～29mm。7～8龄前胸硬皮板侧面观无黑斑，芦螟 [*Chilo luteellus*（Motschulsky）] 有黑斑。

（2）生活习性。仅为害荻和芦，幼虫蛀食荻和芦的髓部内壁组织，在湖南沅江和湖北每年发生2代，少数3代，世代重叠。1986年在湖南调查第1代棘禾草螟为害，棘禾草螟占82.11%，芦螟仅17.89%（王宗典等，1989）。湖北洪湖、监利和嘉鱼调查对荻的为害大于芦，随季节变化往下部钻蛀（王雪锋等，2006）。

以老熟幼虫在近地面的荻、芦蔸内越冬，少数在茎秆内越冬。幼虫期天敌有山树莺（*Cettia fortpes*），芦螟盘绒茧蜂（*Cotesia chiloluteelli* You，Xiong et Wang）和棘禾草螟盘绒茧蜂（*Cotesia chiloniponellae* You et Wang）。

分布：湖南、湖北、江西、安徽、浙江、江苏和黑龙江等省，国外日本有分布。

注：*Chilo hyrax* Bleszynski为本种异名。另本种雄性外生殖器阳端基环有三角形小齿（棘）。*Chilo*为禾草螟属，故称为棘禾草螟。

2. 白缘苇野螟（*Calamochveus acutellus* Eversmann）（图5.3）

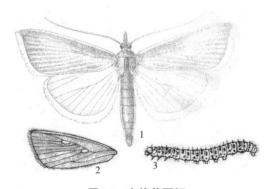

图5.3　白缘苇野螟

1.雌成虫；2.雄虫前翅反面；3.幼虫

（1.仿王宗典等，1989；2～3仿谢成章等，1993）

（1）形态特征。

雌成虫：体长11.5～12.5mm，翅展23.5～29.5mm。头顶橙黄色，两侧各有一条白色纵条纹；下唇须外侧橙黄色，内侧白色，触角丝状，正面黄色，反面白色。前翅表面黄红色，翅前缘、翅脉及缘毛均白色。后翅淡黄色，无明显翅脉，外缘橙黄，白色缘毛。

雄成虫：前翅中室下方及后方各有下陷膜质小斑1个，小斑上无鳞片或微毛。

幼虫：老熟幼虫体黄绿色，体长25～28mm，头壳红褐色，前胸盾板黄褐色，具刚毛6枚，中胸背区有灰褐色毛片6个，1～8腹节各有褐色毛片斑4个，腹足趾钩3序缺环。

（2）生活习性。为害芦叶片，化蛹之前才进入芦秆内，以老龄幼虫在芦秆内结茧过冬，在湖北每年发生3代。

分布：湖北、江苏、安徽和山东等地苇田。

（二）夜蛾科（Noctuidae）

荻蛀茎夜蛾（*Sesamia* sp.）（图5.4）

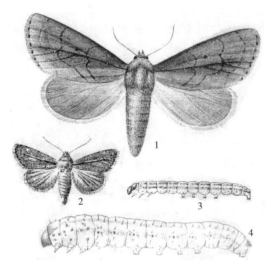

图5.4　荻蛀茎夜蛾

1.雌蛾（湖南产）；2.雌蛾（湖北产）；3.幼虫（湖北产）；
4.幼虫（湖南产）此虫体色多变化，两地荻田标本均列出

（1和4.据王宗典等，1989；2和3.据谢成章等，1993）

（1）形态特征。

雌成虫：体长12～19mm，翅展24～36mm，体呈暗灰色或灰色。触角褐色，前

翅色多变，有黄褐、灰褐、棕褐和黑褐等色，以灰褐色居多。前翅中央有一条灰褐色或黑褐色的纵带，带纹前窄后宽；中室有一较大的黑斑，外缘有7~8个黑色斑点。臀脉2A基部至端部翅脉粗，鳞片加厚。后翅灰色。足黑褐色，跗节各节末有一白色环带。

雄成虫：触角末节齿状，其余同雌。

幼虫：老熟幼虫体长20~30mm，前胸背板黄褐色至棕黄色，其上有"八"字形凹纹。体表亚背线和气门上线明显，呈浅紫色和紫褐色，腹部背板1~9节各有4个毛片，1~8节4个毛片，与第九节上的毛片排成正方形。腹足趾钩单序半环。

（2）生活习性。荻、芦均可取食，食芦不能完成世代。在湖南和湖北两省，每年发生3代，世代重叠（湖南）。以第3代老熟幼虫在荻残茬地下部分过冬。寄生性天敌有汉寿盘绒茧蜂［*Cotesia hanshouensis*（You et Xiong）］，中华茧蜂［*Amyosoma chinensis*（Szépligeti）］。

分布：湖南、湖北、江西、江苏、安徽和上海。

注：1975年本种定名为荻蛀茎夜蛾（*Sesamia* sp.）（中国科学院动物研究所陈一心鉴定），蛀茎夜蛾属（*Sesamia*）是一个大属，鉴定颇为不易。1993年著者之一曾到大英博物馆（BNHM）寻求支持未果。有认为荻蛀茎夜蛾（*Sesamia* sp.）进入湿地之后，形态生物学已向另一个方向发展，但研究发现中华茧蜂（*Amyosoma chinensis* Széplipeti）寄生水稻大螟、（*Sesamia inferens* Walker）（与荻蛀夜蛾同属），也寄生荻蛀茎夜蛾，按寄生蜂寄主一般比较专一的特点，对近缘种寄主如能用上分子数据分析的方法，估计能解决问题。

（三）毒蛾科（Lymantriidae）

芦毒蛾（*Lealia coenosa candida* Leech）（图5.5）

（1）形态特征。

雌成虫：体长14~15mm，翅展30~40mm。雌蛾体及翅均纯白色，雄蛾则呈淡污褐色。触角双栉齿状，触角干与前翅同色，栉毛褐色。下唇须及胸足黄褐色，其背方黑褐色，雄虫前翅外横线处有6个黑褐色小斑，排列成弧形（从Rs至A1脉间），翅脉间有烟色鳞片。雌虫体一般较雄虫大，触角不及雄虫发达。

幼虫：老熟幼虫体黄色，头橘红色，背线黑色，腹部6节和7节背面各有一个肉色的翻缩孔，前胸两侧，腹末的长毛束及腹部1~4节背面的刷状毛束黄褐色或黑色。

（2）生活习性。除为害荻和芦外，还能为害茭白和某些莎草科及禾本科的杂草；室内饲养观察，它还能取食玉米、高粱、水稻和甘蔗等作物的叶片（谢成章等，1993）。幼虫为害荻和芦时，轻则将部分叶片吃成残缺，重则将全部叶片吃光仅留主脉。

此虫在湖北和湖南每年发生3代，以末代1龄和2龄幼虫越冬。越冬幼虫有一定群集性，多集中在莎草、苔草、薰草丛生的草甸中及未砍割的获、芦残株的空节、枯叶和卷叶中。大发生的年份，在苇田枯叶鞘、枯桩及房舍和柴堆中也可找到越冬幼虫。过冬幼虫一般在3月上旬出蛰，先在杂草上取食，逐步转移到获和芦上为害。

天敌：寄生性天敌芦毒蛾黑卵蜂（*Telenomus laelia* Wu et Huang）。捕食性天敌山树莺（*Cettia* sp.）、蟾蜍、麻雀（*Passer montanus*）、浅水鱼类。

分布：湖南、湖北、江苏、江西、安徽、山东。国外朝鲜和日本。

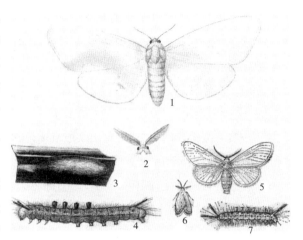

图5.5　芦毒蛾

1、5.雌成虫；2、6.雄成虫；3.茧；4、7.幼虫

（1~4.仿王宗典等，1989；5~7.仿谢成章等，1993）

注：毒蛾因其食性和适应性而早已成为湿地消费者（昆虫）的一员，如榆毒蛾［*Irela ochvopoda*（Eversmann）］（湖南，王宗典等，1989；湖北，徐冠军等，1989；东北扎龙湿地，宋文军，2007）。宋文军等（2007）报道，榆毒蛾对人工针叶混交林湿地生境的生态系统平衡造成威胁。

（四）豹蠹蛾科（Zeuzeridae）

芦苇豹蠹蛾（*Phragmataecia castanea* Hünber）（图5.6）

（1）形态特征。

雌成虫：体长34mm，翅展50mm。触角36~45节，由基部至2/3处为双栉齿形，余为锯状，雌蛾栉枝很短，下唇须短，翅长约为中部宽的2倍，雄蛾翅缰1根，雌蛾4根，翅缰钩长。后足胫节有1对微细的胫距。前翅中室大小中等，R_1出自中室最前缘，R_2出自中室端部，R_3和R_4+R_5有短距离共柄，M_1出自中室上角上方，M_2出自中室下角上方，Cu_1出自中室下角，与M_3接近，雄性外生殖器，其主要特征为钩形突向腹面弯曲，末端呈钩状；抱握器为指状双壁构造；阳茎细长。

体色：头部和胸部黄褐色，额部毛簇深褐色，触角和下唇须褐色，前翅黄褐微污，中室上方及外缘色深，CU_2和1A间，M_2和R_5间及翅外缘有成列黑色小点，雌蛾则不明显，后翅黄色，腹部黄褐色。

雄成虫：体长22mm，翅展39mm，体长40~55mm。

幼虫：老熟幼虫头红褐色，体牙黄色，体长40~55mm，第2单眼与第1、3单眼等距，第3单眼与第4单眼较第4单眼与第6单眼相近，第5单眼居第4单眼的下后方，前胸盾黄褐色，其上有大小不等的刺突。亚背线淡紫色，围气门片黄褐，气门筛色浅。腹足趾钩单序，二横带，第1对腹足趾钩数46～51个，第2对为44～50个，第3对48、50个，第4对43～47个，臀足趾钩数16～23个。

毛序：前胸前亚背毛（1），后亚背毛（2）位于前胸盾上；1毛在2毛上方，毛门上毛（3）位于气门上方，气门前毛（3a）位于气门前上方、3毛的前下方；毛门后气（4）位于气门前方，气门下毛（5）位于4毛的后下侧方、靠近气门前方，上腹毛（6）未见；背前缘毛（10）位于2毛的前上方，前缘毛（9）位于10毛的下方。中胸与后胸1毛位于2毛的上方，3a毛位于2毛与3毛之间稍偏前方，6毛位于3毛的后下方，4毛位于6毛的前下方，5毛位于4毛的下方稍偏前，9毛与10毛有两根毛，位于中、后胸的最前方，腹部第一至第二节1毛位于2毛有前上方，3毛位于气门的上方，3a毛位于气门的前上方，4毛位于气门下方偏前，5毛位于4毛下方稍偏后，第三至第七腹节与第一、二腹节毛位相似，第八腹节气门较长大，位置稍向上移，2毛的位置较高，位于1毛的后上方，3毛位于气门前上方，4毛位于气门前下方，5毛位于4毛的后下方，第九腹节1毛位于2毛的前下方，2毛位于3毛的上方，6毛位于4毛下方，第十腹节毛位变动较大，1毛位于2毛的前下方，4毛位于2毛的后下方，3毛位于4毛有前下方（图5.6）。

蛹：体长，长度为（4.015±0.98）cm（♀）和（3.144±0.78）cm（♂）。狭长形，黄褐色，下唇须椭圆形，下颚短宽，位于下唇须下方，下颚须和喙退化，下颚下方接前足，前足较宽，比中足稍短，触角长于中足，后足位于前翅末端之间露出一部分，前翅达第3腹节前缘，中胸较长宽，腹部第一节气门退化，第三至第七腹节背面前缘各具有一列锯齿形刻纹，蛹体腹面在第八腹节前缘可见刻纹，臀棘上着生许多三角形刺突（图5.6），雌蛹生殖孔和肛门距离较远，雄蛹生殖孔和肛门距离近。

（2）生活习性。芦苇豹蠹蛾是荻、芦的蛀秆害虫。幼虫为害期长，在荻、芦生长期蛀食地上茎，使荻、芦生长势衰退，芦苇收割后幼虫继续为害地下茎，影响早春发芽势，不能正常出苗。幼虫有由上往下蛀食的习性，11—12月大量钻入地下节内，1—2月全部钻为入地下节内越冬（图5.6）。

①耗O_2量和呼吸商。芦苇豹蠹蛾幼虫越冬期间呼吸代谢水平的变化。从表5.1可以看出，芦苇豹蠹蛾幼虫越冬期间耗氧量变化以12月较高，以后慢慢降低，到2月下降到最低点，越冬最为深沉，3月和4月耗氧量又逐步提高，达到正常水平。这一结果和连续解剖不同月份越冬幼虫消化道，3月恢复取食的结论是一致的。

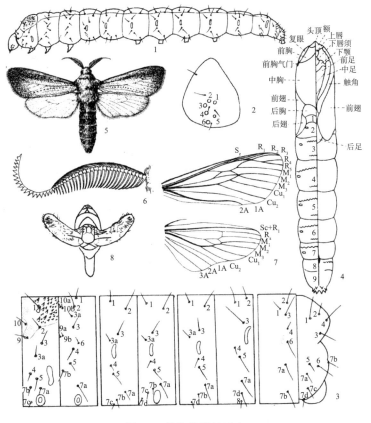

图5.6　芦苇豹蠹蛾形态

1.幼虫；2.单眼排列；3.毛序（从左到右，前胸节，中胸节，第1腹节，第3腹节，
第7腹节，第8腹节，第9腹节，第10腹节）；4.蛹（左半部背面，右半部腹面）；5.雄成虫；
6.雄虫触角；7.前后翅脉序；8.雄性外生殖器

表5.1　芦苇豹蠹蛾越冬幼虫耗氧量和呼吸商测定（湖南长沙，1988—1989年）

编号	12月14日温度：13℃		1月22日温度：5℃		2月22日温度：13℃		3月22日温度：13℃		4月10日温度：20℃	
	耗氧量（μl O_2）	呼吸商	耗氧量（μl O_2）	呼吸商	耗氧量（μl O_2）	呼吸商	耗氧量（μl O_2）	呼吸商	耗氧量（μl O_2）	呼吸商
1	154.125	1.006	64.813	0.553	29.47	0.779	14.034	0.539	264.897	0.503
2	236.004	0.972	67.129	0.881	8.126	1.232	44.928	0.449	197.384	0.421
3	174.008	0.937	53.200	0.516	9.884	0.723	224.470	0.551	189.128	0.721
4	32.450	1.754 8	56.498	0.477	15.808	0.118	201.603	0.462	280.150	0.730
5	19.930	1.236	19.123	0.538	25.649	1.091	45.613	0.449	128.524	0.842
6	252.000	1.109	76.432	0.533	17.601	0.853	149.638	0.484	156.896	0.520

（续表）

编号	12月14日温度：13℃		1月22日温度：5℃		2月22日温度：13℃		3月22日温度：13℃		4月10日温度：20℃	
	耗氧量（μl O₂）	呼吸商	耗氧量（μl O₂）	呼吸商	耗氧量（μl O₂）	呼吸商	耗氧量（μl O₂）	呼吸商	耗氧量（μl O₂）	呼吸商
7	—	—	36.524	0.836	15.592	0.020	168.124	0.674	50.769	0.589
8	75.400	0.810 8	—	—	1.125	0.173	271.200	0.393	120.314	0.869
9	36.140	0.765 8	—	—	12.183	0.411	148.850	0.722	—	—
平均	155.040	1.073 9	53.390	0.619	15.049	0.711	155.111	0.530	164.786	0.649

根据越冬幼虫的呼吸商，可以判断出12月消耗的代谢基质为碳水化合物，说明幼虫刚进入越冬期；从1—4月的4个月中，芦苇豹蠹蛾幼虫的呼吸代谢基质为脂肪。

②过冷却点和冰点。过冷却点和冰点见表5.2。

表5.2 芦苇豹蠹蛾越冬幼虫冷却点和冰点测定（湖南长沙，1988—1989年）

日期 项目 编号	1988-12-14		1989-01-22		1989-02-28		1989-03-22		1989-04-10	
	过冷却点（℃）	结冰点（℃）	过冷却点（℃）	结冰点（℃）	过冷却点（℃）	结冰点（℃）	过冷却点（℃）	结冰点（℃）	过冷却点（℃）	结冰点（℃）
1	-6.25	-4.63	-9.13	-6.55	-11.75	-8.77	-13.5	-11.00		
2	-7.25	-5.20	-9.00	-5.45	-11.00	-8.65	-10.63	-9.75	-8.25	-7.20
3	-5.75	-3.25	-9.00	-5.75	-12.00	-8.73	-10.50	-8.00	-9.50	-7.25
4	-6.88	-4.80	-12.75	-5.50	-11.45	-9.63			-10.30	-9.10
5	-5.75	-3.13	-7.50	-6.38			-9.38	-7.88	-9.75	-7.45
6	-4.63	-3.75	-12.00	-8.25	-8.125	-4.15	-11.00	-10.00		
7	-6.25	-3.75	-13.50	-10.50	-6.25	-4.63	-10.38	-9.00		
8	-5.75	-2.63	-11.63	-8.25	-10.95	-4.65	-7.75	-6.88	-10.10	-7.13
9	-8.00	-3.63	-10.30	-8.37	-7.85	-8.40	-5.00	-3.75	-9.38	-6.75
10	-6.25	-1.95	-10.00	-6.50	-9.48	-4.58	-9.25	-7.75		
平均	-6.28	-3.61	-10.48	-7.15	-9.87	-6.78	-9.71	-8.22	-9.55	-8.07

昆虫耐寒性和过冷却现象关系密切，过冷却点越低，耐寒性越强。从越冬幼虫过冷却点测定可知，12月和4月的过冷却点高些，1月、2月和3月的过冷却点低些，

从解剖消化道试验来看，1—3月消化道全部排空有利于过冷却点下降。从表5.2亦可看出越冬幼虫12月至第二年4月的结冰点分别为-3.61℃、-7.15℃、-6.78℃、-8.22℃和-8.07℃，1988—1989年沅江东湖12月至4月均温分别为8.8℃、3.7℃、5.36℃、7.6℃、12.4℃，最低气温为-3℃，可见芦苇豹蠹蛾能够在沅江东南湖安全过冬。

③为害与寄主的关系。芦苇豹蠹蛾在东南亚为害禾本科甘蔗、芦竹（*Arundo donax*）、甜根子草（*Saccharum spontaneum*），在洞庭湖湿地蛀食荻、芦，但进入湿地后，以蛀芦为主（表5.3）。

表5.3　芦苇豹蠹蛾幼虫为害与害主关系（沅江东南湖，1988年）

调查日期（月.日）	芦苇				荻			
	调查株数（株）	被害株数（株）	被害率（%）	百株虫数（头）	调查株数（株）	被害株数（株）	被害率（%）	百株虫数（头）
7.15	250	190	52.0	26	230	4	1.7	2.2
7.30	270	134	49.6	41.5	70	9	12.9	1.0
8.15	200	22	11.0	34	200	3	1.5	1
8.26	100	59	59.0	42	100	10	10.0	7

幼虫期天敌有豹蠹蛾原绒茧蜂［*Protapanteles*（*Protapanteles*）*phragmataeciae* You et Zhou］、沅江长体茧蜂（*Macrocentrus yuanjianensis* He et Chen）和大螟拟丛毛寄蝇（*Sturmiopsis inferens*）。1990年、1991年调查210头和231头越冬豹蠹蛾幼虫，原绒茧蜂寄生率可达4.76%和6.5%，每一幼虫可出蜂100多头，寄蝇为14.76%和5.20%，前者群集寄生，后者单寄生。

（3）分布。芦苇豹蠹蛾喜栖息在沼泽地区，湖泊河流边缘，在湖南、湖北两省洞庭湖区湿地主要为害芦，也为害荻。国内尚分布北京、河北和辽宁等地，国外分布日本、缅甸、印度尼西亚、印度、斯里兰卡、中亚地区、北欧、中欧、非洲和马达加斯加。在印度尼西亚为害甘蔗，印度食害甜根子草（*Saccharum spontaneum*）和芦竹（*Arundo phragmites*）。芦竹（*Arundo donax*）在江苏南通地区沿海滩涂有分布。

三、半翅目（Hemiptera）

长蝽科（Lygaeidae）

高粱长蝽［*Dimorphopterus spinolae*（Signoret）］（图5.7）

（1）形态特征。

雌成虫：体长4.90～5.30mm，体宽1.50～1.80mm，分长翅型和短翅型两种类型。短翅型成虫全体黑色，密生灰色微毛，体略呈长方形，腹端钝圆，头部略呈菱形，具粗大刻点，触角前两节淡褐色，后两节黑褐色，复眼红色，两枚单眼漆黑色，前胸背板茶褐色，端角纯圆，前翅仅伸达腹部第二节，两翅在背后不重叠相交，腹部明显比前胸宽。长翅型成虫除翅长能伸达腹部第五节的特点以外，两前翅在背面重叠相交且腹部不明显宽于前胸，其他特征基本与短翅型的相同。

雄成虫：体长3.90~4.70mm，宽1.20~1.40mm。

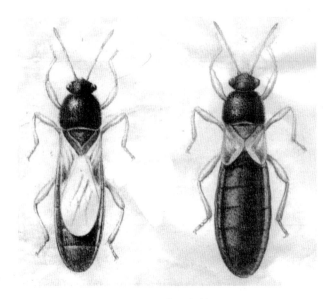

图5.7　高粱长蝽

1.长翅型；2.短翅型（仿王宗典、游兰韶和杨集昆，1989）

（2）生活习性。此虫为害荻、芦、高粱、玉米及一些禾本科杂草。在湖南、湖北两省洞庭湖湿地每年发生2代，以短翅型成虫越冬，越冬成虫的场所主要在老朽荻、芦的桩茬内和根茎部的空洞中，亦有少数隐藏在残株的虫孔中，或残叶下草丛中，或土表2~3cm深处的土缝中，或荻苇田内一些自然的小土洞中。越冬成虫的抗寒力较强，当冬天天气晴朗，气温在12℃以上时，还有部分成虫出来活动，常聚集在暴露的休眠荻芽上取食，所以它们的越冬部位并非完全固定。春天，当幼苗长到50cm左右的高度时，越冬的成虫可全部爬出群集在幼苗上缓慢活动；但当遇到天阴气温下降时，它们又可以返回越冬处。待荻苗高1m左右时，群集的成虫便开始分散在叶鞘内活动，而后交尾产卵（谢成章等，1993）。

天敌有步甲、隐翅虫、猎蝽、瓢虫、螳螂、蚁类、蜘蛛、蛙类和鸟等。分布在湖南和湖北。

第二节　湿地天敌昆虫

获、芦害虫及天敌图谱（王宗典和游兰韶，1989）报道的许多湿地害虫幼虫寄生蜂学名多系异名，加之天敌昆虫如寄生蜂，体小，为方便读者，这节加上科属的特征。

膜翅目（Hymenoptera）

（一）茧蜂科（Braconidae）

1. 茧蜂科基本特征

茧蜂科（Braconidae）属于膜翅目（Hymenoptera）细腰亚目（Apocrita）寄生部（Parasitica）姬蜂总科（Ichneumonoidea）。茧蜂科的特征如下。

茧蜂的体型变化很大，小至中型。体色变化大，常为黑、红、黄或褐色。体长以2~12mm的居多，少数雌蜂产卵管长度与体长相等或长于虫体数倍。复眼卵圆形，偶尔肾脏形。触角柄节大、梗节小，鞭节10至数十节，丝状。前胸背板横宽；中胸背板发达，具盾纵沟，后部的小盾片三角形；后胸背板横带状，侧板向下扩大成三角形。翅多发达，有时退化，前翅具半圆形或三角形翅痣，翅脉多明显，C+Sc+R与亚前缘脉愈合而前缘室消失，2-SR+M常将第1肘室和第1盘室分开，无第2回脉，有时肘脉或2-SR都消失。足多细长。前足胫节有1距弯。并胸腹节大，常有刻纹或分区。腹部圆筒形或卵圆形，基部有柄，雌虫7节，雄虫8节，第2、3节背板愈合，不能自由活动，节间缝明显或退化。产卵管长短不等，但有等长的鞘。

（1）头部（head）。头部前面观可见复眼（eye），围绕复眼周缘的头壳称眼眶（orbit）。头部最上方在复眼之间为头顶（vertex），上生3个单眼（ocelli）。单眼三角形排列，前方为中单眼（middle ocellus），后方两个单眼称侧单眼（lateral ocelli），单眼着生区域称单眼区（stemmaticum）。头顶侧面复眼与后头脊间的部分称颊（gena），颊的上方部分复眼后方称上颊（temple）。在复眼之间有一对触角，中单眼前缘与触角窝前缘之间的部分为额（frons）。在触角窝下方两复眼之间的范围，唇基上面称颜面或脸（face）。连在颜面下方为唇基（clypeus），颜面与唇基间有一条称为唇基沟（clypeal suture），将颜面与唇基分开，唇基沟两侧有圆形凹陷，叫幕骨陷（tentorial pits）。复眼下端至上颚基部前关节之间的距离称眼颚距（malar space），以上颚基部宽度之比或与复眼纵经之比表示，此外尚有一条颚眼沟（malar suture）（图5.8）。

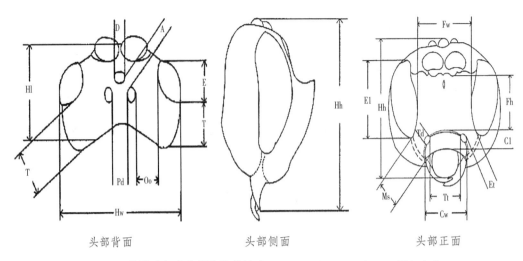

头部背面　　　　　　　头部侧面　　　　　　　头部正面

图5.8　茧蜂头部［宽颊陡胸茧蜂（*Snellenius latigenus* Luo et You）］

A.前后单眼间距（APOL）；D.单眼直径（OD）；E.复眼纵径（length of eye，dorsal view）；El.复眼长（eye length）；Fh.脸高（height of face）；Fw.脸宽（width of face）；Hh.头高（height of head）；Hl.头长（length of head）；Hw.头宽（width of head）；Ms.眼颊距（malar space）；Oo.单、复眼间距；Pd.后单眼间距（POL）；T.上颊长（length of temple）；Td.幕骨陷直径（diameter tentorial pit）；Tt.幕骨陷间距（inter-tentorial distance）

（著者原图）

　　头部后面观，中央有一个大圆孔，称后头孔（occipital foramen），是头内器官进入胸部的通道。后头孔周围的骨片称为后头（occiput），后头周围的一条马蹄形隆脊称为后头脊（occipital carina），有的种类无后头脊。后头孔下方凹陷的地方口器一般缩在里面称为吻窝（proboscidial fossa）。在后头孔下方、吻窝两侧和上颚上关节间的一条脊，称为口后脊，它与后头脊分离或连接。

　　茧蜂有触角（antennae）一对，由柄节（scape）、梗节（pedicel）和鞭节（flagellum）3部分组成。柄节和梗节都只有一节，而鞭节则有变化。多数的茧蜂亚科（Braconinae）、内茧蜂亚科（Rogadinae）、长体茧蜂亚科（Macrocentrinae）及悬茧蜂亚科（Meteorinae）的一些种具有多节触角（40～70节），茧蜂科内多数亚科如优茧蜂亚科（Euphorinae）、窄径茧蜂亚科（Agathiinae）、反颚茧蜂亚科（Alysiinae）、蝇茧蜂亚科（Opiinae）、离颚茧蜂亚科（Dacnusinae）、悬茧蜂亚科（Meteorinae）的种类都具有中等数量节数的触角（20～30节），而一些亚科触角节数更少，如小腹茧蜂亚科（Microgastrinae）18节、微甲腹茧蜂属（*Microchelonus*）16节［甲腹茧蜂亚科（Cheloninae）］，蚁茧蜂属（*Elasmosoma*）13节［蚁茧蜂亚科（Neoneurinae），经分子数据分析研究，目前此亚科只是优茧蜂亚科内的一个族］和绕茧蜂属（*Ropalophorus*）10节（优茧蜂亚科）。

（2）胸部（mesosoma）。包括前胸、中胸、后胸和并胸腹节（propodeum）。前胸背板（pronotum）中央窄短，两侧扩大，侧面观略呈三角形，其前缘略隆起的部分叫颈（collar），头连接在颈上。背板中央圆形或裂口形凹陷叫背凹（pronope），有的种类无背凹。也有前胸背板上中背部的凹陷称亚前胸背板前凹（subpronope），窄径茧蜂亚科（Agathidinae），前胸背板内有前胸背板槽。前胸背板下方有前胸侧板。中胸是胸部最发达的构造，中胸盾片（mesoscutum）是胸部背面最大的一块骨片，常有两条斜沟，由盾片前缘向后方伸展，称为盾纵沟（notaulus或notauli），盾纵沟把中胸盾片分为3部分，即中叶（middle lobe）和侧叶（lateral lobe）。盾纵沟内常光滑或有短刻纹。中胸盾片前缘与前胸背板后缘常有一横形凹陷，称盾前凹（antescutal depression），有些亚科如滑胸茧蜂亚科（Homolobinae）的种类，盾前凹很明显。亦有在中胸盾片后方，有一凹陷称中胸盾片中后凹（medio-posterior depression）［蝇茧蜂亚科（Opiinae）］。中胸盾片后方有一块通常呈三角形的骨片，称小盾片（scutellum），通常表面稍隆起，两侧缘有隆脊［侧脊（lateral carina）］或无隆脊。小盾片前方有一深凹横槽称小盾片前沟（scutellar sulcus），后方可有突出长刺。小盾片两侧背板凹陷较深，称中胸背板腋下槽（axillary trough of mesonotum）。中胸盾片加中胸小盾片称中胸背板（图5.9）。

中胸侧板（mesopleuron）是胸部侧面的最大一片骨片。中胸侧板前方常有一条隆脊，称为胸腹侧脊（prepectal carina），中胸侧板的上缘在前翅翅基部和翅基片（tegula）下方有一个凹陷为前翅基下陷（anterior subalar depression），内方有隆脊称为翅基下脊（subtegular ridge）。中胸侧板中央下方、中足基节前方还有一条斜沟，称基节前沟（precoxal sulcus），可向上斜伸至中胸侧板前缘。基节前沟可完全，可缺，可仅后方存在。后胸背板（metanotum）位于小盾片与并胸腹节之间，为一狭长骨片，较短。中间为后小盾片（postscutellum），有或无中纵脊。后胸侧板（metapleuron）近似三角形或椭圆形，前方有后胸侧板沟，下方有后胸侧板叶突［后胸侧板下突缘（metapleural flange）］（图5.9）。并胸腹节（propodeum）是真正的腹部第一节合并到后胸上的一节，有气门一对，还有许多纵横脊，分成许多区域。脊的名字分别为：中纵脊（median longitudinal carina）、基脊（basal carina）或基纵脊（basal longitudinal carina）、横脊（transverse carina）、侧（纵）脊（lateral carina或lateral longitudinal carina）。并胸腹节后侧角突出成锐突（acute tubercle）或突出成刺（spine）。并胸腹节常可由脊包围成完整或不完整的中区（areola），有分区或无分区（图5.9）。

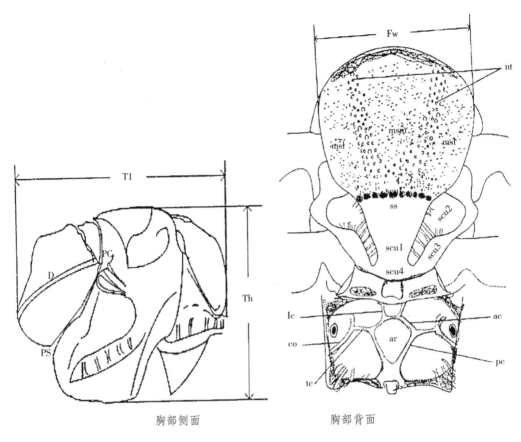

胸部侧面   胸部背面

图5.9　茧蜂胸部绒茧蜂胸部（*Apanteles* sp.）

Tl.胸部长（length of mesosoma）；Th.胸部高（height of mesosoma）；Tw.胸部宽（width of mesosoma）；ac.前脊（anterior carina）；ar.并胸复节中区（areola of propodeum）；tc.并胸腹节横脊（transverse carina of propodeum）；Ic.并胸腹节侧脊（lateral carina of propodeum）；pc.并胸腹节后脊（posterior carina of propodeum）；co.并胸腹节分脊（costula of propodeum）；ms1.中胸盾片侧叶（lateral lobe of mesoscutum）；msm.中胸盾片中叶（middle lobe of mesoscutum）；nt.盾纵沟（notauli）；mt.后胸背板（metanotum）；scul.小盾片背面（dorsal scutellum）；scu2.小盾片侧盘（lateral scutellum = scutellar lateral depresson）；scu3.小盾片侧带（lateral band of scutellum=lateral lunula）；scu4.小盾片中后带（medio-posterior band of scutellum）；ss.小盾片前凹（前沟）（scutellar sulcus）。D：中胸侧缝；PS：基节前沟（precoxal sulcus）；PC：胸腹侧脊（prepectal carina）

（1.著者原图；2.仿Austin and Dangerfield，1992）

（3）翅（wings）。茧蜂一般有膜质翅2对，前翅（fore wing）较大，后翅（hind wing）较小。少数种类翅退缩或无翅［如梅森茧蜂亚科（Masoninae）内有些种类的雌蜂］。翅基部有一块小骨片称翅基片（tegula）。后翅前缘上有小钩称翅钩（hamulus，hamuli），钩住前翅后缘。翅上有翅脉（veins）及翅脉围成的翅室（cells），详见图5.10。

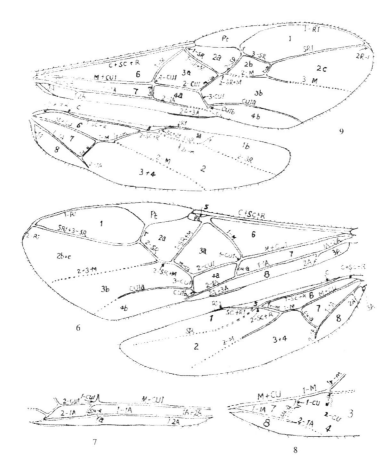

图5.10 按修改的Comstock-Needham翅脉系统命名

A.臀脉（analis）；C.前缘脉（costa）；CU.肘脉（cubitus）；M.中脉（media）；R.径脉（radius）；Sc.亚前缘脉（subcosta）；SR.径分脉（sectio radii）；a.臀横脉（transverse anal vein）；cu-a.肘臀横脉（transverse cubito-anal vein）；m-cu.中肘横脉（transverse medio-cubital vein）；r.径横脉（transverse radial vein）；r-m.径中横脉（transverse radio-medial vein）；Pa.副翅痣（parastigma）；pt.翅痣（pterostigma）；1.缘室（marginal cell）；2.亚缘室（submarginal cell）；3.盘室（discal cell）；4.亚盘室（subdiscal cell）；5.前缘室（costa cell）；6.基室（basal cell）；7.亚基室（subbasal cell）；8.褶室或褶叶（plical cell or lobe）；a，b，c分别代表1，2，3室

（仿van Achterberg，1979）

Comstook-Needham翅脉系统专用术语如表5.4所示。

表5.4 茧蜂科翅脉系统（Comstock-Needham翅脉系统专用术语）

Items	Fore wing	Hind wing
前缘脉	C+SC+R	C+SC+R/C/SC+R
中脉	M+CU1	M+CU/M
亚中脉	1A+2A/1A	1A

（续表）

Items	Fore wing	Hind wing
基脉	1-M	1r-m
小脉	cu-a	cu-a
翅褶	2A+3A	—
第1臀横脉	2A	2A
第2臀横脉	a	—
盘脉第1段	1-CU1	—
盘脉第2段	2-CU1	—
亚盘脉基段	3-CU1	2-CU
亚盘脉端段	CU1a	3-CU
—	CU1b	—
副翅痣	pa	—
翅痣	pt	pt
痣外脉	1-R1	R1
径脉第1段	r	r
径脉第2段	3-SR	SR1
径脉第3段	SR1	SR1
第1肘间横脉	2-SR	2r-m
第2肘间横脉	r-m	—
肘脉第1段	1-SR+M	2-M
肘脉第2段	2-SR+M	2-M
肘脉第3段	2-M	2-M
肘脉第4段	3-M	2-M
回脉	m-cu	m-cu
径室（缘室）	marginal cell	marginal cell（1）
第1，2，3肘室（亚缘室）	1st，2nd，3rd submarginal cells	submarginal cell（2）
第1，2盘室	1st，2nd discal cells	discal cell（3）
第1，2臀室	1st，2nd subdiscal cells	subdiscal cell（4）
前缘室	costal cell	costal cell（5）
中室	basal cell	basal cell（6）
亚中室	subbasal cell	subbasal cell（7）
臀室	plical cell	plical cell or lobe（8）

（4）足（legs）。足3对，每个足可分为基节（coxa）、转节（trochanter）、腿节（femur）、胫节（tibia）、跗节（tarsus）和跗爪（claw）等部分。基节1节，粗短，连接在胸部上。转节分为2节，称第1转节和第2转节。腿节粗而长。胫节细长，矛茧蜂亚科（Doryctinae）前足胫节有强刺，中后足胫节末端有2距（spur），有些类群后足胫节端部内侧有梳状毛。跗节有5个小节。爪1对，两爪间有爪间突（empodium）。有些类群爪有栉齿或有基叶突（ventral lobe）（图5.11）。

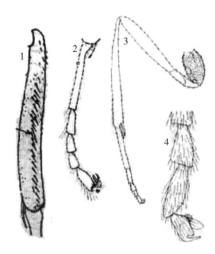

1.矛茧蜂亚科前足胫节刺列；2.前足跗节侧面观，示跗爪和端跗节；3.瘤赛茧蜂（*Zele tuberculifer* van Achterberg）示后足基节、转节（2节）、腿节、胫节、胫节距、跗节（5节）、跗爪；4.刻点赛茧蜂（*Zele punctatus* van Achterberg）跗节第4节、第5节（端跗节）及爪、爪有基叶突

（1.仿Marsh，1987；2~4.仿van Achterberg，1979）

图5.11　茧蜂的足

（5）腹部（metasoma）。腹部由8节组成，第1~7节多生有一对气门（spiracle），最后一节背板后缘有尾须（cerci）一对。腹部与并胸腹节相连，位于两后足基节之间。腹部第一背板通常向基部收窄或两侧平行。有些类群背板基部有背脊（dorsal carinae），背脊分开或愈合成中纵脊（median dorsal carina）。背板基部背脊两侧有背凹（dorsope），背凹呈凹点形。有的类群还有基侧凹（glymma）即背凹下方背板侧方的圆形凹陷，又称侧凹（laterope）。在屏腹茧蜂亚科（Sigalphinae）侧凹明显。腹部第2~3节背板均愈合，但两侧之间有一横形凹痕，以后各节分节明显。有些类群腹部各节背板有不同程度的愈合或形成背甲（carapace）。有些类群背板会形成明显的侧褶（lateral crease）。雌蜂肛下板（下生殖板，hypopygium）小至大，腹方和端缘形状及产卵管端部背方的结（nodus）或背瓣端部的缺刻（notch）为分类重要特征（图5.12）。雄蜂的外生殖器包括阳茎端（aedeagus）、抱器背突（digitus）、生殖基（genital base）、尖突（cuspis）、阳茎基侧突（parameres）和阳茎基腹铗（volsellaris）的形状是分类的依据。具体地说雄性腹部第2~8节一般发育正常，虽然某些部分可能发生愈合。有些类群的末端体节可能缩入。许多广腰亚目，可能还有一些姬蜂总科种类的第10背板明显与第9背板分离，但大部分细腰亚目的第9背板与第10背板愈合，形成合背板，不少针尾部，旗腹蜂科、细蜂科和瘿蜂总科种类的合背板可能隐藏或缩小，其上的尾须常常消失。如同雌性一样，小型的细腰亚目雄性外生殖器连接在第9节后缘。所有膜翅目的雄性外生殖器很相似，但在一些小型种类，有些构造发生愈合。雄性外生殖器比较细嫩的部分包在一个大致为圆锥形的囊中，此囊由两个阳茎基侧突（parameres）[=gonosquamae（生殖瓣）]合成，基部被一骨化的阳茎基环（basal ring）（=gonocardo）箍住。这个构造通常受到很小的第9腹板[=subgenital plate（亚生殖板）]的保护。阳茎基腹铗（volsellae）从阳茎基侧突上向体内突入。在不太特化的类群中，每个阳茎基腹铗的端部均变成尾铗状，形成抱

器背突或指形突（digitus）[=gonolacinia（生殖内叶）]和尖突（cuspis）[=distivolsella（阳茎基腹铗端部）]，交配时，两面的抱器背突（指形突）和尖突合在一起以固定雌体。位于中部的是二叶的插入器官——阳茎（aedeagus）（=penis）。茧蜂体表的齿、刺、结节等组成了体表的刻点、皱纹、刻纹、凹窝等，可以识别如图5.13。

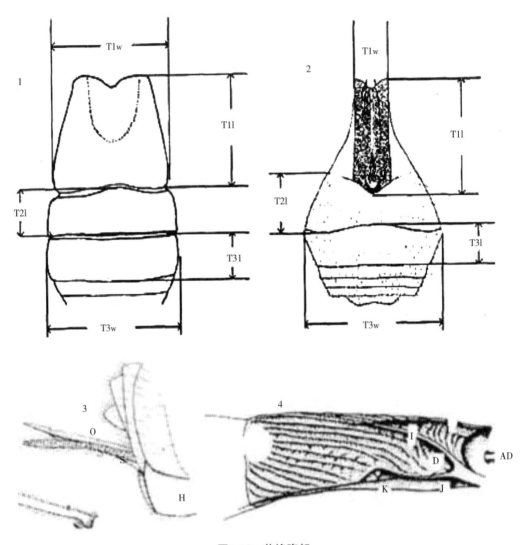

图5.12　茧蜂腹部

1.腹部背面［黔湿茧蜂（*Hygroplitis nigrius* Luo et You）］；2.腹部背面［贵州陡胸茧蜂（*Snellenius guizhouensis* Luo et You）］T1l.腹部第1背板长（length of 1st tergite）；T1w.腹部第1背板宽（width of 1st tergite）；T2l.腹部第2背板长（length of 2nd tergite）；T3l.腹部第3背板长（length of 3rd tergite）；T3w.腹部第3背板宽（width of 3rd tergite）；3.腹部末端侧面；H.肛下板；O.产卵管；S.产卵管鞘；4.茧蜂腹部第一背板背侧面；I.背脊；D.背凹；J.侧凹；K.基侧凹

（1～2.著者原图；3～4.仿van Achterberg，1979）

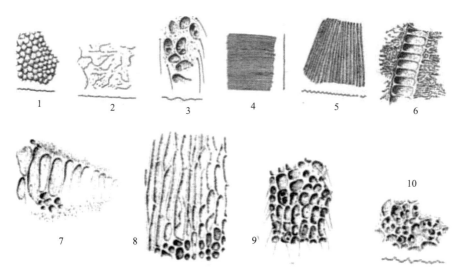

图5.13　茧蜂体表的微刻纹

1.颗粒状刻点［茧蜂（*Bracon* sp.）额］；2.微皱纹［悬茧蜂（*Meteorus leviventris*），并胸腹节］；3.凹窝［直颊甲腹茧蜂（*Chelonus striatigenas*），中胸盾片］；4.针刮状皱纹［柄腹茧蜂（*Spathius* sp.），颜面］；5.细线刻纹［伏虎茧蜂（*Meteorus rubens*），腹部第一背板］；6.刻条状沟［曲脉茧蜂（*Campyloneurus mutator*），腹部］；7.具皱纹和窝的刻条状沟［探茧蜂（*Ichneutes* sp.），胸腹侧片］；8.纵行刻条和网状皱纹，有凹窝［三盾茧蜂（*Triaspis caudata*），腹部］；9.网状皱纹，有凹窝［甲腹茧蜂（*Chelonus* sp.），中胸盾片］；10.网状皱纹，有凹窝［甲腹茧蜂（*Chelonus* sp.），后胸侧板］

（仿Eady，1968）

（6）雄性外生殖器（male genitalia）。膜翅目昆虫的雄性腹部第1～8背板是外露的，通常生长正常，雄性的生殖器则是和第9节后缘相连。因为研究的类群不同，情况不同。关于膜翅目昆虫雄性外生殖器起源基本上有两种不同的理论。第一，Snodgrass及部分学者否认雄性外生殖器有任何腹部附肢，雄性外生殖器的各个部分是由原始阳茎（penis 或phallus）在它的壁上次生骨化而成。第二，部分学者认为根据与其他各目成虫构造比较，认为雄性外生殖器外方部分来源于腹部附肢，只有内方部分相当于阳茎端（aedeagus）。即认为雄性外生殖器由腹部附肢形成，认为阳茎基环（basal ring；gonocardo，又称生殖基）由一对肢基片（coxite）愈合形成。阳茎基侧突基（basiparameres，gonostipes）和阳茎基侧突（parameres，gonosquama）都是由小、尖无关节的凸起演变成。基阳茎基侧突、阳茎基侧突和阳茎基腹铗合称为生殖铗（gonoforceps）（Richards，1977）。姑且不论雄性外生殖器的来源如何，仍介绍膜翅目内原始的叶蜂普通锯叶蜂［*Diprion pini*（L.）］（图5.14）及愈腹茧蜂（*Phanerotoma* sp.）（图5.15），和茧蜂有亲缘关系的姬蜂皱背姬蜂［*Rhyssa persuasolia*（L）］（图5.16）雄性外生殖器在腹部的着生位置，并以淡足曲径茧蜂（*Eubadizon pallipes*）（图5.17），毛弗氏茧蜂（*Foersteria puber* Haliday）（图

5.18），芦螟盘绒茧蜂（*Cotesia chiloluteelli* You，Xiong et Wang）（图5.19）为例，应用Snodgrass（1941）命名法（表5.5）介绍雄性外生殖器构造，详述如下。

茧蜂的雄性外生殖器骨化强，近基部着生在第9节腹板上，近端部外露。第9节腹板的后缘、下缘和内缘分别以膜和外生殖器的背腹面相连，这些和整个外生殖器相连的膜一般足够宽大。

①基环（basal ring）。基环是骨化的部分，又称生殖基（gonobase，gb），中部凸起或平截，可以固定在第8腹板上，下方和阳茎基侧突叶（parameral plate）基部相连（图5.17至图5.19）。在不同类群基环（生殖基）长（高），中等长，隆起（祖征）或横置，平截（衍征）是分类依据。基环变长高和这些属的雄蜂腹部末端的改变有关。

表5.5　雄性外生殖器主要构造名称

Snodgrass（1941）	Boulangé（1924）等
基环（Basal ring）	阳茎基环（Cardo）或生殖轴节（gonocardo）
阳茎基侧突基（Basiparameres）	茎节（Stipes）或生殖茎节（gonostipes）
阳茎基侧突（Parameres）	负须节（Squama）或生殖负须节（gonosquama）
阳茎基腹铗（Volsella）	阳茎基腹铗（Volsella）
阳茎基腹铗叶（Lamina volsellaris）	阳茎基腹铗基（Basivolsella）
尖突（Cuspis）	阳茎基腹铗端（Distivolsella）
指状突（Digitus）	内叶（Lacinia）或生殖内叶（gonolacinia）
阳茎端（Aedeagus）	阳茎端（Aedeagus）
阳茎瓣（Penis valve）	阳端矢形突（Sagitta）或阳茎基侧突（parameres）
阳茎内突（Aedeagal apodeme）	
阳端剑形突（Spatha）	阳端剑形突（Spatha）

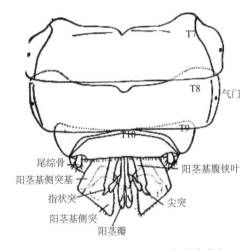

图5.14　普通锯叶蜂（数字代表腹节）

（仿Richard，1977）

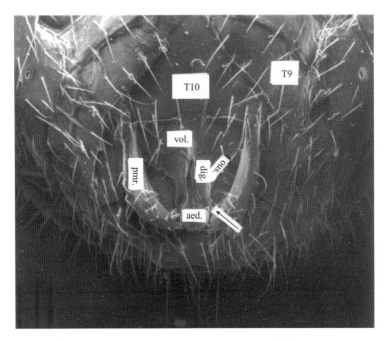

图5.15　愈腹茧蜂*Phanerotoma* sp.，电镜图

腹部第7～10节或9～10节和雄性外生殖器腹面，示雄性外生殖器在腹末着生部位（数字表示腹节；T.背板，箭头示抱器背突的齿，其他缩写字见图5.19注解）

（著者原图）

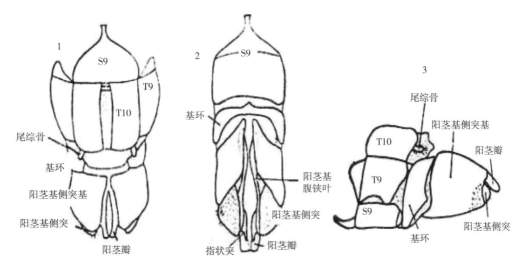

图5.16　皱背姬蜂

腹部第9～10节和雄性外生殖器。1.背面；2.腹面；3.侧面，从3可见雄性外生殖器和第9节腹板后缘相连（数字表示腹节；T.背板；S.腹板）

（仿Richard，1977）

211

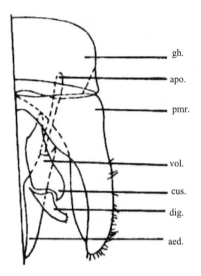

图5.17　淡足曲径茧蜂

（仿van Achterberg，1988，腹面观）

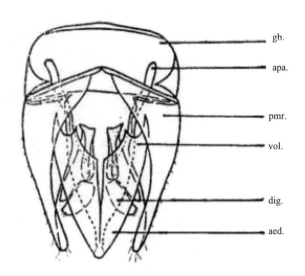

图5.18　毛弗氏茧蜂

aed.阳茎端；apa.阳茎内突；cus.尖突；dig.抱器背突；gb.生殖基；pmr.阳茎基侧突；vol.阳茎基腹铗，内可见内突

［仿Tobias，1961，腹面观；原图Tobias使用学名为*Foersteria talitzkii* Tobias，后经van Achterberg（1990）确定为异名］

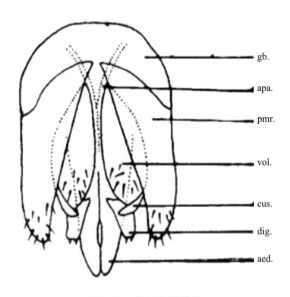

图5.19　芦螟盘绒茧蜂

aed.阳茎端；apa.阳茎内突；cus.尖突；dig.抱器背突；gb.生殖基；pmr.阳茎基侧突；vol.阳茎基腹铗

（仿游兰韶等，2006，腹面）

②阳茎基侧突基（parameral plate）。成对，端部称为阳茎基侧突（parameres，pmr），阳茎基侧突基和阳茎基侧突相连，构成外生殖器侧面部分，阳茎基侧突基的每一边都是内弯的，其内面包含两片阳茎基腹铗（volsellae，vol），阳茎基侧突和阳茎基侧突基间是无缝的，阳茎基腹铗（volsellae，vol）和阳茎基侧突基连接。阳茎基侧突有毛（图5.17至图5.19）。毛多，长，集中在端部是祖征。在不同类群阳茎基侧突变化很大；有阳茎基侧突不能伸达抱器背突的中部；或超过抱器背突中部；或伸达并包住阳茎端，以上情况是分类的依据。阳茎基侧突长，宽大是祖征，变窄，短是衍征。

③阳茎基腹铗（volsellae，vol）。成对的阳茎基腹铗位于阳茎基侧突基腹面之间（腹面之内），是外生殖器的中段，每一个阳茎基腹铗是长圆形或长柱形，分为阳茎基腹铗基（basivolsella）及端部一对不对称的端叶，叫做抱器背突，即指状突（digitus），另有尖突（cuspis）。阳茎基腹铗基是和阳茎基侧突基的腹缘相连。阳茎基腹铗基的前侧面有一对长形凸起，出自阳茎，称为阳茎内突（aedeagal apodeme），位于阳茎基侧突基的圆腔之内。在许多亚科阳茎基腹铗也有内突[ridge（Maetô，1996）]。阳茎基腹铗端部的尖突，小型，不能活动，在茧蜂科，尖突（cuspis）和阳茎基腹铗端部相连，可以是叶状，相连处有关节而突出，也有直接和阳茎基腹铗端部相连，无关节，也有尖突有齿或尖突退化。阳茎基腹铗内突在矛茧蜂亚科（Doryctinae）、角腰茧蜂亚科（Pambolinae）、异茧蜂亚科（Exothecinae）、索翅茧蜂亚科（Hormiinae）、软节茧蜂亚科（Lysitermilnae）、小腹茧蜂亚科（Microgastrinae）、奇脉茧蜂亚科（Miracinae）都是很明显的。阳茎基腹铗有微毛是祖征。抱器背突（指状突）则是一个游离的构造，以膜和阳茎基腹铗基端缘相连，不同类群有或无齿状凸起（图5.17至图5.19）。

④阳茎（Aedeagus，aed）。阳茎是雄性外生殖器的主要部分，由管道组成，通过阳茎基侧突基和阳茎基腹铗，阳茎基部宽，端部狭。阳茎内有一对长形骨化组织（rods）称为阳茎内突，经过阳茎基环及阳茎基侧突（图5.17至图5.19）。

（7）雌性外生殖器（female genitalia，ovipositor，ovipositor sheath）。应用Snodgrass（1935）的命名方法，介绍雌性外生殖器各部分名称如表5.6所示。它是与石蛃属（Machilis）比较提出来的名称。

表5.6　产卵器各部分名称 Snodgrass（1935）

英文名称	中文名称
1st valvifer	第1负瓣片
1st valvula	第1产卵瓣
2nd valvifer	第2负瓣片

（续表）

英文名称	中文名称
2nd valvula	第2产卵瓣
3rd valvula	第3产卵瓣

腹部腹面最后一节可见的腹板通常是第7节。这一块腹板端缘的中央部分或多或少划分出来呈叶片状。这一块腹板叫做肛下板（hypopygium）。在所有的膜翅目（图5.20）第8节腹板退化，并且呈膜质，但它的两侧各有一块三角形骨片，叫做第一负瓣片（first valvifer），第1产卵瓣（first valvula）和它相连。负瓣片的性质可能是一个附肢的基部，而第1产卵瓣是产卵管可活动的部分，在广腰亚目形成一个锯（saw），在寄生类形成有效的产卵管，在针尾部形成螫针（lancets）。第9节的腹板也退化，它的两侧有一块长形骨片，叫做第2负瓣片（second valvifer），第2产卵瓣（second valvula）和第2负瓣片的前端相连。两边的第2产卵瓣互相嵌合，不能滑动，形成第1产卵瓣的鞘，叫做螫针鞘（sting sheath）。互相嵌合的第2产卵瓣沿着它的全长有一对脊或轨道，镶入第1产卵瓣相对应的沟槽中，因而第1产卵瓣可以伸出或缩入，而不与第2产卵瓣分离。这两对产卵瓣形成一条产卵管（terebra）。在有些种类，两对产卵瓣通常都有横生隆脊，脊的下端成为锯齿。综上所述，茧蜂雌性外生殖器可以图5.20说明。

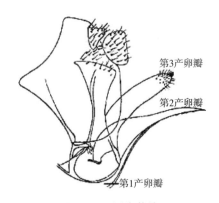

第3产卵瓣

第2产卵瓣

第1产卵瓣

图5.20　侧沟茧蜂

雌性外生殖器，示产卵管（ovipositor）和产卵管鞘（ovipositor sheath）

（仿Mason，1981）

2. 亚科

（1）小腹茧蜂亚科（Microgatrinae）。头部触角鞭节16节，大多数鞭节的每节有2个板形感器，每个板形感器的中部缢缩。唇基端缘凹陷，上唇平、宽、有毛。

胸部前翅第2肘室缺失、小或三角形或四边形，但不长于翅痣的宽。腹部第1背板明显，气门位于侧背板上。后足跗节有一系列紧贴或合生的毛。和亲缘关系相近的折脉茧蜂比较以上特征都是衍征，但和其他茧蜂相比较，以下衍征在小腹茧蜂亚科分类上有用。头部后头脊缺，唇须3~5节，胸部胸腹侧脊缺，翅端部脉不骨化，一般透明，后翅臀间脉〔Interanellan（2A）〕、前翅肘脉〔Discoidellan（2Cula）〕，第2臀间脉〔2nd Interanal（a）〕均缺。腹部1~6节有气门，第7节气门缺。

以下特征是祖征，但对于区分小腹茧蜂亚科和其他亚科是有用的。

胸部前胸背板横置、平，其内有弱的前缘沟连接两条浅的亚中沟。后翅臀叶大，端部有缺切。2r-m和r存在。幼虫唇须发达，1节，骨化。

小腹茧蜂亚科多是鳞翅目幼虫的续育（Komobiont）内寄生蜂，多数已知寄主属于鳞翅目双孔亚目（Ditrysia）。因它们寄生庞大而种类不同的寄主类群而分布广泛，因而小腹茧蜂亚科的种类是动物地理区域内鳞翅目双孔亚目昆虫最重要的寄生蜂类群。裸露的鳞翅目幼虫会受到至少一种小腹茧蜂亚科种类的袭击，两种或多种寄生蜂寄生一个已知的寄主种群，是很普通的事。有时这些寄生蜂的每一种都有很广的寄主范围，少数鳞翅目昆虫常被不止一种单寄生的小腹茧蜂寄生。诚然，小腹茧蜂亚科种类分布如此之广是和裸露的大型鳞翅目幼虫广泛分布有关，也和它们袭击大部分的鳞翅目寄主有关。一些小腹茧蜂亚科有长产卵管，借产卵管帮助它能把卵产到躲在相对柔软组织如花序、卷叶和真菌内的寄主体内，其他小腹茧蜂则专长于攻击潜叶寄主。此外，许多鳞翅目在老龄幼虫时已深深地驻留在植物体内，但在幼龄时已受到寄生蜂的寄生。鳞翅目内有少数原始的类群如小翅蛾亚目（Zeugloptera）、毛顶蛾亚目（Dacnonypha）和单孔亚目（Monotrysia）等也会受到小腹茧蜂亚科的攻击，其中一些已被加入到特殊的小腹茧蜂亚科的寄主范围，这种小腹茧蜂能寄生生态要求相似的寄主类群，如一些寄生卷叶内细蛾科（Gracilariidae）。有的小腹茧蜂也能用冠潜蛾科（Tischeriidae）饲养，通常像多数续育寄生蜂一样，虽然小腹茧蜂内少数多化性的寄生蜂随着季节的变化攻击生长在树木上的毛虫并寄生不同的寄主，但该种小腹茧蜂只具有比较窄的寄主范围。

①盘绒茧蜂属（*Cotesia* Cameron）。触角通常长于体，大部分鞭节有2个板形感器，但螟黄足盘绒茧蜂复合群的雌性触角短于体长，鞭节仅1个板形感器；颜面不呈喙形；前胸背板侧面具上下背沟；小盾片后方有一连续的光滑带；后胸背板前缘由小盾片端缘退出，悬骨常外露；并胸腹节通常具粗糙皱纹，无中区，常有一中纵脊，中纵脊可能因皱纹而部分模糊，侧面常有不完整的横脊将光滑的前区和斜的皱纹分开；前翅r-m脉缺如，小翅室开放；1-CU1脉短于2-CU1脉；1-R1长；后翅臀叶端缘明显凸出，通常有缘毛；后足基节正常，短于T1；后足胫节距短于基跗节之一半；T1常宽大于长，但通常微长于宽，端部宽，有时稍为桶形或两侧平行，端部绝

不狭窄，有时端角呈圆形收缩，端部无中纵端槽；T2至少为T3长的一半，呈亚长方形，有后方分叉的侧沟，如T2锥形或半圆形，则其基部的宽大于中部的高，端部的宽近于或大于中部高的2倍；T1基部常光滑，但后方具皱纹或皱纹刻点，T2总是具皱纹或针刮状皱纹，T3类似T2，从光滑到粗糙刻纹；肛下板短，两侧均匀骨化，无纵褶，很少情况下沿中线或仅在端部有皱褶；产卵管鞘短，大部分为肛下板隐藏，通常短于后足胫节之半，大部分光滑，仅近端部有少量的毛，起自负瓣片的基部；第二产卵瓣端部变宽；雄性外生殖器长或宽，生殖基中等长（中等高）、顶部平，微凹或隆起，阳茎基腹铗上有6~15根刚毛，有内突（图5.21）、抱器背突为阳茎基腹铗长度的0.27~0.52倍；抱器背突不呈弓形或新月形；端部呈圆形或宽平载，常有2~5齿；阳茎端超出阳茎基侧突的长为（0.03~0.09m），阳茎基侧突达到或超过抱器背突中部，有少量的毛，集中于近端部，尖突明显或不明显。

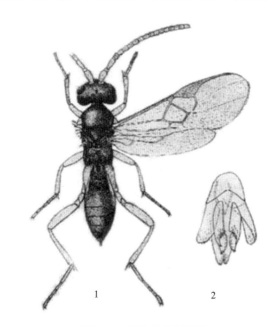

图5.21　蟏黄足盘绒茧蜂

1.整体图；2.雄性外生殖器

　　生物学多为群集寄生，少数为单寄生。寄主属大、中型鳞翅目，主要为尺蛾科（Geometridae）、灰蝶科（Lycaenidae）、夜蛾科（Noctuidae）、蛱蝶科（Nymphalidae）、粉蝶科（Pieridae）、灯蛾科（Arctiidae）、枯叶蛾科（Lasiocampidae）、毒蛾科（Lymantridae）、舟蛾科（Notodontidae）、眼蝶科（Satyridae）、波纹蛾科（Thyatiridae）等。

　　分布全世界，我国境内有分布。

注：盘绒茧蜂属包括Nixon（1965）分类系统的*glomeratus*-group和*pistrinariose*-group。本属是小腹茧蜂亚科中最大的属之一，包括温带地区30%~40%的种类，热带地区20%的种类，已报道种类达900多种。盘绒茧蜂属在我国已知26种：盘绒茧蜂属（*Cotesia*）是Cameron（1891）以螟黄足盘绒茧蜂（*Cotesia flavipes*）为模式种建立的，其后发生了许多变化。Nixon（1965）将几乎*Cotesia*属的所有种类安排在广义绒茧蜂属［*Apanteles*（s.l）］的*glomeratus*-group中。Mason（1981）认识到广义绒茧蜂属的多源性，遂恢复了*Cotesia* Cameron。

螟黄足盘绒茧蜂复合群（*Cotesia flavipes* complex）包括螟黄足盘绒茧蜂（*C.flavipes*）、大螟盘绒茧蜂（*C.sesamiae*）、二化螟盘绒茧蜂（*C.chilonis*）、芦螟盘绒茧蜂（*C.chiloluteelli*）、汉寿盘绒茧蜂（*C.hanshouensis*）。

螟黄足盘绒茧蜂复合群（*Cotesia flavipes* complex）的特征为：头横置，立方形，颜面稍隆起；雌性触角粗短，明显短于体长，雄性触角正常，稍长于体长；鞭节仅有一个板形感器（算盘子结），端前节长略等于宽；胸部背板背腹面扁平，中胸盾片、小盾片、后胸及并胸腹节多在一个平面上；并胸腹节具皱纹刻点，无中纵脊；前翅1-R1长为径室端部至1-R1端部距离的3倍；后足两胫距略等，均短于后足基跗节长度之半；腹部第一节背板由基部往端部逐渐加宽，两端角圆；产卵器短；肛下板骨化均匀；抱器背突端部有2齿；均寄生钻蛀禾本科作物的鳞翅目幼虫。此复合群洞庭湖湿地有4种。

a. 螟黄足盘绒茧蜂（*C.flavipes*，Cameron，1891）。

雌蜂：体长1.8mm。

头部：头横阔，立方形，无柔毛；颜面突出，有明显刻点；单眼排列呈矮三角形，两后单眼距离为后单眼至前单眼距离的2倍，后单眼至复眼的距离为两后单眼距离的1.7倍；触角近似念珠状，短而粗，明显短于体长，其端前节长宽略等。

胸部：胸腹扁平；中胸背板宽小于头宽（不包括翅基片、有细致而明显的刻点；中胸盾片），长、宽、厚的比为10：9：7，平坦，有光泽，除后缘外，均具稀疏刻点；小盾沟直，其内不具小脊，小盾片有光泽具稀疏的浅刻点；中胸侧板仅翅基下脊附近具明显刻点，其余部分平滑有光泽；中胸盾片、小盾片、后胸和并胸腹节几乎在同一平面上；并胸腹节扁平，端部稍向下倾斜，有皱状刻点，无中纵脊。

翅：前翅1-R1长为径室端部至1-R1端部的距离的3倍；r短于2-SR和m-cu等长，m-cu短于翅宽（5：6）。

足：后足基节黄色，有时基部上方暗褐色，有细小刻点；后足胫距略等长，不及后足基跗节长一半。

腹部：腹部第1背板和第2背板有皱纹，第2背板中部纵纹近于平行，第1背板明显向端部逐渐加宽，两端角圆，其长度大于端部的宽（7：5）；第3背板光滑，或只有前缘具有微细刻点；产卵器通常短，为后足基跗节长的2/5；肛下板均匀骨化。

体色：雌：体黑色，有光泽；头部黑色；口器黑褐色；下颚须黄白色；触角黑色；后足基节黄色，有时基部上方暗褐色，外缘有微细刻点；前翅翅痣黄褐色，C+Sc+R和1-R1褐色；腹部前3节背板完全黑色。

雄蜂：触角长于体长，其余同雌性。雄性外生殖器长为0.35mm；生殖基倒杯形，中部平截，最大长度为0.089mm，最大宽度为0.148mm；阳茎基侧突长0.314mm，基部呈斜坡状，在端部约1/4处有毛，端部圆；阳茎基腹颊长0.188mm，尖突向内；抱器背突0.057mm，两侧向外，端部具两齿；阳茎端0.178mm，短于阳茎基侧突，从基部至端部逐渐变狭，向生殖器端部延伸超过阳茎基侧突的端部；阳茎内突不延伸到生殖基基部。

生物学：湖南寄主大螟（*Sesamia inferens* Walker）、螟虫（*S.uniformis* Dudgenon）、二点螟（*Chilo infuscatellus* Snellen）、高粱条螟（*C.venosatus* Walker）、文献报道寄主还有二化螟（*Chilo suppressalis* Walker）、三化螟（*Scirpophaga incertulas* walker）、棉铃虫（*Helicoverpa armigera* Hübner）、劳氏黏虫（*Leucania loryi* Duponchel）、列星大螟虫（*Sesamia vuteria*）、甘蔗小卷蛾（*Argyroploce schistaceana*）（黄螟）、夜蛾（*Bathytricha truncate* Walker）等，20~30个茧群集寄生，茧白色，不规则，茧块外有薄丝缠绕。

分布：湖南（长沙、零陵、祁阳、汉寿、岳阳）。文献报道湖南尚分布新晃、靖县、安江、会同（陈常铭等，1982）。国内分布浙江、湖北、江苏、安徽、江西、四川、台湾、福建、广东、广西、贵州、云南等地（何俊华等，2004）；国外分布日本、马来西亚、菲律宾、印度、巴基斯坦、斯里兰卡、澳大利亚、毛里求斯。

注：本种异名为*Apanteles flavipes* Cameron（王宗典等，1989）。

b. 二化螟盘绒茧蜂（*Cotesia chilonis*〔Munakata，1912〕）。

雌蜂：体长1.8~2.0mm。

头部：头部背面观宽与高之比为1∶2，额和头顶光滑有光泽，无刻点，颜面有微细刻纹；单眼排列呈矮三角形，两后单眼的距离为后单眼至前单眼距离的2.0倍，后单眼至复眼的距离为两后单眼距离的1.25倍；触角短，稍长于头胸之和，其端前节长。

胸部：胸部扁平，前胸背板背沟明显，前背沟下方光滑无刻点，中胸背板宽小于头宽（17∶20），中胸背板和侧板前段具明显分散刻点；中胸盾片长、宽、厚的比为15∶19∶10；小盾沟深，弯曲，其内具小脊；小盾片有光泽具稀疏的浅刻点；

并胸腹节密布网状皱纹。

翅：r稍等于2-RS长，连接处平滑，不呈角度，但均短于m-cu，m-cu和翅痣的宽相等。

足：后足基节具皱纹刻点；后足胫距略等长，不及后足基跗节长之半。

腹部：腹部第1背板有网状皱纹，第2背板有纵皱纹；第1背板从基部至端部逐渐加宽，两端角圆，其长度大于端部的宽；第2背板约等于第3背板；第3背板及第4背板均平滑有光泽；产卵管鞘短，为后足基跗节长的4/11，肛下板骨化均匀。

体色：雌体黑色，有光泽；头部黑色；口器黑色；下颚须黄白色；触角褐色；前翅翅痣黄褐色；C+Sc+R和1-R1褐色；后足基节除最端部和腹面两侧红黄色外为黑色；腹部第1背板和第2背板除膜质边缘为深褐色外，均为黑色；第3背板暗褐色。

雄蜂：触角长于体，其余同雌蜂。雄性外生殖器长为0.306mm；生殖基倒杯形，中部稍凹，最大长度为0.121mm，最大宽度为0.148mm；阳茎基侧突为0.221mm，基部呈斜坡状，在端部约1/3处有毛，端部圆；阳茎基腹铗长为0.156mm，尖突向内；抱器背突0.55mm，两侧向外，端部具两齿；阳茎端0.141mm，短于阳茎基侧突，从基部至端部逐渐变狭，向生殖器端部延伸超过阳茎基侧突的端部；阳茎内突不延伸到生殖基基部（图5.22）。

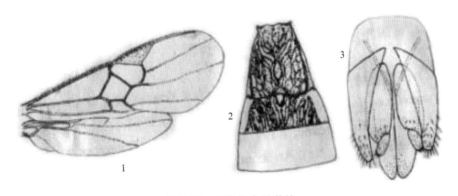

图5.22　二化螟盘绒茧蜂

1.前后翅；2.腹基部三节背板；3.雄性外生殖器

生物学：二化螟盘绒茧蜂的寄主较为专一，至今在湖南仅发现能寄生鳞翅目禾草螟属（*Chilo*）的幼虫如二化螟（*Chilo suppressalis* Walker）。国外寄主为玉米禾螟［*C.partellus*（Swinhoe）］、芦禾草螟［*Chilo luteellus*（Motschulsky）］等。渡边千尚（1965）指出，曾经误认为此蜂在印度寄生夜蛾（*Perigea capensis*）幼虫，实际上寄生这种幼虫的是黏虫小盘绒茧蜂［*Cotesia cirphicola*（Bhatnagar）］。3—4月在湖南农业大学农场稻田可见二化螟越冬幼虫逸出的白色蜂茧茧块。二化螟盘绒茧蜂应该是古北区虫种，关于二化螟盘绒茧蜂的地理分布，渡边千尚（1965）报道其在日本的分布南限仅能到达九州（Kyushu）鹿儿岛县（Kagoshima-Ken）的山谷（Taniyama）。此蜂在我国分布的南限，目前应在福建省。

分布：湖南（常德、长沙）。文献报道分布湖南靖县、麻阳、怀化、岳阳（陈常铭等，1982）。国内分布浙江、江苏、安徽、江西、湖北、湖南、四川、福建、贵州（何俊华等，2004）；国外分布日本。东亚特有分布型。

> 注：多年来在湖北省洞庭湖湿地和湖南省洞庭湖湿地都不曾捕获到二化螟盘绒茧蜂 *Cotesia chilonis*[Munakata]，（水稻），因本种和芦螟盘绒茧蜂 *Cotesia chiloluteelli* You, Xiong et Wang（荻、芦湿地）和棘禾草螟盘绒茧蜂 *Cotesia chiloniponellae* You et Wang（荻、芦湿地）近缘，都喜栖居湿地，寄主均禾草螟 *Chilo* sp.幼虫。故描述于此，异名为二化螟绒茧蜂 *Apenteles chilonis*[Munakata]。

c. 芦螟盘绒茧蜂（*Cotesia chiloluteelli*，You Xiong et Wang，1985）。

雌蜂：体长2.4mm。

头部：头部正面观圆形，密生柔毛；额和头顶光滑，有强烈光泽，颜面和颊有、明显刻点。单眼排列成矮三角形，两后单眼的距离为后单眼至前单眼距离的2倍，后单眼至复眼距离为两后单眼距离的1.25倍。触角短，稍长于头胸之和（9∶8），其端前节长宽相等。

胸部：胸部扁平，中胸背板宽度与头宽相等，有细致而明显的刻点。中胸盾片长、宽和厚度的比为12∶15∶13，中胸小盾沟弯，小盾片有光泽具稀疏的浅刻点；中胸刻点仅翅基下脊附近刻点密集，其余部分平滑有光泽。并胸腹节密布皱纹刻点。

翅：前翅1-R1长为径室端部至1-R1端部的3倍；r和2-RS等长，连接处成角度，明显向外突出，均短于m-cu（3∶5），m-cu和翅痣的宽相等。

足：后足基节有明显的刻点；后足胫距略等长，不足后足跗基节长度之半（2∶5）。

腹部：腹部第1背板和第2背板密布纵刻纹；第1背板从基部至端部逐渐加宽，两端角圆，其长度大于端部的宽（5∶4）；第2背板稍长于第3背板（6∶5），其中域宽明显大于高（5∶3），侧沟明显；第3背板及第4背板均平滑有光泽。产卵管鞘短，为后足跗基节长的2/5。肛下板均匀骨化。

体色：体黑色，有光泽。头部黑色；口器红褐色，下颚须黄白色；触角黄褐色；足除后足基半部深褐色，端半部黄褐色外，其余均为黄色；前翅翅痣黄褐色，C+Sc+R和1-R1褐色，腹部第1背板和第2背板除膜质边缘为深红褐色外，均为黑色；第3背板暗褐色或黑色。

雄蜂：体长2.2mm。触角长于身体。雄性外生殖器长为0.29mm，生殖基倒杯形，中部平截，最大长度为化0.109mm，最大宽度为0.178mm，阳茎基侧突长0.207mm，基部呈斜波状，约为生殖器长度的2/3，在端部约1/3处有毛，端部圆；阳茎基腹铗长0.157mm，约为阳茎基侧突长的4/5，尖突向内；抱器背突0.055mm，两侧向外，端部具两齿；阳茎端0.171mm，短于阳茎基侧突，从基部至端部逐渐变狭（3∶1），向生殖器端部延伸超过阳茎基侧突的端部；阳茎内突不延伸到生殖基基部。其余同雌蜂（图5.23）。

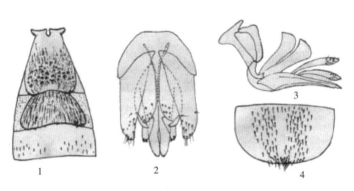

图5.23　芦螟盘绒茧蜂

1.腹基部背板；2.雄性外生殖器；3.雌性外生殖器；4.肛下板

生物学：寄主芦螟［*Chilo luteellus*（Motschulsky）］（荻和芦苇地），棘禾草螟（荻和芦苇地）。茧白色，群集在荻茎秆内。

分布：湖南（汉寿），湖北洞庭湖湿地。

注：本种异名为芦螟绒茧蜂［*Apanteles chiloluteelli*（You，Xiong et Wang）］（王宗典等，1989）。为了进一步明确二化螟盘绒茧蜂（*Cotesia chilonis* Munakata）和芦螟盘绒茧蜂［*Cotesia chiloluteelli*（You，Xiong et Wang）］的亲缘关系，阮颖和游兰韶等（2004）使用RAPD分子标记构建此2种盘绒茧蜂基因组的RAPD多态性图谱和遗传相似系数，二化螟盘绒茧蜂采自湖南农业大学试验农场，芦螟盘绒茧蜂采自湖南汉寿芦苇研究所试验地。10聚合体随机引物、dNTP、Taq DNA聚合酶和Agarose（琼脂糖）购自上海Sangon生物工程公司。QIAquich Gel Extraction Kit购自基因有限公司。

从购自上海Sangon生物工程公司的30条随机引物中筛选出有扩增带谱的随机引物19个，这19个引物共扩增166条DNA带谱，其中二化螟盘绒茧蜂和芦螟盘绒茧蜂共有的带谱22条（图5.24），多态带144条，据Echt的公式计算，计算的遗传相似系数F为0.265 1。虽然这两个种都属于盘绒茧蜂属（*Cotesia*）内的螟黄足盘绒茧蜂复合群（*Cotesia flavipes* complex），形态极为相似，寄主均为鳞翅目禾草螟属（*Chilo*）幼虫，但遗传相似系数非常低，可以确定二化螟盘绒茧蜂和芦螟盘绒茧蜂应是两个独立的姐妹种。此外，芦螟盘绒茧蜂与二化螟盘绒茧蜂相似，但两者的雄性外生殖器形态不相同，可以区别。芦螟盘绒茧蜂阳茎端钝圆，抱器背突2齿，齿稍长，生殖基稍短，阳茎基腹铗7毛（图5.23）；二化螟盘绒茧蜂阳茎端尖，抱器背突2齿，稍短，生殖基稍高，阳茎基腹铗6毛。

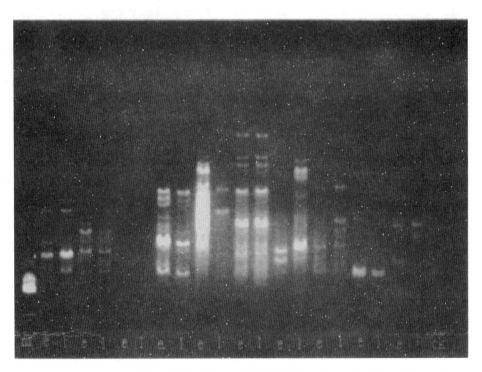

图5.24　二化螟盘绒茧蜂和芦螟盘绒茧蜂基因DNA的RAPD多态性图谱

e.二化螟盘绒茧蜂；l.芦螟盘绒茧蜂

d. 汉寿盘绒茧蜂（*Cotesia hanshouensis*，You et Xiong，1982）。

雌蜂：体长2.6mm。

头部：头部密生柔毛；前面观宽为长的1.7倍；额和头顶光滑有强光泽；颜面高为宽的0.7倍，颜面和颊有微细刻点和皱纹。单眼排列成矮三角形，前单眼至后单眼的距离为两后单眼距离的1/2，后单眼至复眼的距离为两后单眼距离的1.5倍。触角与头胸之和等长，触角端部两节长宽相等。

胸部：胸部扁平；中胸背板的宽度窄于头部的宽度（7∶9），中胸背板长、宽和厚度的比为12∶14∶11；前胸背板沟下有刻点具光泽；中胸背板具强光泽，有明显的刻点，后缘中部刻点密集变细，两侧稀少；小盾沟稍深，有小脊；小盾片有光泽和稀疏刻点；中胸侧板仅在翅基下脊附近有少数刻点，其余部分光滑有光泽。并胸腹节密布网状皱纹，端部中央有放射状纵线。

翅：r和2-RS等长，连接处呈角度，短于翅痣的宽；mu-cu和翅痣的宽相等；翅痣短于1-R1。

足：后足基节有强皱纹刻点，后足胫距略等，不及后足跗基节长度之半（2：5）。

腹部：腹部稍长于胸部（21：19），第1，第2背板均有网状皱纹；第1背板从基部至端部稍加宽，长稍大于端部的宽（5：4）；第2背板中域横置，宽为高的2倍（2：1），两端角圆，第2背板短于第3背板，第3背板及接续背板红褐色，光滑具光泽；产卵管鞘为后足跗基节长的2/3，肛下板端部圆。

体色：体黑色，有光泽。口器红褐色，下唇须淡黄色。前翅C+SC+R和1-R1黑褐色，翅痣褐色。前中足基节及后足跗节黄褐色，其余为鲜黄色。后足基节黑褐色，端部红褐色。腹部第1、第2节背板除膜质边缘外，其余黑色，第3背板及接续背板暗红褐色。

雄性：体长2.4mm。触角比体长。雄性外生殖器长0.34mm，生殖基倒杯形，中部稍凹，最大长度为0.1mm，最大宽度为0.15mm；阳茎基侧突基部平截，长0.22mm，为外生殖器长的5/8，在端部约1/3处有毛，端部钝圆；阳茎基腹铗0.61mm，为阳茎基侧突长的3/4，尖突向外，抱器背突0.06mm，两侧向外，端部具两齿；阳茎端0.19mm，稍短于阳茎基侧突，从基部至端部逐渐变狭（9：4），向端部延伸超过阳茎基侧突的端部；阳茎内突不延伸到生殖基基部。其余同雌蜂（图5.25）。

生物学：寄主荻蛀茎夜蛾（*Sesamia* sp.）（荻、芦苇地）。茧纯白色，群集在荻茎秆内。在湖南和湖北荻、芦产区汉寿盘绒茧蜂是荻主要害虫荻蛀茎夜蛾（*Sesamia* sp.）幼虫期的优势种寄生性天敌。徐冠军等（1992）报道，在湖北石首荻、芦产区自然条件下，汉寿盘绒茧蜂一世代平均历期33.5天，通过室内人工接蜂，发现其寄主除荻蛀茎夜蛾外尚有棘禾草螟（*Chilo niponella* Thunberg）和条螟（*Chilo venosatus*），其中以荻蛀茎夜蛾的寄生率较高，单个寄主的结茧数最多，平均寄生率为34.5%，平均结茧数61个，而对棘禾草螟的寄生率和结茧数分别为6.7%和17个，条螟依次为5%和9个。成蜂羽化以8—10时最盛，羽化率在61.3%～93.1%，平均为83.4%，羽化时如遇雨或湿度过大，则羽化率明显下降甚至不羽化。一般成虫羽化后30min左右即开始交配，交配时间为10s左右。产卵部位以寄主4～6腹节最多，卵产于寄主体壁下。产卵对寄主幼虫的龄期具有很强的选择性。接蜂试验表明，以寄主3龄幼虫的寄生率最高，其次为4龄幼虫，而5龄以上的幼虫则不寄生。寄生蜂幼虫在寄主体内成熟后即钻出寄主体壁结茧。结茧数的多少与寄主的营养条件有关。寄主营养条件优越则结茧多，反之则少。寄主被寄生后5d食量开始减少，20d左右寄主幼虫不再取食，因此不仅能压低害虫下一代的种群基数，能减轻当代为害。

分布：湖南西洞庭湖湿地（汉寿），湖北湖区湿地（石首）。

注：本种异名为汉寿绒茧蜂（*Apanteles hanshouensis* You et Xiong）。

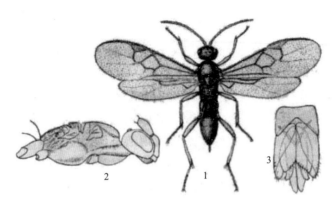

图5.25　汉寿盘绒茧蜂

1.雌蜂整体图；2.成虫侧面图，示胸部扁平；3.雄性外生殖器

e. 棘禾草螟盘绒茧蜂（*Cotesia chiloniponellae*，You et Wang，1990）。

雌蜂：广体长2.4mm。

头部：头大立方形；颜面、头顶和后头均有微细刻点，以后头刻点最细；单眼排列呈矮三角形，侧单眼间距为单复眼间距离的2/5，为侧中单眼距的2倍；触角稍长于体（87∶82）。

胸部：胸部扁平，其长（中胸盾片+小盾片）、宽、厚的比为22∶17∶17；中胸盾片有均匀的浅刻点，盾纵沟处刻点稍密集，前盾沟弯而浅，有微细的脊；中胸小盾片舌形，扁平，光滑有光泽，仅侧缘有极微细刻点；并胸腹节除后侧区稍光滑外，有网状皱纹和刻点；中胸侧板除中部光滑有光泽外，其余部分均有皱纹和刻点。

翅：翅透明，翅痣长于1-R1（18∶13）。

足：足基节大，与腹部1~2背板等长，有微细刻点，后足胫距外距长于内距，外距为跗节基节长的1/3，内距为1/4。

腹部：腹部短于头胸之和（7∶9），腹部第1背板从基部开始向端部逐渐加宽，至末端呈圆形收窄，背板长为基部宽的2.33倍，为端部宽的1.75倍，密布网状皱纹；第2背板中域亚三角形，宽为长的2倍，侧沟不甚明显，密布细皱纹，其余背板平滑有光泽。肛下板尖锐、突出，产卵管鞘多隐藏在肛下板内。

体色：头部、中胸小盾片、中胸侧板2/3或4/5处、中胸腹板、后胸背板和侧板、并胸腹节、腹部第1背板、腹部末端数节黑色；触角、前胸、中胸盾片红黄褐色；中胸侧板1/5或1/3处、足、翅基片、翅痣和1-R1、腹部第1背板和第2背板的膜质边缘及腹部第3背板黄色；腹部第2背板中域黄褐色。

雄蜂：体长2.4mm。除体色比雌蜂稍深外，其余同雌蜂。

雄性外生殖器：生殖器长0.35mm。生殖基宽0.189mm，最长处长0.112mm，两侧肩角处略突出。阳茎基侧突长0.301mm，端部1/4处侧面具毛。阳茎基腹铗长

0.210mm，内侧向内，端部有4根细毛。抱器背突长0.035mm，端部略平截稍微内弯。阳茎端长0.238mm，其端部不超过阳茎基侧突外端的连线（图5.26）。

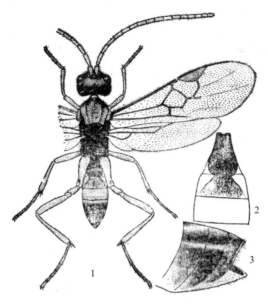

图5.26　棘禾草螟盘绒茧蜂

1.雌蜂背面观；2.腹基部背板；3.雌蜂腹部末端，示生殖器和肛下板（♀）

此蜂与同寄主的芦螟盘绒茧蜂（*Cotesia chiloluteelli*）的外形近似，色泽不同。它们的明显区别在于雄蜂外生殖器结构不同，棘禾草螟盘绒茧蜂的阳茎端不超过阳茎基侧突最远端连线，抱器背突向内弯；而芦螟盘绒茧蜂阳茎端超过阳茎基侧突最远端连线，抱器背突向两侧弯，详见图5.27。

卵：短杆状，稍弯，一端较宽，半透明。长0.414mm，最宽处宽0.108mm。

幼虫：蛆型，乳白色。各期幼虫的形态特征稍有不同：初期幼虫，长0.84~1.50mm，筒形，一端细，瘦长，口器黄色，寄生于寄主2~6龄（棘禾草螟幼虫共8龄）。具尾囊幼虫，长2.00~2.88mm，体较粗大，具浅杯状尾囊，尾囊乳白色，长0.28mm，口器黄褐色，寄生于寄主6~7龄。后期幼虫，长2.80~3.20mm，体粗壮，尾囊消失，口器发达，黄褐色，寄生于寄主7~8龄。老熟幼虫，长3.00mm，体粗壮，分节明显，表皮皱缩，头端细，口器极发达，褐色，寄生于寄主第8龄幼虫。整个幼虫期的历期为30.9d。

蛹：白色，单个茧长3.74~4.32mm，宽1.64~1.86mm，长椭圆形，表面有较长的茸丝。

生物学：湖南寄主为棘禾草螟（*Chilo niponella* Thunberg），芦螟（*Chilo luteellus* Motschulsky）。茧白色，群集于荻、芦茎秆之内。徐冠军等（1991）报道，

此蜂在湖北湿地（石首）一年发生7~8代，以蜂幼虫在寄主老熟幼虫体内越冬，8月室温下完成一代平均历期为33.4d，成蜂于上午8—10时及下午5—7时羽化最多，成蜂寿命1~4d，平均为2d，成蜂羽化后异性相遇即可交配，交配时间2~20s，平均6s，雌蜂一般只交配1次，而雄蜂可交配1~3次，产卵部位以寄主幼虫中部几个腹节背面居多，卵产于寄主节间膜体壁下的血淋巴液中。

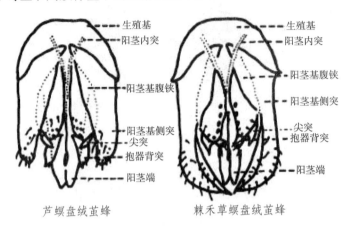

芦螟盘绒茧蜂　　　　棘禾草螟盘绒茧蜂

图5.27　雄性外生殖器[①]

（仿徐冠军等，1991）

幼虫：寄生蜂老龄幼虫在寄主体内于体壁和肠道间纵向排列取食，从胸部到腹末最后一节均有分布。寄生蜂老熟幼虫一般于寄主8龄（末龄）中期破寄主体壁而钻出，少数于寄主7龄乃至更早即成熟钻出，钻出部位为寄主胸部第一、二节间至第八腹节侧面，以腹部第2~6节居多，有的一处仅钻出1头，有的则从一个钻出孔鱼贯而出多头。幼虫钻出后，即爬在周围静伏10min左右才开始吐丝结茧，茧作成平均历时40min至1.5h；如毁去已做成的茧，仅可再做一次。茧遭毁后的幼虫常不能正常化蛹或蛹后不能羽化。所作茧群聚于荻秆内，纵向结集成堆。

茧（预蛹和蛹期）：历期4~6d，平均4.75d，越冬代则为8~15d，始白色，以后一端可隐约见黑痕，再后恢复白色，随即羽化。一堆茧的茧数在11~57个，平均29个。

寄主及其被寄生后的变化：室内对为害荻、芦的几种主要害虫的2~4龄幼虫的接蜂试验表明，该蜂除主要寄主为棘禾草螟外，还可寄生芦螟和高粱条螟，对荻蛀茎夜蛾（*Sesamia* sp.）仅发现寄生蜂的触角有试探现象，但不见产卵，而对白缘苇野螟寄生蜂则不屑一顾，既不试探，亦不产卵。以棘禾草螟（2~3龄）、芦螟和高粱条螟（3~4龄）幼虫混装于罐头瓶中，接上已交配的寄生蜂雌蜂，发现其产卵是随机的、无选择性的。以2～7龄的棘禾草螟幼虫混装于罐头瓶中接蜂试验表明，2～4龄寄主幼虫可被寄生，其中以3龄幼虫的生率最高，而5龄以上的幼虫则不被产卵和寄生（表5.7）。另外，接蜂试验还表明，以高粱条螟为寄主，寄生蜂从卵至幼虫的历期较棘禾草螟为寄主的历期要短得多。

表5.7 寄生蜂对棘禾草螟不同龄期的选择性（石首市，1986年8月）

龄期	供试虫数（头）	寄生数（头）	寄生率（%）
2	58	8	15.5
3	43	12	35.7
4	14	3	28.6
5～7	33	0	0

寄主被寄生后，初期无明显症状，发育正常，但食量较少；至寄主7龄末才表现出表皮发皱并变成黄褐色，且行动迟缓，到蜂幼虫钻出前4～5d，幼虫开始停食，待蜂幼虫钻出后，寄主体软，滞呆，经2～3d即死亡。

湿地分布及季节消长情况：棘禾草螟盘绒茧蜂在田间分布极不均匀，同一湿地的不同苇田，以及同一苇田的不同位置的分布均不同，一般在路边和苇田边缘的寄生率较苇田中间要高（表5.8）。

表5.8 棘禾草螟盘绒茧蜂湿地分布情况（石首市，1986年7—8月）

调查地点	棘禾草螟幼虫（头）	寄生数（头）	寄生率（%）	寄生率（%）	注
田边	732	130	38.1	38.1	同一田块
田中	259	1	0.4	0.4	同一田块
北辗	338	0	0	0	不同田块
南辗	563	10	1.8	1.8	不同田块
河口	991	132	13.3	13.3	不同田块

在棘禾草螟幼虫期的寄生天敌中，以棘禾草螟盘绒茧蜂的寄生率较高。1986年7月在石首调查991头，寄生数为132头，寄生率为13.3%，对寄主的种群数量具有一定的控制作用。

②原绒茧蜂属（*Protapanteles*，Ashmead，1898）。

特征：前胸背板侧面凹槽有上下背沟；并胸腹节表面几乎完全或至少一半以上光滑，有时具粗糙刻点或皱纹，稀有中纵脊，但绝无中区痕迹；前足端跗节有端刺；前翅r-m脉缺如，小翅室开放；后翅臀叶边缘凸出，具或无缘毛；腹部第1节背板端部不加宽，长至少为最大宽度的1.5倍，侧背板可见，背板两侧至端部逐渐收窄，或从亚基部到端部两侧平行，后端两角圆弧形，端宽至少不大于基部；或光滑，呈桶形，端部略宽，有刻点或皱纹。第2背板有一对侧沟由基部分叉，围成一亚三角形或平截的锥形（梯形）中域，通常端宽约与长相等，有时分岔的侧沟间的针刺状刻纹消失；或第2背板有梯形或近三角形中区，由侧沟分割成，光滑，有刻点及皱纹；第2背板通常为第3背板的0.5～1.0倍；第1节背板和第2节背板表面变化较大，从完全光滑具光泽至大部分具微皱或针刺状皱纹不等；肛下板均匀骨化，无一系列平行的纵褶；产卵管鞘短，多隐藏于肛下板内，其长度一般短于后足胫节之半，若肛下板大（少数情况），则产卵管鞘长，仅在近端部有少量的毛；产卵管末端尖锐。

生杨学：多为群集寄生，少数为单寄生。寄主属大、中型鳞翅目，主要有尺蛾科、毒蛾科、天蛾科、夜蛾科等。

分布：世界性分布，已知7亚属（Yu et al，2005），异名属 *Glyptapanteles* Ashmead有数百种，T1端部变狭，T2有三角形中区，并胸腹节及T1、T2光滑，种类难区分。Yu等（2005）将其置入原绒茧蜂属。van Achterberg（2002）欧洲小腹茧蜂论文的支序图已看出原绒茧蜂属分亚属的雏型。

a. 芦苇豹蠹蛾原绒茧蜂［*Protapanteles*（*Protapanteles*）*phragmataeciae*，You et Zhou，1990］（图5.28）

雌蜂：体长2.2～2.3mm。

头部：头部横置，宽于胸部，单眼排列呈矮三角形，两后单眼间距离为后单眼至复眼距离的0.6倍。头部有微细刻点，颜色显著隆起，具细皱纹。触角较粗，明显短于体长。

胸部：胸部扁平，前胸背板背沟明显；中胸背板（中胸盾片+小盾片）长、宽、厚的比例为1.1∶1∶1中胸盾片有微弱刻点和白色细毛，小盾沟微弯而浅，小盾片狭长，光滑、悬骨背面可见；中胸侧板仅翅基下脊附近有少数刻点外，完全平滑有光泽。并胸腹节光滑，端部有极微细皱纹。

翅：前翅翅痣约与1-R1等长，明显短于2-SR，与2-SR连接成均匀的弧形，与m-cu（3）约等长；2-SR+M与2-M的有色部分几乎相等，长于1-SR。

足：后足基节光滑无刻点；后足胫距等长，长为后足跗节基节长的1/2。

腹部：腹部第1背板光滑，楔形，长度为端部宽的4倍，端部有细皱纹；第2背板中域三角形，光滑，侧沟明显，侧沟内方有纵细线；第3背板及接续背板光滑有光泽。肛下板大，产卵管约与后足胫距等长。

体色：体黑色。触角、腹部（除第1节、第2节背板膜质边缘黄色）红褐色；下颚须、翅基片、翅痣、翅脉、足、后足胫距及肛下板黄色。

雄蜂：雄蜂体长2.0mm，除两性差异外，其余同雌蜂。

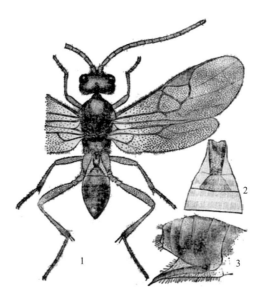

图5.28 芦苇豹蠹蛾原绒茧蜂

1.雌蜂背面观；2.腹基部背板；3.雌蜂腹部末端（侧面观），示生殖器和肛下板（♀）

生物学：寄主芦苇豹蠹蛾（*Phragmataecia castaneae* Hübner）。茧白色，群集，大形，复以稀疏的细丝。位于荻、芦秆内。在湖南沅江，5月对芦苇豹蠹蛾越冬幼虫的寄生率达30%～40%。

分布：湖南（南县、沅江）；湖北洞庭湖湿地。

注：本种异名为芦苇豹蠹蛾绒茧蜂（*Apanteles phragmataeciae* You et Zhou）（王宗典等，1989）。

（2）前腹茧蜂亚科（Hybrizontinae，Blanchard，1895）。

特征：触角鞭节11节。前翅无1-SR+M（肘脉第1段），后翅有1r-m（后基脉）；腹部第2背板和第3背板并非愈合不能活动。

生物学：此亚科在全北区Holarctic有3个属，*Hybrizon* Fallén、*Ghilaromma* Tobias和*Eurypterna* Foerster。大颚前腹茧蜂（*Hybrizon buccatus* de Brébisson）的标本可在草蚁［*Lasius*（*Lasius*）*alienus*（Foerster）］巢内采到，在蚁茧间可以采到大颚前腹茧蜂的裸蛹（Konishi et al，2012；van Achterberg，1999）。在湖南的两种前腹茧蜂可寄生黑草蚁（亮毛蚁）［*Lasius fuliginosus*（Latrielle）］。工蚁将蚁幼虫转移到巢外时，老龄幼虫就被前腹茧蜂寄生，前腹茧蜂寄生不一定有专一性，可寄生蚁亚科（Formicinae）或非蚁亚科。

分布：前腹茧蜂亚科（Hybrizontinae）的属、种已知只分布全北区和新北区。但湖南洞庭湖湿地湘北沅江东南湖茅草街（N29°，E112°）芦苇田捕获到黄脸前腹茧蜂（*Hybrizon flavofacialis* Tobias）和格氏前腹茧蜂（*H.ghilarovi* Tobias），说明分布随寄主南移扩散了2 200km，已分布到东洋界的北缘（van Achterberg et al，2013）。

注：前腹茧蜂属（*Hybrizon*）因其前翅无第2廻脉（第2m-cu），Shenefelt（1969）、van Achterberg（1976）和Watanabe（1984）将其置入茧蜂科（Braconidae）内；Sharkey和Wahl（1987）把它放在姬蜂科（Ichneumonidae）；何俊华（1981）把它单独列为前腹茧蜂科（Hybrizontidae），Watanabe（1946）、Tobias（1986）March（1971）、Mason（1981）、van Achterberg（1984）Marsh（1987）、Wahl和Sharkey（1988）等把它另立为前腹姬蜂科（Paxylommatidae）。Mason（1981）的理由是因此类昆虫没有茧蜂科的特征即：腹部第2背板和第3背板愈合而不能活动的特征。van Achterberg（1984）认为因其翅脉上的两个衍征而表示前腹姬蜂科（Paxylommatidae）与姬蜂近缘，而不能与茧蜂近缘。Wahl 和Sharkey（1988）也认为前腹姬蜂科（Paxylommatidae）与姬蜂近缘的理由是前翅都没有1-SR+M（肘脉第1段），后翅都有基脉（1r-m）。以上数十年的如此不同安置，当然引起茧蜂专家使用分子系统学的方法探究其真正结果的兴趣。借助分子数据研究结果，两种方法有两种意见，使用28S rDNA对姬蜂总科（Ichneumonidea）所作的研究结果是前腹姬蜂亚科（Paxylommatinae）位于姬蜂科（Ichneumonidae）这一进化支系的最基本的位置，即基部分支（Belshaw et al，1998；van Achterberg，1999）。Quicke等（1999）使用28S D2 rDNA试图解决低等姬蜂类群（Brachycyrtinae），高腹姬蜂亚科（Labeninae）前腹姬蜂亚科（Paxylommatinae）和凿姬蜂亚科（Xoridinae）使用形态特征分析结果不能解决的系统发育关系问题。结果是常认为属于姬蜂科（Ichneumonidae）的前腹姬蜂亚科（Paxylommatinae）却从姬蜂中脱离，成为茧蜂的姊妹群。

综上所述，虽然基于形态学研究的多数学者把前腹姬蜂放在姬蜂科（Ichneumonidae），但据Quicke等（1999）的分子系统学研究，同意Shenefelt（1969）的分类方法，作为茧蜂科（Braconidae）内的一个亚科处理。

前腹茧蜂属（*Hybrizon*，Fallén，1813）。

特征：小型。头部复眼凸出，前幕骨陷深；胸部强隆起，有胸腹侧脊；前翅径脉第2段（3-SR）粗短，无第2廻脉（2m-cu）；腿细长，腹部细长，侧扁。

生物学：寄生蚁幼虫［蚁亚科（Formicinae）］，当工蚁进出蚁巢搬运蚁幼虫时，常被前腹茧蜂寄生。在湖南洞庭湖湿地的芦苇田，黄脸前腹茧蜂（*Hybrizon flavofacialis* Tobias）和格氏前腹茧蜂（*H.ghilarovi* Tobias）寄生黑草蚁（亮毛蚁）幼虫。但也有寄生非蚁亚科的蚁幼虫（van Achterberg et al，2013）。有记载的寄主有17种蚁（何俊华，1981；Shenefelt，1969）。

分布：前腹茧蜂属（*Hybrizon*）分布全北区（van Achterberg等，2013）。已知古北区5种，新北区2种；古北区的5种中有4种可分布到东亚，即中国、日本、韩国、俄罗斯的远东地区、蒙古国，而黄脸前腹茧蜂和格氏前腹茧蜂分布到了湖南省的沅江（N29°，E112°），是至今已知分布的最南端，深入到了东洋区区域，因而可以认为前腹茧蜂属（*Hybrizon*）是分布古北和东洋两区的属。在蚁多的地方用网扫和灯诱（马氏器）可捕获。

湖南省前腹茧蜂属分种检索表（雌蜂）

1 颜面黄色，复眼无毛；中胸盾片盾纵沟区具革质状刻点，后胸侧板具微细颗粒点，前翅长3.1mm，前翅径室全部覆盖有密毛；产卵管长约等于后足胫节长之半…………………………………………………………………黄脸前腹茧蜂（*Hybrizon flavofacialis* Tobias）

1' 颜面暗褐，复眼有毛；中胸盾片盾纵沟区革质状，后胸侧板具网状皱纹，前翅径脉第2段非常短，径室仅端半部具密毛，前翅长3.0mm；产卵管长，多与后足胫节等长…………………………………………………………………格氏前腹茧蜂（*Hybrizon ghilarovi* Tobias）

a. 黄脸前腹茧蜂（*Hybrizon flavofacialis*，Tobias，1988）（图5.29）。

雌蜂：体长3.5mm，前翅长3.1mm。

头部：刻点似粒状雕刻，微有光泽。头宽为长的2.1倍，后头脊至复眼距离为复眼横径的1.3倍，单眼排列呈三角形，后单眼直径为两后单眼间距的2.1倍；颜面宽为高的1.5倍，为颊宽的3倍；触角丝状，长约与头、胸及腹部基部两腹节之和等长；柄节大，球形；触角鞭节第1节长为宽的6倍，端前节长为宽的2.5倍。

胸部：翅痣三角形，与痣后脉分开，径室长为宽的6倍，覆盖密毛，径脉第2段（3-SR）中等长短，几短于第1段（r脉）的2倍，短于廻脉的2.5倍，基脉微弯，盘室微向下收狭。前足基跗节几为跗节2~5节之和的2倍（7：4），后足基跗节均匀，长为宽的5倍，为后足胫节内距之2倍，与跗节2~5节之和等长，后足第2节长为宽的2倍；并胸腹节上半部分粒状凸出，有不均匀、不深的皱纹，皱纹下面有很微弱的粒状凸出，几乎光滑，有光泽，但中间有稀少的深皱纹和纵脊，下半部分有纵垄沟，有微细刻点。

腹部：第1背板上面有微微的纵皱，中间有纵垄沟，两边有不均匀皱纹粒状凸出部，腹部第2背板除端部1/3光滑外，有纵皱纹；腹部第1背板气门明显凸出，第2背板气门微小，处在第2背板中部与后部1/3之间。产卵管短，约为后足胫节长的1/2。

体色：体黑色。颜面、触角柄节及翅基片黄色；口器及前足基节淡黄，前足和中足腿节褐黄色，后足及触角梗节黄褐色或暗褐色；翅光亮，翅痣和翅脉除了肘脉基半部和淡色的痣后脉外，为褐色。

生物学：寄生黑草蚁（亮毛蚁）[*Lasius fuliginosus*（Latrielle）]（芦苇）。

分布：湖南（洞庭湖湿地沅江东南湖黄土苞镇）（van Achterberg et al，2013）；俄罗斯远东地区（巴哈罗夫斯克）（van Achterberg，1999；van Achterberg et al，2013）。

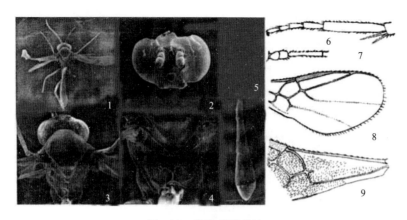

图5.29 黄脸前腹茧蜂

1.成蜂整体图，背面观；2.头部，背面观；3.头部和胸部，背面观；4.小盾片、小盾片侧盘和并胸腹节；5.背面观；6.跗节；7.基部3节；8.端半部；9.基半部

（著者原图）

b. 格氏前腹茧蜂（*Hybrizon ghilarovi*，Tobias，1988）（图5.30）。

雌蜂：体长3.3～3.4mm，前翅长3.0mm。

头部：复眼明显有微毛，两后单眼间距为单眼直径的1.6倍；触角梗节约与柄节等宽，稍微短于柄节，鞭节相对长；颜面最宽处是最狭窄处的1.2～1.3倍；下半部分多少为皮革状颗粒，颚眼距后方近乎平或有皱纹。

胸部：中胸盾片前侧面有微皱，小盾片多少颗粒状，并胸腹节有中区，前中部不呈颗粒状，后半部分有强弯脊，或呈皱纹；后胸侧板腹半部有皱纹或密集的微皱纹。

翅：前翅r脉出自翅痣亚基部，翅痣基部宽，3-SR常短，1-M微微明显，前段直或几乎直，基室有30～40根微毛，径室（缘室）长是其最宽处的4.0～5.5倍，端半部毛密，SR1直（沅江东南湖东洋区种）或曲波状（模式种）。

足：后足基跗节长为最宽处的7倍。

腹部：产卵管鞘有稀疏柔毛，长度约为腹部第2背板的0.6～0.7倍；产卵管约与后足胫节等长。

体色：头部的颜面除近幕骨陷处外均黑褐色，翅痣象牙色，副翅痣黄色，触角柄节和梗节黄色。

生物学：寄生黑草蚁（亮毛蚁）［*Lasius fuliginosus*（Latrielle）］（洞庭湖湿地芦苇地）。

分布：湖南（洞庭湖湿地沅江东南湖黄土苞镇）（van Achterberg et al，2013），俄罗斯远东地区、保加利亚（van Achterberg，1999），吉林、朝鲜、日本（Konishi et al，2012）。

（3）长体茧蜂亚科（Macrocentrinae，Foerser，1862）。

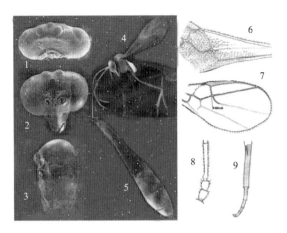

图5.30 格氏前腹茧蜂

1.头部，背面观；2.头部，正面观；3.胸部背面观（含中胸盾片、小盾片、小盾片侧盘、并胸腹节）；4.成蜂整体侧面观；5.腹部，背面观；6.前翅基半部；7.前翅端半部；8.触角基部3节；9.后足跗节

（著者原图）

特征：头部上颚静止时端部相聚或交错，颊脊（头部上方为后头脊，下方为颊脊）和口后脊在上颚基部后面相遇或缺，触角窝与复眼边缘的距离小于两触角窝之间的距离；胸部前胸侧板具有向后缘延伸的叶突，一般后胸侧板前面具有叶突并突出在中足基节上方，前翅有3个肘室（亚缘室），径室（缘室）延伸到或几乎延伸到近翅尖，r-m脉大于2-SR长度之半，肘脉出自亚前缘脉或出自与亚前缘脉相会处之前，臀室内有1条或2条横脉；后足基节长，第2转节端部有齿；腹部第1背板通常长大于宽，有时非常长，气门明显在背板中部之前。第2背板和第3背板愈合而坚硬。

长体茧蜂亚科是一个中等大小的亚科，Shaw和Huddleston（1991）统计全世界约有150个已经描述的种类，是鳞翅目幼虫内寄生的续育寄生蜂（容性寄生），长体茧蜂属*Macrocentrus*的种类可行群集寄生或单寄生，群集寄生的种类常呈多胚生殖（polyembryony），茧常附着在寄主幼虫尸体上。群集的种类中有少数寄生取食根或茎内部的夜蛾幼虫，大多数寄生取食嫩梢、卷叶、隐藏或形成虫瘿的螟蛾和卷蛾幼虫；单寄生种类寄生隐藏的蓑蛾、鞘蛾、尺蛾、卷蛾、透翅蛾幼虫。在英国，寄生螟蛾幼虫的多胚生殖长体茧蜂（*Macrocentrus cingulum* Reinhard）（= *M.grandii* Goidanich）喜寄生中等龄期的幼虫，并以寄生蜂卵在越冬寄主幼虫体内过冬，到春天时寄生蜂卵才行胚胎发育。此亚科的寄主为卷蛾科（Tortricidae）、螟蛾科（Pyralidae）、透翅蛾科（Sesiidae）、谷蛾科（Tineidae）、织蛾科（Oecophoridae）、尺蛾科（Gelechiidae）和灰蝶科（Lycaenidae）（van Achterberg & Belokobylskij，1987）。Udayagiri等（1992a，1992b，1993）报道欧洲玉米螟

（*Ostrinia nubilalis*）寄生蜂褐腰长体茧蜂（*Macrocentrus grandii* Goidanich）的植物-害虫-茧蜂间的化学通信研究。

注：长体茧蜂亚科（Macrocentrinae）自建立以来，虽然保留自今，但亦经历了一些变化，van Achterberg规范了此亚科的范围，从中分出建立了刀腹茧蜂亚科（Xiphozelinae）（van Achterberg，1979），滑茧蜂亚科（Homolobinae）（van Achterberg，1979）和洞腹茧蜂亚科（Amicrocentrnae）（van Achterberg，1979）。形态学研究表明此亚科属长茧蜂亚科群（Helconoid）（Quicke和van Achterberg，1990）。

长体茧蜂属（*Macrocentrus*，Curtis，1833）。

特征：头部触角约长于体，或等于体长，有的也短体长，24～61节；无后头脊；侧面观中胸盾片中叶明显向前突出于侧叶之上，但有些种类中叶不突出和几乎不突出；前翅2-CU1直或几乎直，亚中室（亚基室）端部常不宽或微宽（有些澳大利亚的种类亚中室端部明显加宽）；常有长形黄色或褐色斑纹；前翅cu-a垂直，一般细长（可能基部或端部加宽），个别种类明显弯，r-m有时缺（在长体茧蜂亚科只有长体茧蜂属有此情况），前翅CU1a无微弱的暗斑，第1臂室细长至大，部分光滑或无毛；1-SR+M和基脉（1-M）之间角度为90º，3-M正常，常比3-SR长两倍以上；后翅径室（缘室）狭，两边约平行或端部稍加宽；后翅径脉（SR）基部微宽，不骨化，1r-m直，短至中等长，2-SC+R水平状（纵行），SC+R1直，均匀地弯或向翅前缘突然弯曲，无r脉，R1细长；后足胫节内距为后足基跗节长的0.3～0.5倍；前足胫距为前足基跗节长的0.2～0.6倍，跗爪有或无基叶；后足内爪和后足外爪相似；后足基节多具有少数横线；所有亚转节具齿。腹部第1背板大部分光滑或有纵细线或皱纹，有些非洲种类有横线，长为端部宽的1.5～3.4倍，背板后部常加宽，第1背板侧凹深，与基侧凹明显区分，基部中央多少有浅的凹陷；产卵管鞘长为前翅长的0.2～2.7倍，产卵管端部常有变化，亚端部有多少发达的缺刻。

生物学：本属种类为卷蛾、尺蛾、螟蛾、斑蛾、毒蛾、夜蛾等鳞翅目幼虫的单内寄生或群集内寄生蜂，有些种类行多胚生殖（群集寄生种类）。Qiu等（1989）报道了寄生于亚洲玉米螟［*Ostrinia furnacalis*（Guenée）］的螟虫长体茧蜂（*Microcentrus linearis* Nees）对植物挥发物的行为反应。

分布：该属种类全世界有约140种，在全北区和古北区有约100个已知种（van Achterberg & Polaszek，1996），我国已定名种63种（何俊华等，2000），湖南省已知定名种6种。

注：我国20世纪80年代中期之前发表长体茧蜂属*Macrocentrus*的论文中均称此属为长距茧蜂，是按拉丁文原意所译：Macro（大）centr（刺、距）。后按何俊华观点（1989—2000年）统称为长体茧蜂。

沅江长体茧蜂（*Macrocentrus yuanjianensis*，He et chen，2000）。

形态：雌蜂体黄色，触角鞭节、上颚端部、翅痣、产卵管鞘深褐色，部分个体中胸盾片中叶、侧叶，腹部第1背板端半部，第2、3背板，第4背板基部，第5背板基部和端部，第6背板端部，第8背板全部亦为深褐色。头部背面观横置，复眼长为颊长的7倍。颊在复眼后方完全收缩，单眼大，两后单眼距离约与后单眼直径相等，稍大于后单眼至复眼距离（6∶5）（图5.31-1）；头顶光滑，在复跟边缘和唇基处有微毛，颜面上方平坦，下方近唇基处微隆起，有均匀微细的刻点，幕骨陷深，稍长，两幕骨陷之间距离约为幕骨陷至复眼边缘距离的两倍；眼鄂距约与上颚基部宽度相等。触角55节，从第3节开始均长大于宽，第3节、4节、24节和53节长分别为宽的8倍、6倍、2.33倍和2倍，端节具小刺（图5.31-2）；下颚须长而纤细，与头高相等，第4节长为宽的8.66倍，与第3节、5节、6节的比为13∶8∶9∶8；下唇须短，第3节和第4节略等长，上颚粗短，端部不扭曲。

胸部：中胸长为高的1.47倍，中胸盾片光滑，有均匀明显的刻点及微毛，盾纵沟深，有脊，从中胸盾片前端约l/4处开始至中胸盾片约2/3处汇合，汇合处后方呈一中纵皱；小盾片有明显刻点，前凹大而深，内具一纵脊（图5.31-3），中胸侧板密布刻点，基节前沟处刻点较稠密；并胸腹节有皱纹，在中部前方和气门周围皱纹纵列，中部后方及纵列皱纹两侧呈网状皱纹（图5.31-4）；后胸侧板上方有纵皱，下方为刻点。足细长，前足腿节明显弯曲（图5.31-5），前中、后足后转节有齿，前足齿呈梳状排列，中、后足齿呈弧形（图5.31-6），中足和后足腿节近基部外侧均有一列短齿，跗爪简单。前翅亚中室全部有毛，内具狭长条褐斑，r∶3-SR∶SR=4∶7∶18，2-SR∶3-SR∶r-m=5∶7∶3，m-Cu插入1-SR+M第一段端部1/4处，Cu-a微后叉式或对叉式（图5.31-7），后翅径室无柄。

腹部第1背板长为端部宽的2.70倍，纵皱在背板基半部较稀疏，端串部密而明显，有刻点，第2背板皱纹呈细线状，第3背板基部2/3有细皱，端部1/3平滑有光泽（图5.31-8）。产卵管为体长的1.4倍左右（图5.31-9）。体长10～11mm（不计产卵管13～15mm）。

雄蜂：体色稍深，m-Cu插入i-SR+M端部1/3处，其余同雌蜂。体长10mm。

茧：单个，深褐色，长圆筒形，长14mm，宽3mm。

寄主：沅江长体茧蜂的寄主为棘禾草螟（*Chilo niponella* Thunberg），8月此蜂对第1代棘禾草螟幼虫的自然寄生率可达15%～25%（沅江东南湖湿地莘田灯下多）。

本种与分布在爪哇和我国台湾，寄生蔗二点螟、高粱条螟和蔗自螟的蔗螟长体茧蜂（*M.jacobsoni* Szépligeti）相似，不同点在于本种触角55节，鞭节第1节明显短于2+3节之和（19∶26），前翅r明显比r-m长（4∶3），腹部第3节背板不为方形，长为宽的1.6～1.7倍，产卵管为体长的1.4倍左右。

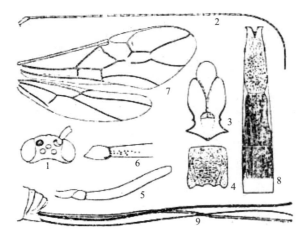

1.头部背面观；2.触角；3.中胸盾片和小盾片；4.并胸腹节；5.前足腿节和前足后转节齿；6.中、后足后转节齿，腿节近基部一列短齿；7.前后翅，示前翅亚中室之褐条斑；8.腹部1～3节背板；9.产卵管和产卵管鞘

（仿何俊华等，2004）

图5.31　沅江长体茧蜂

（4）茧蜂亚科（Braconinae，Blanchard，1845）。茧蜂亚科（Braconinae）是茧蜂科（Braconidae）内最大的亚科之一，具丰富的物种多样性，已记述的属160个以上（Quicke，1987），2 000多种（Shaw et al，1991），大多数种类分布在热带和亚热带。在茧蜂科中，其个体多为大、中型，色泽较鲜艳。

特征：头部唇基端缘有凹陷，即唇基下部形成较深的凹窝，或整个唇基和颜面腹缘在颜面下部形成凹窝；凹窝背缘强拱起、弯、微弯、直，少数情况下呈双曲型。上唇明显凹陷，除端缘外大部分光滑，下颚须5节，无后头脊。胸部无胸腹侧脊，前翅1-SR+M完全；有r-m，出自3-SR，3-SR出自2-SR，不直接和翅痣相连；无2A（臀间脉）；后翅1-M至少为M+Cu长的1.5～2倍，1-M基部明显加宽，有cu-a（后小脉），无2A（后臀间脉）。腹部第1节背板基部和侧面平或平坦［除盾茧蜂亚族（Aspidobraconina）和甲盖茧蜂亚族（Physaraiina）的种类，腹部第1节背板和第2节背板愈合，蝇态茧蜂属（Myosoma）和距茧蜂属（Calcaribracon）的种类腹部背板侧面大都不骨化］，产卵管明显突出，长超过腹部末端（除Calcaribracon属），雄性外生殖器有长圆锥形的生殖基（基环），外生殖器长，粗，阳茎基侧突不短，达到或不达抱器背突中部，端部有长毛，抱器背突有齿，保留较多的祖征性状。

茧蜂亚科种类的雌蜂具一长而明显的产卵管，喜寄生蛀叶、卷叶、蛀木等隐藏的寄主，有的寄生末龄幼虫，多数种类是阻育寄生蜂（被寄生后寄主不能继续取食、发育、活动称阻育寄生，亦称抑性寄生）。在寄主体内注射毒液，使寄主麻痹，寄生鞘翅目、鳞翅目、双翅目、植食性膜翅目。单寄生或多寄生。

茧蜂亚科种类活动时如遇惊扰，会放出木头的气味，易于识别。茧蜂亚科种类产卵管较长，主要是隐藏寄主的外寄生蜂，常寄生活跃的末龄幼虫，是严格的阻育寄生蜂（idiobionts），在寄主体上或旁边产卵前会注射使寄主长期麻痹的毒液，毒液是速效的。一些茧蜂亚科种类在毒液注射几天，毒液完全发挥作用之后，寄主能恢复活动。茧蜂亚科内有一些种类是续育内寄生（Koinobionts，亦称容性寄生），在英国可以见到Aspidobraconina亚族的成蜂从蝶蛹羽化出来。我国茧蜂亚科内一些小属如*Coeloides*、*Atanycolus*、*Vipio*寄主范围较窄，一般为甲虫；*Baryproctus*属寄生双翅目；*Bracon*寄主范围较广，包括鞘翅目、鳞翅目、双翅目、植食性的膜翅目等，特别是这些寄主都生活在隐蔽场所，如在植物组织内、树皮内，一年生或多年生植物茎内，种子内的卷叶虫或潜叶虫。茧蜂亚科种类可在一年中不同时期寄生不同寄主，或寄生不同目的寄主，与不同亚科比较，茧蜂亚科寄主范围算是广的。在澳大利亚观察到*Pycnobraconoides*属有悬空携带寄主及寄主护囊的行为，其时以前足握持叶甲幼虫的囊（幼虫在囊内），以产卵管试探产卵的现象（Quicke et al，2011）。

①蝇态茧蜂属组（*Myosoma*-group）（Quicke，1987）。Quicke（1987）研究全世界茧蜂亚科（Braconinae）160个已描述的属时，将3个属即蝇态茧蜂属（*Myosoma* Brullé[①]）、距茧蜂属（*Calcaribracon* Quicke）和长毛茧蜂属（*Mollibracon* Quicke）归入蝇态茧蜂属组（*Myosoma*-group）（Mateô，1992），认为和茧蜂属组*Bracon*-group有亲缘关系（Quicke，1986，1987）；van Achterberg和Polaszek（1996）指出历史上常将阿蝇态茧蜂属（*Amyosoma* Viereck）的种类当作蝇态茧蜂属（*Myosoma*）来处理，并指出两属的根本形态区别，对阿蝇态茧蜂属作了新记述（stat.nov.）。蝇态茧蜂属组就有了4个认可的属，此属组湖南有2属3种。

形态特征：唇基下口窝深，背方圆，唇基无脊与颜面分开，前翅第2径室长，C+SC+R与1-SR脉间夹角大于55°；1-SR+M脉强烈弯曲，最大弯曲域通常明显增厚；胸部光滑，有光泽，后足胫节后部变得宽大，具侧纵沟和密集刚毛；腹部背板光亮，具光泽，腹部第1背板长大于中间宽的2.6倍，侧区变小，无粒状点，腹部第2背板中区不呈三角形，前侧缘膜质；2～3节背板间隙光滑。有时浅（Quicke，1987）。

*Calar*拉丁文意为距的意思，因此属茧蜂前翅盘脉3-CU1生有一明显的距伸入到第一臂室，与亚盘脉CU1a对应，或此处有暗斑。中国1987年前称*Zele* Curtis为距茧蜂属，实际上是滑胸茧蜂亚科（Homolobinae）滑胸茧蜂属（*Homolobus* Foerster）的种类，尔后发表的*Zele* Curtis属种类隶优茧蜂亚科（Euphorinae），中名更改为赛茧蜂。

②阿蝇态茧蜂属（*Amyosoma*）（Viereck，1913）。

特征：前翅长2.5～5.5mm；触角柄节端部平截，卵圆，后翅1r-m脉短；前翅1-SR与C+SC+R脉间夹角约为80°；前翅第1盘室较横向；后足腿节和胫节扁平，后足腿节、胫节和跗节具较稀疏白色毛或浅黄色毛，腹部第1背板在气门之后变窄，长为

---

① 蝇态茧蜂属（*Myosoma*）中名由夏松云先生（夏慎修）为著者拟定。夏先生20世纪30年代师从我国著名寄生蜂专家祝汝佐教授，为感谢夏松云先生对著者之一（游兰韶）的指导，仍保留原中名

端宽的1.8~2.7倍，侧面有或无狭窄扁平膜质区；第2背板未骨化部分呈三角形或近似三角形；第2~3节背板间的缝深或近于直，整个腹部光滑（van Achterberg et al，1996）。

生物学：鳞翅目蛀茎幼虫的外寄生蜂。

分布：古北区的热带地区，古北区东南部，非洲区。

> 注：本属名用于我国水稻和芦苇田常见的寄生蜂，最先是于Szépligeti（1902）根据采自我国之标本发表的新种，学名为*Bracon chinensis* Szépligeti，标本存匈牙利布达佩斯。Viercck（1913）根据我国台湾省的标本，在美国发表1个种，命名为*Amyosoma chilonis* Viereck，标本存华盛顿，这一名称后来被证明是前一种的异名。1991年前，我国所有天敌论著对中华茧蜂都取名*Bracon chinensis* Szépligeti，中国水稻害虫天敌名录（农业部植保总站等编，1991，科学出版社）则取其学名为*Amyosoma chinensis*（Szépligeti）。Quicke和Wharton（1989）指出Mason（1978）曾将*Amyosoma chilonis* Viereck转移到*Myosoma*属，但没有将其先定为同物异名的*Bracon chinensis* Szépligeti转移到*Myosoma*属，并提出*Myosoma chinensis*（Szépligeti）comb.n.（新组合）（=*Bracon chinensis* Szépligeti，1902）为中华茧蜂的正确学名，现经van Achterberg和Polaszek（1996）经详细研究后，认为阿蝇态茧蜂属（*Amyosoma*）与蝇态茧蜂属（*Myosoma*）是亲缘关系较近的2个近缘属，两属均具狭窄的第1腹板及后足腿节和胫节不同程度扁平的性状。蝇态茧蜂属后足腿节和胫节的毛更密，黑色，盾纵沟不完整，后翅1r-m，脉弯曲等性状可与阿蝇态茧蜂属区别。

中华茧蜂（*Amyosoma chinensis*）（Szépligeti，1902）（图5.32）。

雌蜂：体长2.9~3.9mm，前翅长2.8~4.0mm。

头部：触角33~36节，第3节中等粗大，颜面大部分有颗粒状刻点。

胸部：盾纵沟伸达后缘，但不相接，小盾片前沟窄且深。前翅1-SR+M微弯，cu-a微后叉。

腹部：腹部第1节后半部背板侧区大部分缺，背板长为其端部宽的2.1~2.5倍；产卵管鞘长为前翅长的0.32~0.40倍，为腹部第1节背板长的2.2~2.5倍，与后足胫节等长。

体色：翅面暗褐色，雌蜂头部和中胸大部分黄褐色，颜面、唇须和翅基片黄色；腹部主要是暗褐或黑色，第3~6节背板后侧面淡黄色；前足黄色（腿节部分暗黄），中足和后足黑色或暗褐色。

雄蜂：头部背面、并胸腹节和腹部暗褐或黑色（除第1、2节背板的未骨化部分及接续背板后缘白色）。

茧圆筒形，淡灰黄色或淡黄褐色，长6~8mm，直径2~3.5mm，两端平截，常5~6个茧结成紧密的一团。

生物学：湖南洞庭湖湿地寄主为荻蛀茎夜蛾（*Sesamia* sp.）（王宗典等，1989）。另湖南寄主有大螟（夏松云，1957）、三化螟、二化螟、大螟、甘蔗二点螟、甘蔗小卷蛾（黄螟）、高粱条螟等幼虫（祝汝佐和何俊华，1978）。蜂产卵在寄主幼虫体表。卵群集一处，孵出的幼虫行体外寄生，1条寄主幼虫上只发育5～6头蜂，蜂幼虫成长后即在寄主的尸体附近结茧化蛹。岳阳1978年6月下旬早稻大螟幼虫寄生率49%，1977年9月中旬靖县稻田普遍发生此蜂。

图5.32　中华茧蜂

（仿王宗典等，1989）

分布：湖南洞庭湖湿地（王宗典等，1989）；长沙（夏松云，1957）；湖南岳阳、沅江、靖县、炎陵县（陈常铭等，1982）；国内分布江西、福建、江苏、台湾（游兰韶等，1994）、上海、浙江、安徽、湖北、四川、广东、广西、贵州、云南（何俊华，1991）；国外分布印度、印度尼西亚、菲律宾、马来西亚、泰国、斯里兰卡、尼泊尔、巴基斯坦、墨西哥、日本、朝鲜、毛里求斯及美国夏威夷（引入）（Shenefelt，1978）；20世纪初中华茧蜂生物防治广泛用于防治蔗螟，引入到马达加斯加和毛里求斯，可能未建群，近来在阿曼发现，与非洲种*Amyosoma nyanzaense*重叠分布（van Achteberg & Polaszek，1996）。

注：本种异名为中华茧蜂（*Bracon chinensis* Szépligeti）（王宗典等，1989）。

（二）蚁科（Formicidae）

成虫微小至小，体长0.5～25.0mm，为群居性的多型性昆虫，并有一定的集体分工制度，此制度主要系由两性个体、不生殖的雌蚁（职蚁）及该型的多种变型（兵蚁）构成。体躯平滑，或有毛、柔毛、刺、条纹、网纹、刻纹或瘤突。体节明显，分头部、胸部及腹部。

体色大多为暗色、黑色及黄褐色与红色的混合色。体壁薄且有弹性，或为革质，或厚、硬而脆。头部变化很多，通常阔大，若干兵蚁头部较其余的体部为大。头部自由，能活动。有性及无性雌蚁的触角膝状，雄蚁简单，4～13节。复眼小，退缩，偶有完全缺如。单眼3个，位于头顶，职蚁或无单眼。口器发达，有时极有力。

胸部分明，由第一腹节（即并胸腹节）与后胸愈合而成，长形。若干原始种类前胸甚小，中胸及并胸腹节上各有气门1对。足发达，转节不分节。胫节距很发达，前足距大，栉状，用作净角器。跗节5节，末端有强大的爪1对。有性个体弯翅两对，职蚁通常无翅。脉序简单，有肘室1或2个，中室1个。交尾后，雌蚁，咬去或脱去其翅。

腹部位于并胸腹节之后，煞显著紧缩，形成腹柄。腹柄1节或2节，如有2节，其第2节称为后腹柄。每节上有1个或2个背瘤，或有多数直立的或倾斜的鳞片状凸起。腹部其余部分称为柄后节，由7节或8节构成，雄蚁较雌蚁多1节。腹部（包括并胸腹节在内）有气门8对，在腹部1~8节。若干属有摩擦发音器，系由后腹柄上的1个锉，与柄后节第1节上的摩擦面构成。

幼虫蛆型，体圆筒形，前端最狭，而愈至后方渐膨大。无眼，头部小而发达，体躯柔软，分节明显，胸节3节，腹节10节，无足。幼虫在巢中由职蚁饲育与看护，置于最适宜的湿度与温度下，并由职蚁用口器喂饲液体食物、昆虫或其他小动物，若干蚁类则以菌类喂饲。

蚁类的多型现象极复杂。

蚁亚科（Formicinae）

工蚁：体壁通常较薄。触角8~12节，鞭节长，丝状，极少数形成不明显的棒状。结节1节，通常为鳞片状。螫针缺如。毒腺变成卷折的垫状体，毒液（主要为蚁酸）通过后腹末的圆孔（称酸孔，而非泄殖孔）排出；一些属［如蚁属（*Formica*）］能以强大的力量喷出蚁酸。酸孔周围具一圈短而细的毛，能辅助将蚁酸向体外扩散。

雌蚁：与工蚁相似，但体远较工蚁大；具翅，翅脉减少。

雄蚁：与雌蚁体型相同或较小，较相似；触角10~13节，柄节长［仅悍蚁属（*Polyergus*）柄节短］；鞭节丝状（极少为棒状）。

本亚科是蚁科的第二大亚科，全世界已描述49属2458种，广泛分布于世界各动物地理区。我国已记载18属。

毛蚁属（*Lasuius*，Fabricius，1804）。

工蚁：小型至中型。体粗壮。头大，近三角形，后头缘平直或略凹陷。上颚7~12齿。唇基前缘宽圆凸。须式6，4。额脊短，近平行。额区三角形，不明显。触角窝靠近唇基后缘。触角12节。复眼中等大小。单眼小3个。前、中胸背板凸，背板缝明显；中-并胸腹节缝深凹；并胸腹节基面短，斜面约2倍长于基面。结节直立，鳞片状。后腹部粗大，宽卵形；前面凸，常悬覆于结节之上。

雌蚁：头和腹柄与工蚁相似。单眼大而明显。并胸腹节厚实；前胸背板短，垂直；中胸背板大而凸；并胸腹节基面短，端部圆形进入斜面。后腹部粗大。

雄蚁：上颚宽，只具端齿或整个咀嚼缘均具齿。触角13节，鞭节第1节最粗。外生殖瓣宽，末端尖。

本属主要分布于古北区、新北区和东洋区，其中以古北区种类最多。全世界已知76种。我国已记载7种1变种。

240

亮毛蚁（*Lasuius fuliginosus*，Latreille，1798）（图5.33）。

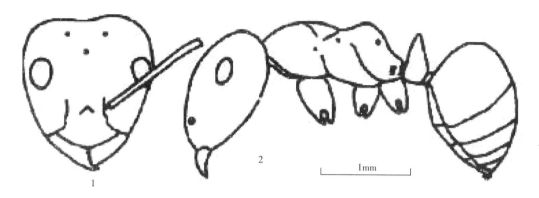

图5.33　亮毛蚁（工蚁）

1.头部正面；2.体侧面

（仿周善义，2016）

工蚁：体长4.4～5.0mm，头长1.35～1.38mm，头宽1.32～1.35mm，头长宽之比95：100，触角柄节长1.19～1.22mm，触角柄节与头宽之比88：92，前胸背板宽0.75～0.78mm，并腹胸长1.41～1.44mm，复眼最大直径0.25～0.28mm。

头（含上颚）近三角形，两侧缘凸，后头缘中部略凹。上颚短，强壮，咀嚼缘具6齿。唇基长大于宽，具不明显的中脊。触角柄节略超过后头缘。并腹胸粗短，背面较凸，中胸背板略后斜，背面观钝圆；中-并胸腹节背板缝深凹；背面观并胸腹节后部宽于前部，侧面观基面向后抬高；斜面平。结节楔形，背缘中央略凹。后腹部短，略小于头部。

头及体光亮。立毛稀疏，仅在后腹部较丰富。茸毛稀少。体黑色略带深栗红色；触角和足褐红色。

分布：湖南洞庭湖湿地，沅江东南湖。全国大部分省区；亚洲、非洲、欧洲、北美洲。

注：蚁类在湿地栖息一直不为人们所重视，蚁类是湿地的消费者，此处介绍2篇论文：①27种蚂蚁在美国佛罗里达州（Florida）北部长叶松（long leaf pine）湿地的分布和生态功能（Tchinkel，2012）。②福建红树林湿地一种蚂蚁（学名待定）在红树和秋茄树冠层栖息和盾蚧（学名待定）共生，增加了红树林湿地生态系统昆虫群落的内容（丁珌，2007）。

第三节 小 结

据多年调查，洞庭湖湿地昆虫生态系统富有物种多样性，湖南、湖北两省200多种湿地昆虫中，按生态系统组成和结构的角度（暂不讨论天敌昆虫）有90多种是扮演消费者的角色（植物是生产者）。

1. 湿地昆虫资源分布特点

（1）长期以来，洞庭湖湿地环境稳定，6种害虫食性专化（只为害荻或只为害芦），形成狭生态位（narrow niche），湿地像海岛，因环境复杂，有其他地区没有的物种，特有种多。

（2）湘鄂两省湿地昆虫的分布和昆虫分布区系有关，是只分布在东洋区和古北区的种类，如泥色长角象（东洋区），拟垫跗蠼螋（东洋区）、芦毒蛾（东洋区、古北区）等。但是芦苇豹蠹蛾却分布东洋区，古北区和非洲的马达加斯加岛。

（3）湿地对湿地昆虫分布的“边缘效应”（marginal effect）。洞庭湖湿地环境的特点是不同于陆地，不同于水域，是典型的水陆生态交错带，其中的生物类群明显表现出生态系统的边缘效应（marginal effect），即生物的生活史或其中一部分都依赖于湿地或水生环境（赵运林等，2014）。按照赵运林等（2014）的概念，发现上述6种昆虫和荻、芦关系比较密切（为害荻、芦），就是这种依赖湿地类型，另湖南洞庭湖湿地上90多种昆虫中亦有大部分表现出其生活史或生活史的一部分依赖湿地或水生环境的其情况。据1977年在湖南洞庭湖区沅江普丰调查得步蝍20种，大部分种类以河源及低湿地为其生态环境（陈永年，2011）。

2. 湿地昆虫生物学特征和生存策略

（1）食物是湿地昆虫生存的营养物质，湿地昆虫多喜食禾本科植物，湿地荻、芦或其他植物为湿地昆虫提供了脂肪，蛋白质、碳水化合物等营养物质、湿地昆虫的体长，翅展、都大于其他生境育出的个体。芦苇豹蠹蛾雌成虫体长34mm，翅展50mm，老熟幼虫体长40 ~ 50mm。

（2）产卵量。湿地昆虫因取食适宜的食物，取食禾本科植物时产卵量比较高，如湖南汉寿县第2代荻蛀夜蛾雌蛾取食荻，产卵量147 ~ 407粒，平均248粒，沅江越冬代棘禾草螟平均产卵量505粒，第1代平均568粒。用芦苇饲养的黏虫产卵量大。豹蠹蛾原绒茧蜂寄生时每头寄主幼虫可产卵100多粒。

（3）耐寒性强，能在洞庭湖湿地越冬，耐寒性和过冷却现象关系密切测定，沅江芦苇豹蠹蛾幼虫1988—1989年12月至4月的过冷却点（℃）平均分别为−6.28℃、−10.48℃、−9.87℃、−9.71℃、−9.55℃而沅江市1988—1989年12月至4月的均湿

（℃）分别为8.8℃、3.7℃、5.36℃、7.6℃、12.4℃，最低气温-3℃，可见豹蠹蛾幼虫在沅江东南湖能安全越冬。

昆虫越冬又称冬眠，昆虫冬眠、夏眠和休眠都是滞育（生活过程中停止发育），下面介绍日本Tama-Gawa江湿地蜉蝣（*Ephoron shigae*）的专性滞育（给予恢复生长发育的良好条件，滞育不解除）。蜉蝣（*Ephoron shigae*）卵2月底到3月底孵化，8月30日到9月20日成虫羽化期，大量羽化高峰在9月3—4日，但有些卵（胚胎保持在滞育阶段）在整个一年仍不孵化，滞育卵在下一个春天之前不能打破滞育而继续处于滞育阶段，这些蜉蝣具有卵库（eggbank），卵库有适于生存的冷藏机制（関根等，2007）。

（4）取食、食量大，为害烈。芦毒蛾为例，1980年洞庭湖湿地各荻、芦场约20万亩荻、芦受芦毒蛾为害，其中汉寿芦苇总场3 000亩，荻苇叶片被食光，淤洲分场平均每株荻上有幼虫26.4头，最多1株达86头，暗黑鳃金龟（*Holotrichia parallela* Motschulsky）7—8月为害最盛，晚上出土后飞到叶片上为害，食量大，可闻食声（王宗典等，1980；谢成章等，1993）。

（5）洞庭湖湿地200多种昆虫在湿地的情况，其中80%仍然不够清楚，从湿地生态修复（赵运林等，2014）角度，还有大量工作，是我们共同努力的方向。

第四节　湿地昆虫资源管理

本书第一章第3节介绍了湿地生态系统服务功能，并阐明优势物种荻、芦在湿地生态系统服务的内容，可见维持荻、芦在湿地的稳定是湿地物种资源保护工作的一部分，现探讨和荻、芦有关系的昆虫治理工作，探讨在宿根性一年生的荻、芦而植被多样化湿地系统内荻、芦害虫综合治理的可行性，叙述农业防治、生物防治、化学防治、物理防治和人工防治的具体做法。

一、背景

荻、芦分布在中国南方亚热带地区长江中下游一带的江洲、湖滩、堤旁、岸边，个别地区有荻、芦混生。近40年来，有些地区荻、芦已逐渐从野生资源变为人工栽培的经济作物，湖南（洞庭湖）、湖北（洞庭湖平原）、江苏（金湖）、江西（郡阳湖）、安徽（巢湖）等省有较多的分布。经多年调查，得知洞庭湖湿地荻、芦植食性昆虫243种，其中最严重的有6种，多为单食性；天敌150种。荻、芦害虫分布的以上地区（29°～31°N，112°～119°E），年平均气温16℃，≥10℃的积温为5 100～5 600℃，年降水量1 000～1 400m。由于温湿度适宜，荻、芦田内生有各种杂草，如莎草、苔草、荆三棱、酸模叶蓼等，荻、芦生长期长达9个月，给昆虫提供了丰富的食料。荻、芦害虫综合治理的总体思路应是在一年生荻、芦植物的多样化系统内，了解植食性昆虫及其天敌组成，采取十分谨慎的人为措施，建立科学的管理系统，采取农业防治、保护利用天敌、化学防治等综合治理措施，将荻、芦害虫危害控制在经济阈值允许水平内，为当前修复洞庭湖湿地重新做好基础工作。按照中央部署在湖泊实施湖长制，贯彻以下措施。

二、治理方法

（一）农业防治

1. 做好荻田水利和农事操作

荻田治水改土，排灌及时适度可控制田间小气候，提高治虫效果。冬、春两季荻田开沟沥水，可促使荻、芦生长粗壮。退化了的荻、芦应有计划进行冬季翻耕，使其复壮。荻田平整土地或清除沟港淤泥可消灭土中越冬虫源。

2. 选育抗虫品种

湖南洞庭湖湿地种植的5个荻品种可分为两个类型：高秆稀疏型，芽期密度33～71株/m²，株高可达5～6m，包括胖节荻和突节荻矮秆稠密型，芽期密度60～140株/m²，株高2.5～4m，包括平节荻、细荻和茅荻。经对不同荻品种进行棘禾草螟和荻蛀茎夜蛾的抗性试验，认为胖节荻对棘禾草螟、荻蛀茎夜蛾的抗性较强，突节荻次之，细荻和茅荻受害率较大。然而，泥色长角象成虫却喜在突节荻上产卵，尤以老荻田为甚。经系统选育，认为胖节荻具有产量高、纤维质量好、抗倒伏强等优点，新植荻田可推广种植。近年来，洞庭湖区荻、芦飞虱猖獗为害，应筛选抗虫品种，减少为害损失。

3. 选用无虫种苗繁殖

采用分枝、插秆、压条以及地下茎就地繁殖时，要注意选用无虫种苗；采用种子育苗繁殖时，要做好选种、种子消毒等工作。

4. 改进收割技术

棘禾草螟以老熟幼虫在芦苑中越冬，如果苑子有一完整而封闭的节露出地面，便在地面节内化蛹。收割时齐泥下刀，可使荻苑无完整封闭节露出地面。增加棘禾草螟越冬幼虫转移死亡的机会，因此收割时应平地取柴。

5. 及时调运芦柴

荻、芦收割时仍有较大数量的幼虫栖息在茎秆内。收割后应成大捆运输，垒大垛堆放，以免越冬虫源分散；越冬幼虫化蛹前将芦柴及时调运至纸厂，以防害虫翌年安全羽化飞回苇田。

（二）生物防治

1. 以虫治虫

近年来，荻田用药频繁，赤眼蜂对棘禾草螟和芦螟寄生率降低，故应辅以人工繁蜂放蜂。在湖区，曾释放拟澳洲赤眼蜂和松毛虫赤眼蜂防治棘禾草螟，试验667hm^2，每公顷放蜂约90万头，有一定的防治效果（表5.9）。

表5.9　苇田释放赤眼蜂防治棘禾草螟效果

蜂种	每公顷放蜂量（万头）	自然寄生率（%）	放蜂后寄生率（%）	百株残虫量寄生率（头）	被害株率（%）
拟澳洲赤眼蜂	90	3.2	70.9	4	17
拟澳洲赤眼蜂	90	2.7	54.9	8	26
松毛虫赤眼蜂	90	2.1	46.2	9	23
对照	0	4.3		17	80.2

注：1985年在湖南沅江调查的结果：寄主为第1代

2. 以菌治虫

在苇田可观察到昆虫疾病流行，粉质拟青霉菌（*Paecilomyces farinosus*）对各代芦毒蛾发生都有抑制作用。据1986年在沅江漉湖苇场调查，粉质拟青霉素对二代芦毒蛾老龄幼虫和蛹的自然寄生率为73.8%，1987年越冬代幼虫寄生率为84.9%，第1代幼虫寄生率为18.7%。湖南省农业科学院等（1990）报道，用飞机喷洒Bt乳剂大面积防治芦毒蛾第1代3龄幼虫，幼虫施药后1～5d的死亡率分别为52.2%、84.4%、87.3%、87.4%、98.7%，如用Bt乳剂加少量化学农药，则效果更佳。

3. 保护天敌

荻、芦自然天敌资源丰富，在150种天敌中，作用较显著的有15种。其保护方法如下几种。

（1）保护青蛙。青蛙可控制荻田飞虱为害，春季在不生长荻、芦的低洼区可保留一些水沟、水坑，创造或提供中华大蟾蜍和蛙类的越冬和产卵场所。多种农药和化肥对蝌蚪和蛙卵有杀伤作用，应改进施药和施肥方法，创造有利天敌昆虫的环境。

（2）设置卵寄生蜂保护器。在点灯田采虫卵投入保护器内，出蜂后提高田间害虫卵的寄生率。

（3）植树造林，可提高群落多样性。苇区鸟类较多，如山树莺和鸢捕食多种害虫和鼠类。可在苇田四周和空坪隙地植树造林，招引鸟类。

（4）补充和保留天敌昆虫食料或栖息地。荻田中保留野芹菜、辣蓼等蜜源植物，供寄生蜂栖息和取食。冬季在荻、芦田中适当保留一些草堆，利于捕食性天敌栖息，切勿除光苇田杂草。

（三）化学防治

飞机喷洒化学农药在荻、芦害虫综合防治中有特定地位。因为荻、芦茎秆高，可达5m以上，成百上千公顷连成一片，中间路径很少，气温较高，地面施药无法进行，必须用飞机喷药。化学防治时，应注意和生物防治相协调和对人、畜的安全。

杀虫剂既杀死害虫，也能杀死荻田的天敌。农药杀伤天敌有多条途径，如通过植物表面的直接接触、飞行中的空气接触和烟雾接触，残留接触以及土壤吸收等。其伤害的程度与天敌的行为和发育阶段分不开，飞翔的成虫有可能逃脱杀虫剂的伤害，幼虫往往受伤害的程度更重。

此外，天敌摄食带有残留药剂的荻、芦茎叶、花粉、汁液、寄主或猎物、节肢动物粪便等，是导致天敌比害虫更容易致死的重要原因。进行化防时，为了最大限度地杀死害虫，而尽可能地减轻对天敌的伤害，一般应遵循如下原则。

（1）根据天敌活动的规律，尽量减少施药次数。荻田在施药后的头5d，捕食性天敌数量明显下降，但喷药后5d，蜘蛛类天敌数量开始回升，10～15d后，可回升到施药前的水平。因此，前后两次施药+应间隔较长一段时间。

（2）根据荻田虫情+实行挑治，减少施药面积，以上做法可以在大面积的荻田内保护天敌。

（3）施用具有选择性的农药，即对害虫高效，对天敌伤害小的农药。

（4）安排好喷药和释放天敌的时间，避免杀伤天敌。例如，芦毒蛾黑卵蜂（*Telenomus laelia* Wu et Huang）是寄生芦毒蛾卵期的一种有效天敌，自然寄生率可达7.14%～7.59%，寄生专一。过去生产上把芦毒蛾的1～5龄幼虫作为防治适期。据研究，湖南沅江的芦毒蛾黑卵蜂成蜂羽化期正处于芦毒蛾幼虫4～5龄期，可将施药时间提前到初龄幼虫阶段，以达到保护芦毒蛾黑卵蜂的目的。

（5）选用适当的农药剂型及适当的施用浓度和施药方法。同一种农药，喷雾及喷粉对天敌杀伤力较大。如用毒土法或颗粒剂撒施则较安全。减少了对天敌的杀伤，协调了化学防治和生物防治的关系。

（四）物理防治和人工防治

1. 灯光诱杀

黑光灯的防治效果和亮灯时间有十分密切的关系，有些种类的害虫上半夜上灯，有些种类的害虫下半夜上灯，如要诱杀各类害虫，则应全夜开灯。如果其一时期是天敌的盛发期，可以不亮灯。如苇田内各种龟子、芦苇豹蠹蛾、棘禾草螟、芦毒蛾等有趋光性，成虫盛发期，可在晚间设置灯光或火堆诱杀。1985年湖北石首苇场在一代芦毒蛾大量羽化时点灯诱杀，平均每晚能谤杀成虫约13万头。芦苇豹蠹蛾第一代雌蛾怀卵量大，每头雌蛾怀卵达387～531粒，诱杀1头雌蛾，对压低下一代虫源有较大作用。

2. 人工防治

（1）割除枯心苗。获、芦受第一代获蛀茎夜蛾为害时，可于4月下旬到5月上旬从获苗基部割除枯心苗，带出田外集中销毁。获蛀茎夜蛾3龄以后分散转移到周围健株上为害，所以割除枯心苗必须在幼虫分散之前进行，效果才会更好。

（2）清扫收割，加工场地。获、芦收割时，注意割光收净，特别是沟边、田边的零星散株。获和芦苇加工完后，加工场上的芦叶、零星散柴较多，要清扫处理，以消灭越冬虫源。

（3）摘茧灭蛹。人工摘除芦毒的茧，可减轻下一代虫源。

（4）沟港阻隔。为害严重时，利用获、芦田间的沟港灌水，可阻止幼虫迁移扩散，表面施放废柴油，则效果更佳。

附录1　蜜蜂和湿地，湿地植被花期物候现象

蜜蜂是湿地生态系统内成员（消费者）之一，作为访花昆虫，国外较重视蜜蜂在湿地生态系统内的作用，并做了一定的研究，国内个别省区工作比较深入。也有报道台湾小灰蝶（*Zizeeria karsandra*）是湿地的访花昆虫（王珊珊，2010）。

（一）在巴西Mato Grosso do Sul州，在Urucum Massit，Pantanal 区西部，经终年观察蜜源植物，据蜜源植物提供的蜜源类型调查花的种类。制定一个此地区植物类群开花的日程表。蜜源植物开花土著蜂和非洲蜂访花，每15 d 调查一次，连续调查3年，记录蜜蜂访花日期，花生长情况，可采集的蜜源。开花植物160种，仅73种植物是蜜源植物，建立植物群开花日程表，有草本植物34种，木本17种，灌木15种，藤本植物7种。经终年观察夏天开花植物数量多，冬天量少，草本夏秋（1—6月）花盛，木本和灌木春天（9月底至12月）花盛，藤本在夏末（3—4月）花盛，蜜蜂终年可食用花蜜和花粉，冬天（7—9月）量少（Salis et al，2015）。也有观察到湿地蜜蜂参加湿地植物*Ranunculus sceleratus*和*Potentilla rivalis*异种交配时的异株异花授粉，即参加收集花粉活动（Baker & Cruden，1991）。巴西Pantanal湿地一种胡蜂巢和一种鸟类巢在一起，鸟类捕食胡蜂胡蜂免遭其他生物侵害，保存种群，鸟类得到食物是互惠实例（Almeida et al，2015）。

（二）多年生的千屈菜（*Lythrum salicaria*）（又名对叶莲），原产地为欧亚大陆，乡村可见，产花蜜和花粉，在欧洲地中海湿地是蜜蜂的有用食物源，有助于蜜蜂渡过食物短缺的炎热夏季。研究者观察到在地中海农业湿地千屈菜开花情况和采蜜昆虫的多样性和丰富度，千屈菜有长而持久的花期，每一植株从7—9月初有多达640朵花，476头访花昆虫分属3个目，7个科，15种，电子显微镜显示所有访花昆虫虫体均带有千屈菜花粉。膜翅目（Hymenoptera）访花昆虫数量最多（472头标本），其次为双翅目（Diptera）（26）和鳞翅目（23），蜜蜂总科（Apoidea）8月数量最多，群集的社会性蜂类占优势（94.38%）。意大利蜜蜂（*Apis mellifera*）为数量最多最丰富的种类，其次为5种熊蜂，在夏季和秋初8月意大利蜜蜂在千屈菜采蜜最多，熊蜂、隧蜂科（Halictidae）和切叶蜂科（Megachilidae）情况相同。研究同意在地中

248

海农业湿地千屈菜此一物种是适合于蜜蜂采花蜜的场所。千屈菜常有蜂群或与蜂巢相邻近，后一种情况能促进蜜蜂为蜂群收集花粉，保证蜜蜂渡过冬天（Benvenuti et al，2016）。

在北美湿地，千屈菜是外来物种，其扩散入侵到北美淡水湿地，改变了湿地生态系统的营养循环，导致湿地植物多样性下降，减少了昆虫授粉，湿地专一性鸟类适宜的栖息地减少（Blossey et al，2001），于是采集并饲养取食千屈菜的昆虫，开展生物防治减少千屈菜的数量，有卡马兰盔叶甲（*Galerucella calmariensis*）（衣阿华州Iowa为害茎）（Matos，2007）和千屈菜穿孔象甲（*Hylobius transversovittatus*）（取食千屈菜根部）（Nützold，1998）。王珊珊等（2012）报道武汉湿地公园昆虫群落多样性最高的植物群落为千屈菜，并有千屈菜卷叶象（*Apoderus* sp.）。

（三）湿地生境破坏和生境破碎化使传粉昆虫数量下降，破坏生态环境运转过程，例如破坏湿地传粉。但前很少有研究提到在多层次（多水平）空间结构在传粉服务中的作用，本项目研究在3个水平方面（即种群内、种群之间和湿地整体景观）探讨*Comarum palustre*［蔷薇科（Rosaceae）］种群在不同空间结构内对蜂类授粉服务的影响，研究时间3年，在比利时选择14个相同植物*C.palustre*种群，主要访花蜂为熊蜂和蜜蜂。结果是种群内开花密度高的研究试验区吸引较多数量的熊蜂和其他昆虫，试验区边缘有茂盛树木的*C.palustre*种群，熊蜂和蜜蜂数量多，湿地整体景观内茂盛树木面积比例大，其熊蜂和蜜蜂数量亦多。湿地内多层次空间结构（多种植被组合）因访花蜜蜂的访花率增加*C.palustre*的栽培和繁殖成功，湿地管理计划应注意倾向嵌镶式（mosaic，三明治式）群落生境，包括植被多样化，考虑蜜蜂栖息地和食物源，对蜜蜂来说特别要支持湿地内有树木茂盛的栖息地（Somme et al，2014）。

（四）研究湿地物种多样性深入观察湿地植被开花期的物候现象。Big Run Bog是位于美国弗吉尼亚Virginia西部Applachian山区占地15hm²，水藓（*Sphagnum*）占优势的湿地。湿地栖息有4个群落的植物，其开花期的物候现象并无差异，所有种类开花的持续时间为30d，以风传媒或以昆虫传粉时间分别有32d和31d，湿地21种植物随机分布，各个季节都有开花高峰（Wieder，1984）。以上研究了湿地植物（第一营养级）和昆虫（第二营养级）间的营养关系，为湿地生态系统服务功能的修复打下基础。

（五）永久性河流和溪流，包括瀑布、内陆三角洲等；暂时性的河流：季节性和间歇性流动的河流和溪流；河流洪泛平原，包括河滩、洪泛河谷和季节性泛洪草地等，属于自然湿地（赵运林等，2014）。发现寄生中蜂*Apis cerana cerana* Fabricius的斯氏蜜蜂茧蜂（*Syntretomorpha szabói* Papp）分布贵州仁怀县，常可见于河谷（谌电周等，2011）即湿地有分布，它寄生中华蜜蜂，有经济重要性，报道如下。

1. 研究历史

Papp于1962年将分布我国台湾省的斯氏蜜蜂茧蜂（*Syntretomorpha szabói* Papp）作新属新种发表，无寄主记录。此后对此蜂的研究和报道逐渐增多。陈绍鹊等（1980，1983a，1983b）发现并报道是寄生中华蜜蜂（*Apis cerana* Fabricius）成蜂体内的斯氏蜜蜂茧蜂，有简单的生物学特性观察，但将斯氏蜜蜂茧蜂误置在绒茧蜂属（*Apanteles*）。

鉴于扁腹茧蜂属（*Bracteodes*）和蜜蜂茧蜂属（*Syntretomorpha*）相似（De Saeger，1946），又为姊妹群（Shaw，1985），游兰韶等（1991）将斯氏蜜蜂茧蜂误置入扁腹茧蜂属，报道寄主为中蜂。Walker等（1990）也报道在印度北部斯氏蜜蜂茧蜂寄生中蜂。陈树椿（1999）、除祖荫（2010）和陈学新等（2004）分别报道斯氏蜜蜂茧蜂在中国的分布。曾爱平等（2007）报道了其生物学特性。Shaw等（1991）提到蜜蜂茧蜂属的末龄幼虫。

2. 形态特征

斯氏蜜蜂茧蜂雌蜂体长5.4mm，体黄色；头部单眼座，触角鞭节，中胸背板、后胸背板、并胸腹节、腹部第1~2节背板和第3节背板基部、产卵管鞘黑色；上颚端部、触角柄节和梗节、中胸小盾片前凹微褐至暗褐色。翅透明，翅痣宽，脉微褐至褐，前翅在基脉和翅痣下方各有1条烟褐色的带。足黄色，后足胫节端部后足跗节1~3节、跗爪黑色分叉。头横置，头顶和额光滑，复眼边缘突出，眼颚距约与复眼高等长，额洼深，有额脊，触角着生部位较低，位于复眼腹缘连线附近，31节，短于体，颜面平坦，有横皱，前幕骨陷浅，复眼小，后头和后颊平滑，无后头脊。中胸长为高的1.13倍，中胸盾片平滑有光泽，中叶前端宽在侧叶上方隆起，侧叶突出；盾纵沟宽，"V"形，内有脊，呈窝状，小盾沟宽；小盾片微凸起，平滑有光泽；中胸侧板平滑，上方有稀疏浅刻点，腹板侧沟密布刻点；并胸腹节有粗糙皱纹，后方倾斜，有微微加宽的中纵槽直至腹柄。后足胫距略等，短于基跗节之半。腹部侧扁，呈苞片状，平滑有光泽，腹柄节细长，呈进化趋势，有利于控制蜜蜂成蜂产卵，端部宽和气门之间距离相等，气门位于背板中部后方。产卵鞘和后足基跗节等长，产卵管与后足胫节和基跗节之和等长。产卵管鞘稍长于第1跗节。

斯氏蜜蜂茧蜂雄蜂，触角32节，体长4.4mm；体色比雌蜂暗。

茧：单个，灰白色，5mm×2.6mm。

蛹：为离蛹，4mm×1.5mm，初为浅黄色，羽化前呈黑色，眼点可见。

斯氏蜜蜂茧蜂老熟幼虫，体长7~8mm，中部宽2mm，鲜黄色，蠕虫形，两端稍尖，体微弯。

寄主为中蜂*Apis cerana* Fabricius（Walker et al，1990，游兰韶等，1991）。

分布于贵州省仁怀河谷地带。

3. 生物学特性

（1）为害情况。贵州仁怀斯氏蜜蜂茧蜂寄生中蜂蜂群，蜂箱内寄生率可达20%左右，被寄生中蜂个体死亡，蜂群采集情绪下降。中蜂被寄生初期，无明显症状，仍可采花酿蜜，待茧蜂幼虫老熟时，大量被寄生中蜂离脾，伏于蜂箱底或内壁，老熟的茧蜂幼虫在中蜂体内和中蜂寄主平行。

（2）生活史和室内习性。在仁怀3代/年。1～3代的发生期分别在5月上旬、6月中下旬至8月中旬、8月中下旬至10月上旬；1～3代幼虫分别在5月上旬至6月下旬、7月上旬至8月下旬、8月下旬至10月中旬发生；1～3代蛹分别在6月中旬至7月下旬、8月上旬至9月中旬、9月下旬至翌年4月发生；1～3代成蜂分别在5月上旬至6月上旬、6月下旬至8月上旬、8月下旬至9月下旬发生。非越冬代（1～2代）历时2个月左右；在9月下旬及10月上旬，最后一代（3代）的蛹茧在蜂箱裂缝及蜡屑内或箱底泥土内越冬，个别有推迟化蛹现象。越冬蛹茧于翌年4月下旬陆续羽化，开始寄生中蜂。

①幼虫。经解剖观察发现，茧蜂卵多在蜜囊或中蜂中肠附近，第1代卵至老熟幼虫历时36～39d。幼虫老熟时纵贯中蜂腹腔，且中蜂体内仅1头茧蜂幼虫，待幼虫老熟时多从寄主肛门处咬破体壁蠕动爬出，离开中蜂体蠕动前行，约10min待虫体水分稍干后，在蜂箱裂缝或阴僻处及箱底泥土内吐丝结茧化蛹，约经90min后结茧完成。

②蛹。对第1～2代斯氏蜜蜂茧蜂茧的观察表明，从结茧至羽化的历期为11～13d。10月中旬取回越冬代20个茧于室内常温下保存，至翌年5月中旬才分别羽化，历时7个月，但在自然条件下4月下旬即有成蜂出现。

③成蜂。

性比：1年累积调查175头出茧成蜂，雌雄比为102：73，雌蜂多于雄蜂。

交配与产卵：成蜂从茧内羽化后，雌雄蜂即追逐交尾。成蜂常栖息在蜂箱内，在炎热的夏季，可在圆桶蜂群的蜂箱外壁上找到成蜂。成蜂不趋光，飞行时呈摇摆状。中蜂群在向阳处被寄生少，阴湿处被寄生多。雌蜂喜选择10日龄以内的中蜂幼蜂产卵，在每头中蜂体内仅产卵1粒，且多于腹部第2～3节节间膜产入。解剖观察发现，卵多位于中蜂蜜囊和中肠附近，产卵处伤口愈合后可见小黑点。室内接种发现，斯氏蜜蜂茧蜂不寄生西方蜜蜂，如意大利蜂（*Apis mellifera* Linne）。

寿命：斯氏蜜蜂茧蜂以巢内蜜粉为食，寿命较长，1～2代雌雄成蜂在箱内可存活30d以上。

羽化率：斯氏蜜蜂茧蜂在蜂箱内羽化率较高，可高达100%，因蜂箱内相对湿度达80%～90%，老熟幼虫又喜爬至蜂箱隐蔽处及箱底下土内化蛹，是相对湿度符合其要求所致。

（3）野外生活习性。观察发现，在贵州仁怀野外，在家养中蜂和野生中蜂访花采蜜活动地，可见到斯氏蜜蜂茧蜂的活动，此蜂飞行闪活跃，多系产卵前追踪中蜂寄主，用产卵器刺入寄主中蜂腹部2～3节之间的节间膜处，每一中蜂产卵1粒（极少数有卵2粒）。栖息在树洞或岩洞隐蔽处的野生中蜂或家养的中蜂返巢时，其体内已携带有斯氏蜜蜂茧蜂的卵。为此，斯氏蜜蜂茧蜂亦可在野外和中蜂蜂巢内完成世代发育。其后代如因炎热拥挤、访花等原因亦会离巢外出活动。有蜂巢内及野外交替活动的生物学特性。

（4）扩散入侵。中蜂原产地是中国（吴燕如，2000）。目前已知，斯氏蜜蜂茧蜂在东洋区分布，在中国分布于陕西凤县、江西南昌、湖北鄂西鹤峰和神农架、贵州仁怀、四川江安、云南大姚及台湾Chip-Chip，印度北部。根据斯氏蜜蜂茧蜂在中国有分布中部和西南部的多个地点、斯氏蜜蜂茧蜂又并不寄生意蜂、中蜂有家养和野生迁徙较广的特点，估计印度北部的斯氏蜜蜂茧蜂是随着中蜂的携带输出或从中国西部自然输出而扩散、入侵的。

4. 小结

（1）行为生物学。贵州仁怀属中亚热带湿润季风区。研究发现，斯氏蜜蜂茧蜂在贵州仁怀可分布河谷，中蜂在野外访花采蜜，受斯氏蜜蜂茧蜂攻击，与Walker等（1990）的发现相吻合。斯氏蜜蜂茧蜂在中蜂体内产卵寄生，被寄生中蜂返回中蜂巢后，其体内已携带有斯氏蜜蜂茧蜂的卵，尔后，斯氏蜜蜂茧蜂可在中蜂巢内完成世代发育，以蜂茧在蜂箱内越冬，此种寄生蜂的过程应是寄生行为更为进化的表现（You et al，1997；Shaw et al，1991）。野外斯氏蜜蜂在中蜂体内产卵极为迅速，优茧蜂亚科（Euphorinae）这一类群的一些成蜂，都有攻击寄主并迅速产卵的习性。如缘茧蜂 [*Perilitus dubius*（Wesmael）] 追赶它的寄主叶甲 [*Gonioctena olivacea*（Foerster）]，向前跃向寄主，并把产卵器扦入寄主叶甲的头胸部之间的膜质部位（Walker，1990）。

分布印度北部和中国的斯氏蜜蜂茧蜂的寄主均为中蜂，已有研究发现，斯氏蜜蜂茧蜂在中国中部和西南部有多个分布地点，室内接种不寄生意蜂，在中国有向北扩散的趋势（黎九洲，2008），可能印度北部的斯氏蜜蜂茧蜂是随着中蜂携带进入印度或中国西部自然输出而扩散入侵。

处于野生状态的中蜂，估计在野外亦会被斯氏蜜蜂茧蜂攻击和寄生。据此，斯氏蜜蜂茧蜂能在野外繁衍。中蜂飞行敏捷，能在野外变速、变向飞行，躲过胡蜂，如金环胡蜂（*Vespa mandarinia* Smith）捕猎（徐祖萌，2010），但仍不能躲过斯氏蜜蜂的攻击和寄生。Walker等（1990）认为，斯氏蜜蜂茧蜂是一个较难采集的类群，亦有学者认为是珍稀昆虫（陈树椿，1999），中蜂在中国分布广泛，众多研究认为起源于中国西南（李有泉等，2000；龚一飞等，2000）。

相信斯氏蜜蜂茧蜂的发源地应该相同。

（2）治理。已知斯氏蜜蜂茧蜂可分布河谷，因此各地应查明该蜂分布，尽量不从此类分布区引入中蜂蜂群，以免斯氏蜜蜂茧蜂扩散。

此蜂在蜂箱裂缝及蜡屑内或箱底泥土内作茧化蛹，越冬后在翌年4月底才羽化出蜂，故应在4月底之前彻底打扫蜂箱及箱底泥土，清除越冬蛹茧；平时也要经常打扫，适时换箱，反复晒箱；发现成蜂及时扑杀，可减轻为害。斯氏蜜蜂茧蜂蜂茧和蜂箱内寄生大、小蜡螟的蜡螟绒茧蜂（*Apanteles galleriae* Wilkinson）蜂茧非常相似，切忌混淆。斯氏蜜蜂茧蜂蜂茧稍大，色较深，质地较厚；人工除蜂时应与箱内蜡螟绒茧蜂区别开来，以免误杀。斯氏蜜蜂茧蜂在野外攻击采蜜的中国蜜蜂，可能会淘汰老龄体弱的个体，对于强化蜂群群势会有一定的作用。

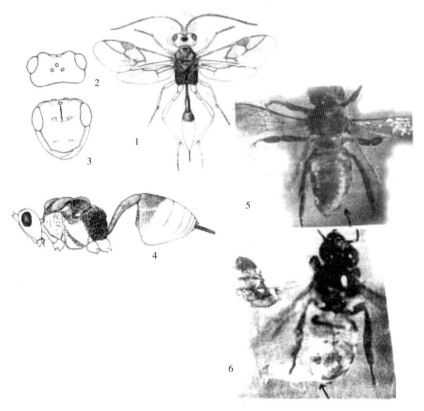

贵州怀仁斯氏蜜蜂茧蜂

1.雌蜂虫体整体观；2.头部背面；3.头部正面观；4.雌蜂侧面观；5.斯氏蜜蜂茧蜂老熟幼虫在中国蜜蜂腹腔内，箭头所示；6.斯氏蜜蜂茧蜂卵产在中国蜜蜂腹腔内，箭头所示

（1～4.周至宏图；5～6.陈绍鹊图）

附录2　湿地昆虫的滞育，分子系统学和湿地昆虫

（1）滞育（Diapause）是湿地昆虫生存的一种策略，国外已经作了较多的研究，目的是为湿地修复提供依据。目前我国湿地昆虫研究仍处于昆虫种类调查，湿地植被和湿地昆虫的群落及生态系统研究阶段，但今后肯定会涉及深层次的昆虫滞育生理学研究，现介绍这方面的研究内容。

①连续6年（2002—2007年）的5—9月，研究者在瑞典中部Dalälven河泛滥平原的6个临时淹水湿地（4个湿草地和2个森林沼泽）调查了每周18个昆虫类群发生情况。他们使用陷阱收集湿草地和森林沼泽的水陆部分发生的昆虫。在所有湿地中，昆虫类群在数量上都以双翅目（Diptera）、膜翅目（Hymenoptera）、鞘翅目（Coleoptera）和同翅目（Homoptera）为主。从每周统计情况看，18个昆虫类群中有9个在洪水周发生比非洪水周发生相对要少，而在洪水周内没有昆虫类群有发生较多（相对非洪水周）的情况。在整个季节，将昆虫的发生与季节性洪水频率和积水期长度相关联，大多数研究类群的发生随着积水期的增加而减少，这表明洪水后的昆虫类群发生并不能补偿洪水期间昆虫类群发生的减少。只有蚊科（Culicidae）、摇蚊科（Chironomidae）的亚科（Tanypodinae）和摇蚊亚科（Chironominae）积水期延长时发生率上升，隐翅虫科（Staphylinidae）在积水期中期发生到达高峰。这些调查表明植物生长季节的40%以上时间都为积水期时，对多数类群的昆虫发生有很大的负面影响，只有少数发生在时间尺度上的湿地的类群受惠于周期性和不可预知的涨水规律（Vinnersten et al，2014）。

季节性涨水对湿地昆虫发生影响，但它对湿地昆虫种群动态的潜在的影响会怎样？许多湿地昆虫铜色灰蝶（*Lycaena dispar batarus*）有维持湿地物种多样性的价值，都是重点保护对象。由于以前有关滞育的铜色灰蝶幼虫对淹水耐性（耐受性）的研究尚无确定结论，Webb等（1998）利用新鲜和微咸水，研究了不同时期人为淹水对越冬成活的影响，并比较了它们对早期和后期滞育幼虫的影响。结果表明，虽

然淹水期长达28d并未出现减少存活情况，但幼虫淹水期超过84d时，存活率与淹水期呈负相关。水质类型如淡水和盐水和幼虫时期即滞育早期和滞育晚期对昆虫存活都没有明显的影响（Webb et al，1998）。

②湿地无脊椎动物已经进化出了许多栖息在空间和时间上泛滥的湿地环境的手段。很少同时研究无脊椎动物从其他地方迁徙到湿地和/或通过滞育驻留干燥湿地的能力（Anderson et al，2004）。比较无脊椎动物在不同环境中的迁徙策略和驻留策略（美国得克萨斯Texas南部大平原的Playa湿地），通过野外试验和微生境，检查淹水后在Playa湿地土壤内驻留的无脊椎动物类群出现的时间，在Playa湿地季节性干旱期，87种无脊椎动物分类群中至少有26种通过在土壤内夏眠而存活。只移居在淹水的Playa湿地的无脊椎动物类群（70.1%）要比只驻留在干土壤内（29.9%）（$P<0.05$）要多得多，驻留在干土壤内的无脊椎动物的类群，其中（$P<0.05$）大多数是活跃的移居者或完全依赖滞育的类群，而不是既夏眠又迁徙的类群。既迁徙又驻留的（5.2无脊椎动物/m^2，SE=2.0）或只驻留的（1.5无脊椎动物/m^2，SE=0.5）无脊椎动物密度没有统计学差异（$P=0.918$）。从微生态系统内采集的无脊椎动物类群来看，Anderson等发现采用既迁徙又驻留两种生存策略的情形往往比用一种的生存策略的要多得多。应在景观层面实施Playa湿地无脊椎动物的保护工作，同时专注于具有完整分水岭的playas湿地，因为这些playas湿地具有相对不受干扰的水文周期（Anderson et al，2004）。

（2）分子系统学和历史生物地理学研究。根叶甲属（*Plateumaris*）是湿地昆虫，分布全北区的温带地区，Sota（2008）为了研究此属分布北美、日本和欧洲成员之间的系统地理关系和此属日本特有种的起源，使用线粒体细胞色素氧化酶COI基因序列及16S和核28S rRNA基因研究了此属27种的20种的分子系统发育。分子系统发育的结果表明，3个欧洲特有种为单系，和其余的11个北美种及6个亚洲种为姊妹群。在后者的支序图中，北美种和亚洲种并没有显示出互为单系群，扩散-隔离分化分析（dispersal-vicariance analysis）和分歧时间估计（divergence time estimation）显示欧洲种和北美-亚洲种分化时间是在始新世，此外，随后的分化在北美洲和亚洲的物种之间反复发生，这是由于从始新世晚期到中生世晚期间的3次从北美到亚洲的传播事件以及一个相反的方向传播事件促成的。两个日本特有种起源于不同分化事件，一种是从大陆的进化支系分化出来的，而大陆的进化支系是由北美进化支系分化出来的，另一个种是北美进化支系和现代东亚大陆已不存在的姊妹种的混合种。

总之，现存昆虫的分子系统学研究为欧洲和东亚-北美之间古代叶甲的分替事件（因地质或环境，中间地带的种群绝灭，亲缘关系最近的阶元在生物地理分布上相隔甚远）找到了证据，也为更新世前东亚和北美之间的叶甲的区系交流找到了证据（Sota，2008）。以前欧亚大陆（Eurasia）和北美大陆因有一个陆桥白令桥（Bering bridge）相连，两大区昆虫是交流的（本书著者）。

（3）芦苇是一种世界性分布的植物（Sychra，2010；Robertson et al，2005；Nagahama，2015），近年来芦苇的迅速传播以及以芦苇为食的本地食草动物的缺乏导致了湿地生态学家相信该物种或该物种更具攻击性的基因型被引入。北美洲芦苇发生的历史记录和土著食草动物的稀缺性为芦苇作为原生或引入物种的地位提供了相互矛盾的证据。利用先进的遗传技术对来自北美和其他大陆的芦苇种群进行比较以帮助确定北美芦苇基因型的当前和历史状态。文献和田间研究显示已知当前北美取食芦苇的26种昆虫（大多为20世纪偶然引入）只有5种为本土昆虫。在欧洲已报道有170种以上的取食芦苇的昆虫，有些种类对芦苇造成较大的危害。在这些植食性昆虫中取食芦苇根的种类对芦苇破坏性大，包括鳞翅类的*Rhizedra lutosa*（北美已有存在），芦苇禾草螟（*Chilo phragmitalla*），芦苇大禾螟（*Schoenobius gigantella*）（亦分布中国湖南、江苏、山东和河北，取食芦苇嫩茎，古北区种），芦苇豹蠹蛾（*Phragmataecia castaneae*）（亦分布中国湖南、湖北、北京和辽宁，蛀食芦苇茎，中国分布到古北区南部）。在欧洲，锹额夜蛾属（*Archanara*）、夜蛾属（*Arenostola*）的蛀茎种类［前一属我国苇田有条锹额夜蛾（*Archanara aerata*），分布山东、河北和辽宁；黑纹锹额夜蛾（*A.neurica*），分布河北；芦苇锹额夜蛾（*A.phragmiticola*），分布河北、黑龙江］以及平额黄潜蝇（*Platycephala planifrons*）对芦苇种群有很大的影响，因此应该评价它们的生物防治作用的潜力，此外，在北美，还需要对潜在的芦苇种群控制因子和偶然引入的芦苇害虫之间的相互作用进行评估。不管遗传学的分析结果如何，任何引入另外的对寄主专一性的食芦昆虫意图防控芦苇的决定都需要充分考虑，这种决定需要衡量目前对芦苇的生态和经济的负面影响以及生物防治计划的益处和风险（Tewksbury et al，2002）。欧洲主要的芦苇害虫也分布在中国说明芦苇害虫的扩散能力。

（4）昆虫对本地环境的适应可能涉及选择多个遗传上不相关的性状以增加对不同栖境的适应。相反，基因的重组会因为打破适应性的基因组合而影响昆虫对本地环境的适应。在2个和扩散能力有关系的特性方面，盐泽甲虫（*Pogonus chalceus*）的西欧种群在不同的地理范围内具有较大的种群间的变异，一个是翅的大小，另一个是线粒体NADP$^+$依赖的异柠檬酸脱氢酶基因的不同等位酶。研究证实同域分布种群翅大小的基因决定特别明显（$h^2=0.90$），差异级别与地理上相互分离的种群之间的差异级别相当。其次，研究发现mtldh等位酶的频率和整个西欧盐泽甲虫的翅大小密切相关，但在某些种群内这种相关性会大大减少。这些发现表明，种群分歧涉及至少两种性状，这两种性状的遗传控制是不相关的，并且遗传有差异的生态型共存在具有充足的基因流动机会的地理距离上（van Belleghem，2014）。

附录3　湿地昆虫研究和国际湿地公约（1971）

湿地昆虫的研究是有一定范围的，过去不为人们所重视，它必须围绕着国际湿地公约（1971）的湿地生态特征定义进行研究。湿地生态特征包括3项内容：湿地生态系统组成、湿地生态过程、湿地生态系统效益/服务。此处，将和昆虫研究有密切关系的内容见下图。

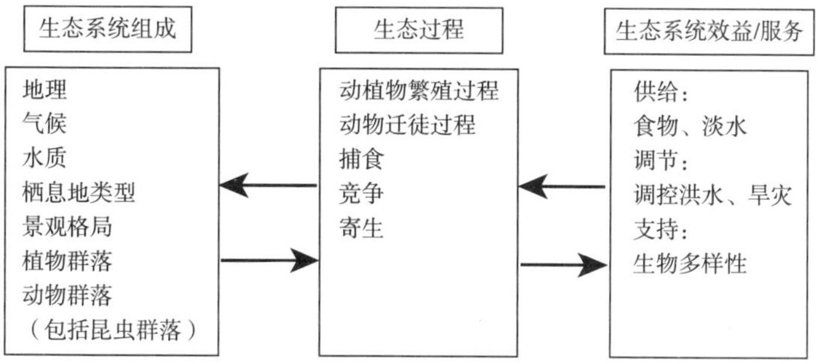

图　生态特征三大部分：生态系统组成、生态过程、生态系统效益/服务的概念模型

我国在这3项内容方面做了大量工作，从群落生态角度，第一项开展得比较早，如湿地植物群落研究是基础工作，已系统研究的有洞庭湖湿地、江苏盐城滩涂湿地、福建漳江红树林自然保护区、东北三江平原湿地、九段沙湿地、扎龙湿地、长江口盐沼湿地、上海崇明岛湿地等，以湿地样地为单位研究各湿地的昆虫群落，并报道了一些湿地新记录害虫如褐背小萤叶甲（*Galerucella grisescens* Joannis）、台湾小灰蝶（*Zizeeria karsandra*）、千屈菜卷叶象（*Apoderus* sp.）（以上产地湖北武汉湿地公园）、褐萍塘水螟（*Nymphula furbata* Buter）、棉塘水螟（*Nymphula* sp.）、巧妙长须石蛾（*Ecnomus tenellus*）（河北白洋淀）。曾有专家分别报道3种红树林湿地害虫（广州南沙湿地）和2种红树林湿地害虫（福建云霄漳江口红树林自然保护区），丰富了中国湿地昆虫的种类。第二项内容牵涉到湿地生态系统内的植物-害虫-天敌，我国湿地有关捕食、竞争和寄生方面的研究较少，已发表的论文有拟垫跗蝼蝮（*Proreus simulans* Stål）研究，汉寿盘绒茧蜂（*Cotesia hanshouensis* You et

Xiong）生物学观察（湖南洞庭湖湿地），棘禾草螟盘绒茧蜂［*Cotesia chiloniponellae* （You Xiong et Wang）］的某些生物学特性（湖北洞庭湖湿地）。第三项内容因湿地昆虫是生态系统的一员（消费者），昆虫学要配合湿地生态系统服务功能修复还要做大量的基础研究工作。

为解决湿地生态特征的第三项内容，湿地昆虫研究方向如下。

（1）现有研究集中在植物和脊椎动物，对湿地昆虫的研究比较缺乏，而且对各类群的研究很不平衡。应加快对湿地昆虫系统调查的步伐，丰富湿地昆虫物种多样性的数据，保护湿地昆虫多样性（王薛婷等，2013）。

（2）当前，外来植物入侵和自然灾害均会改变湿地植被的自然演替方向，从而影响湿地昆虫的栖息地和多样性。继续深入开展外来植物入侵对湿地昆虫多样性影响的研究，将为湿地昆虫多样性保护和湿地生态恢复打好基础。昆虫多样性受到多种环境因子的共同影响。目前关于昆虫多样性与具体环境因子及其指标的相关性分析研究几乎是空白，需要通过试验进一步验证主要影响因子为昆虫多样性保护及生态恢复提供理论基础（苏兰等，2012）。

参考文献

暴晓，吕宪国，张帆. 2009. 三江平原环形湿地昆虫种类多样性与季节动态[J]. 东北林业大学学
　　报（5）：100-101.

曾爱平，游兰韶，柏连阳. 2009. 茧蜂分类及雄性外生殖器的应用[M]. 长沙：湖南科学技术出
　　版社.

曾爱平，游兰韶，周志成，等. 2007. 斯氏蜜蜂茧蜂的生物学特性[J]. 湖南农业大学学报：自然
　　科学版，33（3）：319-320

陈绍鹄，范毓政. 1983. 中蜂绒茧蜂观察再报[J]. 贵州农业科学（3）：72-73.

陈绍鹄. 1981. 中蜂绒茧蜂观察初报[J]. 贵州农业科学（1）：31-32.

陈绍鹄. 1983. 中蜂绒茧蜂观察再报[J]. 中国蜂业，1：8.

陈树椿. 1999. 中国珍稀昆虫[M]，北京：中国林业出版社.

陈秀芝. 2012. 上海九段沙国家级湿地自然保护区昆虫多样性及其影响因素研究[J]. 上海师范大
　　学学报（自然科学版）（4）：399-409.

陈学新，何俊华，马云. 2000. 中国动物志昆虫纲第37卷膜翅目茧蜂科（二）[M]. 北京：科学
　　出版社.

陈永年农业昆虫学文集编委会. 2014. 陈永年农业昆虫学文集[M]. 长沙：湖南科学技术出版社.

谌电周，曾爱平，陈绍鹄，等. 2011. 贵州仁怀斯氏蜜蜂茧蜂研究[J]. 湖南农业大学学报（自然
　　科学版）（6）：641-644.

戴征凯. 1992. 江苏盐城沿海滩涂珍禽自然保护区的盐生植物[J]. 生物学杂志（3）：21-22.

傅立国. 2001. 中国高等植物[M]. 青岛：青岛出版社.

高慧，彭筱葳，李博，等. 2006. 互花米草入侵九段沙河口湿地对当地昆虫多样性的影响[J]. 生
　　物多样性（5）：400-409.

戈峰. 2008. 昆虫生态学原理与方法[M]. 北京：高等教育出版社.

葛洋，郭苗，曹玉言，等. 2014. 安徽菜子湖湿地鞘翅目昆虫区系分析及多样性研究[J]. 生物学
　　杂志（2）：41-46.

葛洋，郭苗，曹玉言，等. 2014. 长江中下游菜子湖湿地不同生境昆虫群落多样性[J]. 生态学杂
　　志（8）：2 084-2 090.

龚进，王宗典. 1988. 汉寿绒茧蜂生物学观察[J]. 中国生物防治学报，4（2）：91-92.

龚一飞，张其康. 2000. 蜜蜂分类与进化[M]，福州：福建科学出版社.

顾伟，马玲，丁新华，等. 2011. 扎龙湿地不同生境的昆虫多样性[J]. 应用生态学报（9）：2

405-2 412.

湖南省林业厅. 2011. 湖南湿地[M]. 长沙：湖南省美术出版社.

黄安坤，黄玉坤，陈宏，等. 1989. 苇田棘禾草螟幼虫空间分布型与序贯抽样[J]. 植物保护
（4）：28-29.

贾克锋，童翠姣，徐志宏，等. 2015. 衢州乌溪江国家湿地公园昆虫调查及区系分析[J]. 浙江林
业科技（3）：61-67.

姜汉侨，段昌群，杨树华. 2004. 植物生态学[M]. 北京：高等教育出版社.

蒋际宝，赵梅君，胡佳耀，等. 2010. 盐城国家级珍禽自然保护区不同生境的昆虫群落研究[J].
上海师范大学学报（自然科学版）（2）：181-188.

黎九洲，王康民，张振哲. 2008. 陕西省发现中蜂体内寄生蜂——中华绒茧蜂[J]. 蜜蜂杂志
（9）：30.

李后魂. 2009. 河南昆虫志[M]. 北京：科学出版社.

李绍文，孟玉萍，张宗炳，等. 1985. 蜜蜂酯酶同工酶的研究[J]. 昆虫学报（4）：369-374.

李绍文，孟玉萍，张宗炳，等. 1987. 膜翅目昆虫酯酶同工酶的比较研究[J]. 昆虫学报（3）：
266-270.

李永禧，周至宏，王助引. 1995. 灯下昆虫图鉴[M]. 桂林：广西科学技术出版社.

李有泉，王海蓉. 2000. 蜜蜂的起源地再议[J]. 养蜂科技（2）：4-6.

李跃龙，刘大明，何培金. 2014. 洞庭湖的演变、开发和治理简史[M]. 长沙：湖南省美术出
版社.

刘萍，仲雨霞，付必谦，等. 2008. 北京野鸭湖湿地膜翅目群落多样性及生态分布[J]. 首都师范
大学学报（自然科学版）（2）：38-44.

吕士成，孙明，邓锦东，等. 2007. 盐城沿海滩涂湿地及其生物多样性保护[J]. 农业环境与发展
（1）：11-13.

马玲，顾伟，丁新华，等. 2011. 扎龙湿地昆虫群落结构及动态[J]. 生态学报（5）：1 371-
1 377.

马玲，顾伟，王利东，等. 2012. 扎龙湿地的昆虫群落生态位[J]. 林业科学（5）：81-87.

孟阳春，蓝明扬，周志圆，等. 1980. 应用对流免疫电泳测定革螨的食性[J]. 昆虫学报（1）：
9-15.

欧志吉，姜启吴，左平. 2013. 江苏盐城滨海湿地食物网的初步研究[J]. 海洋学报（中文版）
（1）：149-157.

彭筱葳，高慧，董慧琴，等. 2006. 九段沙湿地国家自然保护区不同生境中昼行性昆虫群落研
究[J]. 复旦学报（自然科学版）（6）：784-790.

亓东明，李小艳，孔利，等. 2013. 邛海湿地观赏昆虫资源现状及市场开发建议[J]. 现代农业科
技（13）：280-282.

乔格侠，屈延华，张广学，等. 2003. 中国侧棘斑蚜属（蚜科，角斑蚜亚科）地理分布格局研
究[J]. 动物分类学报，28（2）：210-220.

任顺祥，陈学新. 2012. 生物防治[M]. 北京：中国农业出版社.

尚玉昌. 1998. 行为生物学[M]. 北京：北京大学出版社.

申效诚，邓桂芬. 1999. 鸡公山区昆虫[M]. 北京：中国农业科技出版社.

申效诚，鲁传涛. 2008. 宝天曼自然保护区昆虫 [M]. 北京：中国农业科学技术出版社.

申效诚，裴海潮. 1999. 伏牛山南坡及大别山区昆虫[M]. 北京：中国农业科学技术出版社.

申效诚，任应党，牛瑶. 2014. 河南昆虫志——区系及分布[M]. 北京：科学出版社.

申效诚，时振亚. 1998. 伏牛山区昆虫（一）[M]. 北京：中国农业科学技术出版社.

申效诚，赵永谦. 2002. 太行山及桐柏山区昆虫[M]. 北京：中国农业科学技术出版社.

盛茂领. 2009. 河南昆虫志，膜翅目：姬蜂科[M]. 北京：科学出版社.

苏兰，黄俊浩，吴明，等. 2012. 湿地植被演替中昆虫多样性变化研究进展[J]. 生态学杂志
（6）：1 577-1 584.

孙儒泳. 1992. 动物生态学原理[M]. 北京：北京师范大学出版社.

王珊珊，欧克芳，夏文胜，等. 2012. 武汉市湿地公园昆虫群落多样性及季节动态研究[J]. 环境
昆虫学报（3）：265-276.

王珊珊. 2010. 武汉市园林湿地昆虫群落多样性和季节动态的研究[D]. 武汉：华中农业大学.

王薛婷，徐可成，阮超静，等. 2013. 湿地昆虫多样性与保护研究进展[J]. 中国农学通报，29
（3）：196-198.

王宗典，游兰韶，熊漱琳. 1985. 荻和芦苇害虫及天敌名录[J]. 湖南农学院学报（4）：81-88.

王宗典，游兰韶，杨集昆. 1989. 荻芦害虫与天敌图谱[M]. 北京：轻工业出版社.

文礼章. 2010. 昆虫学研究方法与技术导论[M]. 北京：科学出版社.

吴鸿，潘承文. 2001. 天目山昆虫[M]. 北京：科学出版社.

吴燕如. 2000. 中国动物志昆虫纲第20卷膜翅目准蜂科，蜜蜂科[M]，北京：科学出版社.

武春生. 2010. 河南昆虫志，鳞翅目：刺蛾科、枯叶蛾科、舟蛾科、灯蛾科、毒蛾科、鹿蛾科
[M]. 北京：科学出版社.

谢成章，张友德，徐冠军. 1993. 荻和芦的生物学[M]. 北京：科学出版社.

谢力，朱涤芳. 1989. 十八种赤眼蜂同工酶的比较研究[J]. 昆虫学报（2）：77-81.

谢永宏，张琛，蒋勇. 2014. 洞庭湖湿地生态环境演变[M]. 长沙：湖南科学技术出版社.

忻介六. 1985. 昆虫形态分类学[M]. 上海：复旦大学出版社.

徐冠军，曾宪顺，田春晖. 1991. 棘禾草螟绒茧蜂的某些生物学特性[J]. 华中农业大学学报
（2）：155-159.

徐冠军，曾宪顺，张国安. 1989. 湖北省荻、芦害虫及天敌名录[J]. 华中农业大学学报（增
刊）：89-97.

徐冠军，曾宪顺. 1991. 棘禾草螟绒茧蜂的某些生物学特性[J]. 华中农业大学学报，10（2）：
155-159.

徐冠军. 1989. 芦苇豹蠹蛾的初步研究[J]. 华中农业大学学报（增刊）：80-83.

徐华潮，叶矽仙. 2010. 浙江凤阳山昆虫[M]. 北京：中国林业出版社.

徐可成，王薛婷，张美玲，等. 2014. 杭州西溪国家湿地公园蛾类多样性研究[J]. 浙江农业学报
（2）：388-392.

徐汝梅，成新跃. 2005. 昆虫种群生态学——基础与前沿[M]. 北京：科学出版社.

徐祖荫. 2010. 徐祖荫养蜂论文集[M]. 贵阳：贵阳科学技术出版社.

杨定，王孟卿，朱雅君，等.2010.河南昆虫志，双翅目：舞虻总科[M].北京：科学出版社.

杨星科，王书永，姚建.1997.长江三峡库区昆虫[M].重庆：重庆出版社.

尹少华，张运，储蓉.2014.洞庭湖生态经济区建设与湿地保护研究[M].长沙：湖南大学出版社.

尤平，李后魂，王淑霞.2006.天津北大港湿地自然保护区蛾类的多样性[J].生态学报（4）：999-1 004.

尤平，李后魂.2006.天津湿地蛾类丰富度和多样性及其环境评价[J].生态学报（3）：629-637.

游兰韶，柏连阳，魏美才.2003.天敌昆虫应用原理和方法[M].长沙：湖南科学技术出版社.

游兰韶，谌电周，黄安坤，等.1991.芦苇豹蠹蛾分布型和调查技术研究[J].湖南农业科学（5）：45-47.

游兰韶，黄安坤，黄亚坤，等.1994.芦苇豹蠹蛾形态研究[J].湖南农学院学报（5）：471-473.

游兰韶，黄安坤，黄亚坤.1991.湖南苇田棘禾草螟长体茧蜂记述[J].湖南农业科学（2）：44-45.

游兰韶，黎家文，熊漱琳，等.1999.苍耳螟寄生蜂种类调查及黄眶离缘姬蜂生物学特性研究[J].武夷科学（15）：55-63.

游兰韶，李志文.2003.洞庭湖区皮长角象属一已知种订正（英文）[J].湖南农业大学学报（自然科学版）（4）：311.

游兰韶，邱道寿，肖铁光，等.1997.洞庭湖区苇田拟垫跗螋蝽研究[J].昆虫学报，40（4）：379-387.

游兰韶，王宗典，周至宏.1990.中国绒茧蜂属新种和新纪录（膜翅目：茧蜂科，小腹茧蜂亚科）[J].昆虫学报（2）：237-242.

游兰韶，魏美才，曾爱平.2006.湖南茧蜂志（一）[M].长沙：湖南科学技术出版社.

游兰韶，魏美才，罗庆怀.2015.湖南茧蜂志（二）[M].长沙：湖南科学技术出版社.

游兰韶，熊漱琳，黄安坤，等.1994.芦苇豹蠹蛾的研究[J].昆虫学报（2）：190-195.

游兰韶，熊漱琳，吴建伟，等.1991.芦苇豹蠹蛾空间分布型研究[J].昆虫知识（1）：19.

张海周，王正军，张向欣.2009.野鸭湖湿地自然保护区地表昆虫多样性分析[J].首都师范大学学报（自然科学版）（6）：31-34.

张荣祖.2011.中国动物地理[M].北京：科学出版社.

张星耀，骆有庆.2003.中国森林重大生物灾害[M].北京：中国林业出版社.

张学勤，王国祥，王艳红，等.2006.江苏盐城沿海滩涂淤蚀及湿地植被消长变化[J].海洋科学（6）：35-39.

章士美.1996.昆虫地理学概论[M].南昌：江西出版社.

赵红启，武成珠，禹明甫，等.2009.宿鸭湖人工湿地昆虫群落结构初探[J].湖南农业科学（9）：78-79.

赵运林，董萌.2014.洞庭湖生态系统服务功能研究[M].长沙：湖南大学出版社.

中华人民共和国濒危物种进出口管理办公室.2002.常见贸易鸟类识别手册[M].北京：中国林

业出版社.

中华人民共和国国际湿地公约履约办公室. 2013. 湿地保护管理手册[M]. 北京：中国林业出版社.

钟声，杨乔. 2014. 洞庭湖区生态环境变迁史[M]. 长沙：湖南大学出版社.

仲雨霞，付必谦. 2013. 北京白河湿地夏季昆虫群落的多样性及空间分布格局[J]. 首都师范大学学报（自然科学版）（5）：18-26.

周萍. 2002. 中国民间百草良方[M]. 长沙：湖南科学技术出版社.

朱莹，孔磊，张霄，等. 2014. 江苏盐城滩涂湿地植物区系及植物资源研究[J]. 生物学杂志（5）：71-75.

Ali A，Leckel Jr R J，Jahan N，et al. 2009. Laboratory and field investigations of pestiferous chironomidae （Diptera） in some man-made wetlands in central Florida，USA[J]. Journal of the American Mosquito Control Association，25（1）：94-99.

Almeida S M，dos Anjos-Silva E J. 2015. Associations between birds and social wasps in the pantanal wetlands[J]. Revista Brasileira de Ornitologia，23（3）：305-308.

Anderson J T，Smith L M. 2004. Persistence and colonization strategies of playa wetland invertebrates[J].Hydrobiologia，513（1-3）：77-86.

Baker J D，Cruden R W. 1991. Thrips-mediated self-pollination of two facultatively xenogamous wetland species[J]. American Journal of Botany，78（7）：959-963.

Batzer Darold P，Wissinger Scott A. 1996. Ecology of insect communities in nontidal wetlands[J]. Annual review of entomology，41（1）：75-100.

Benvenuti S，Benelli G，Desneux N，et al. 2016. Long lasting summer flowerings of as honeybee-friendly flower spots in Mediterranean basin agricultural wetlands[J]. Aquatic Botany，131：16.

Bernard R，Schmitt T. 2010. Genetic poverty of an extremely specialized wetland species，Nehalennia speciosa：Implications for conservation （Odonata：Coenagrionidae）[J]. Bulletin of Entomological Research，100（4）：405-413.

Blossey B，Skinner L C，Taylor J. 2001. Impact and management of purple loosestrife in North America[J]. Biodiversity and Conservation，10（10）：1 787-1 807.

Boix D，Sala J，Gascón S，et al. 2007. Comparative biodiversity of crustaceans and aquatic insects from various water body types in coastal Mediterranean wetlands[J]. Hydrobiologia，584（1）：347-359.

Brady V J，Cardinale B J，Gathman J P，et al. 2002. Does facilitation of faunal recruitment benefit ecosystem restoration? An experimental study of invertebrate assemblages in wetland mesocosms[J]. Restoration Ecology，10（4）：617-626.

Brigić A，Vujčić-Karlo S，Kepčija R M，et al. 2014. Taxon specific response of carabids （Coleoptera，Carabidae） and other soil invertebrate taxa on invasive plant Amorpha fruticosa in wetlands[J]. Biological Invasions，16（7）：1 497-1 514.

Burroni N E，Marinone M C，Freire M G，et al. 2011. Invertebrate communities from different wetland types of Tierra del Fuego[J]. Insect Conservation and Diversity, 4（1）: 39-45.

Cepeda-Pizarro J, Pola P M, González C R. 2015. Effect of the summer phenological phase on some characteristics of the assemblage of Diptera registered in an Andean wet pasture of the transitional desert of Chile[J]. Idesia, 33（1）: 49-58.

Chessman B C, Hardwick L. 2014. Water regimes and macroinvertebrate assemblages in floodplain wetlands of the murrumbidgee river, Australia[J]. Wetlands, 34（4）: 661-672.

Elginga R.J. 1988. 昆虫学基础[M]. 刘联仁，译. 成都：四川科学技术出版社.

Fattorini S, Vigna Taglianti A. 2015. Use of taxonomic and chorological diversity to highlight the conservation value of insect communities in a Mediterranean coastal area: the carabid beetles（Coleoptera, Carabidae）of Castelporziano（Central Italy）[J]. Rendiconti Lincei, 26: 625-641.

Garono R J, Kooser J G. 2001. The relationship between patterns in flying adult insect assemblages and vegetation structure in wetlands of Ohio and Texas[J]. Ohio Journal of Science, 101（2）: 12-21.

Gressitt J Linsley. 1958. Zoogeography of insects[J]. Annual Review of Entomology, 3（1）: 207-230.

H. De Saeger. 1946. Euphorinae（Hymenoptera, Apocrita, Braconidae）, Exploration da Parc National Albert[J]. Mission G F De Witte, 50: 189-196.

Heimpel George E, 2008. Casas Jérôme, 'Parasitoid Foraging and Oviposition Behavior in the Field', in Behavioral Ecology of Insect Parasitoids[M]. Blackwell Publishing Ltd. 52-70.

Hilker Monika, McNeil Jeremy. 2008. 'Chemical and Behavioral Ecology in Insect Parasitoids: How to Behave Optimally in a Complex Odorous Environment', in Behavioral Ecology of Insect Parasitoids[M]. Blackwell Publishing Ltd. 92-112.

Hocking D J., Babbitt K J., Hocking D J. 2014. Amphibian contributions to ecosystem services[J]. Herpetological Conservation and Biology, 9（1）: 1-17.

Horak J, Safarova L. 2015. Effect of reintroduced manual mowing on biodiversity in abandoned fen meadows[J]. Biologia（Poland）, 70（1）: 113-120.

Jordan K. 1913. The Anthribidae in the Indian Museum [J]. Records of the Indian Museum, 9（11）: 203-216.

Johnson S R, Knapp A K. 1996. Impact of *Ischnodemus falicus*（Hemiptera: Lygaeidae）on photosynthesis and production of *Spartina pectinata* wetlands[J]. Environmental Entomology, 25（5）: 1 122-1 127.

Karraker N E. 2013. Shading mediates the interaction between an amphibian and a predatory fly[J]. Herpetologica, 69（3）: 257-264.

Kim D G, Kang H J, Baek M J, et al. 2014. Analyses of benthic macroinvertebrate colonization during the early successional phases of created wetlands in temperate Asia[J].

Fundamental and Applied Limnology, 184（1）: 35-49.

Kim M, Yoo J. 2012. Diet of yellow bitterns（*Ixobrychus sinensis*）during the breeding season in South Korea[J]. Journal of Ecology and Field Biology, 35（1）: 9-14.

Konishi Kazuhiko, Choi Moon-Bo, Lee Jong-Wook. 2012. Review of the East Asian species of the genera Hybrizon Fallén and *Ghilaromma Tobias*（Hymenoptera: Ichneumonidae: Hybrizontinae）[J]. Entomological Research, 42（1）: 19-27.

Lan-shao You, Zhi-hong Zhou. 1991. A new species of Bracteodes attacking Fabricius 1793（Hymenoptera, Braconidae, Euphorinae）[J]. Entomofauna, 12（13）: 157-164.

Lanshao You, Shulin Xiong, Zongdian Wang. 1988. Annotated list of *Apanteles* Foerster（Hymenoptera: Braconidae）from China[J]. Acta. Ent.Sinica., 38（1）: 103-105.

Latif M A, Omar M Y, Tan S G, et al. 2012. Food assimilated by two sympatric populations of the brown planthopper *Nilaparvata lugens*（Delphacidae）feeding on different host plants contaminates insect DNA detected by RAPD-PCR analysis[J]. Genetics and Molecular Research, 11（1）: 30-41.

Lencinas M V, Martínez Pastur G, Anderson C B, et al. 2008. The value of timber quality forests for insect conservation on Tierra del Fuego Island compared to associated non-timber quality stands[J]. Journal of Insect Conservation, 12（5）: 461-475.

Levins Richard. 1966. The strategy of model building in population biology[J]. American scientist, 54（4）: 421-431.

Lundström J O, Schäfer M L, Petersson E, et al. 2010. Production of wetland Chironomidae（Diptera）and the effects of using *Bacillus thuringiensis israelensis* for mosquito control[J]. Bulletin of Entomological Research, 100（1）: 117-125.

Maltchik L, Dalzochio M S, Stenert C, et al. 2012. Diversity and distribution of aquatic insects in Southern Brazil wetlands: Implications for biodiversity conservation in a Neotropical region[J]. Revista de Biologia Tropical, 60（1）: 273-289.

Martay B, Hughes F, Doberski J. 2012. A comparison of created and ancient fenland using ground beetles as a measure of conservation value[J]. Insect Conservation and Diversity, 5（4）: 251-263.

Matos B, Obrycki J J. 2007. Evaluation of mortality of L.（Coleoptera: Chrysomelidae）preimaginal life stages and pupal survival at two wetlands in Iowa[J]. Journal of the Kansas Entomological Society, 80（1）: 16-26.

Müller Adolf. 1965. Schuppenuntersuchungen an Cossiden（Ins. Lep.）[J]. Deutsche Entomologische Zeitschrift, 12（3）: 181-271.

Nagahama Y, Nishimura K, Yamanishi H. 2015. Effect of trenches on the habitat of aquatic organisms in a salt marsh in Saga, Japan[J].Lowland Technology International, 17（3）: 189-195.

Nakamjorn S P, Guthrie W D, Young W R. 1978. *Proreus simulans*: an earwig predator of the tropical corn borer, *Ostrinia furnacalis*[J]. Iowa State Journal of Research（USA）, 52

（3）：277-282.

Nötzold R，Blossey B，Newton E. 1998. The influence of below ground herbivory and plant competition on growth and biomass allocation of purple loosestrife[J]. Oecologia，113（1）：82-93.

Ode P J. 2013. chemical Ecology of Insert Parasitoids[M]. John wiley & sons Inc.

Panatta A.，Stenert C.，Fagondes de Freitas S. M.，et al. 2006. Diversity of chironomid larvae in palustrine wetlands of the coastal plain in the south of Brazil[J]. Limnology，7（1）：23-30.

Pryke J S，Samways M J，De Saedeleer K. 2015. An ecological network is as good as a major protected area for conserving dragonflies[J]. Biological Conservation，191：537-545.

Pryke J S，Samways M J. 2009. Conservation of the insect assemblages of the Cape Peninsula biodiversity hotspot[J]. Journal of Insect Conservation，13（6）：627-641.

Remsburg Alysa J，Turner Monica G. 2009. Aquatic and terrestrial drivers of dragonfly（Odonata）assemblages within and among north-temperate lakes[J]. Journal of the North American Benthological Society，28（1）：44-56.

Ruizhi Zhang，Zongdian Wang，Xiafu Shuai. 1994. A discription of a new species injuring *Triarrhena lutarioriparia*（Coleoptera：Anthribidae）[M]. Beijing：Agricultural Scientech Press.

Robertson T L，Weis J S A. 2005. comparison of epifaunal communities associated with the stems of salt marsh grasses *Phragmites Australis* and *Spartina alterniflora*[J].Wetlands，25（1）：1-7.

Salis S M，de Jesus E M，dos Reis V D A.，et al. 2015. Floral calendar of honey plants native to the western pantanal wetlands in the state of mato grosso do sul，Brazil[J]. Pesquisa Agropecuaria Brasileira，50（10）：861-870.

Santi E，Mari E，Piazzini S，et al. 2010. Dependence of animal diversity on plant diversity and environmental factors in farmland ponds[J]. Community Ecology，11（2）：232-241.

Santos J C，Almeida-Cortez J S，Fernandes G W. 2011. Diversity of gall-inducing insects in the high altitude wetland forests in Pernambuco，Northeastern Brazil[J]. Brazilian Journal of Biology，71（1）：47-56.

Schäfer M L，Lundkvist E，Landin J，et al. 2006. Influence of landscape structure on mosquitoes（Diptera：Culicidae）and dytiscids（Coleoptera：Dytiscidae）at five spatial scales in Swedish Wetlands[J]. Wetlands，26（1）：57-68.

Schriever T A，Williams D D. 2013. Influence of pond hydroperiod，size，and community richness on food-chain length[J]. Freshwater Science，32（3）：964-975.

Shaw M R，Huddleston T. 1991. Classification and biology of braconid wasps.[J]. Handbk IdentBrIns，7（11）：11-26

Sheldon F，Puckridge J T. 1998. Macroinvertebrate assemblages of Goyder Lagoon，Diamantina river，South Australia[J]. Transactions of the Royal Society of South Australia，

122（1-2）：17-31.

Smith D R，Hagen R H. 1996. The biogeography of Apis cerana as revealed by mitochondrial DNA sequence data.[J]. Journal of the Kansas Entomological Society，69（4）：294-310.

Sota T，Bocak L，Hayashi M. 2008. Molecular phylogeny and historical biogeography of the Holarctic wetland leaf beetle of the genus *Plateumaris*[J].Molecular Phylogenetics and Evolution，46（1）：183-192.

Somme L，Mayer C，Jacquemart A L. 2014. Multilevel spatial structure impacts on the pollination services of （Rosaceae）[J]. PLoS ONE，9（6）：e99295.

Sychra J，Adámek Z，Petřivalská K. 2010. Distribution and diversity of littoral macroinvertebrates within extensive reed beds of a lowland pond[J].Annales de Limnologie，46（4）：281-289.

Tewksbury L，Casagrande R，Blossey B，et al. 2002. Potential for biological control of *Phragmites australis* in North America[J].Biological Control，23（2）：191-212.

Truxa C，Fiedler K. 2012. Down in the flood? How moth communities are shaped in temperate floodplain forests[J]. Insect Conservation and Diversity，5（5）：389-397.

Tsachalidis E P，Goutner V. 2002. Diet of the White Stork in Greece in relation to habitat[J]. Waterbirds，25（4）：417-423.

Tschinkel W R，Murdock T，King J R，et al. 2012. Ant distribution in relation to ground water in north Florida Pine Flatwoods[J]. Journal of Insect Science，12（114）：1-20.

van Achterberg C. 1999. The West Palaearctic species of the subfamily Paxylommatinae （Hymenoptera：Ichneumonidae），with special reference to the genus *Hybrizon* Fallén[J]. Zoologische Mededeelingen，73：11-26.

van Achterberg Kees，You Lan-Shao，Xi-Ying Li. 2013. *Hybrizon* Fallén （Hymenoptera，Ichneumonidae，Hybrizoninae） found in Hunan （China）[J]. Journal of Hymenoptera Research，30：65.

van Belleghem S M，Hendrickx F A. 2014. tight association in two genetically unlinked dispersal related traits in sympatric and allopatric salt marsh beetle populations[J].Genetica，142（1）：1-9.

Vandereycken A，Durieux D，Joie É，et al. 2012. Habitat diversity of the Multicolored Asian ladybeetle *Harmonia axyridis* Pallas （Coleoptera：Coccinellidae） in agricultural and arboreal ecosystems：A review[J]. Biotechnology，Agronomy and Society and Environment，16（4）：553-563.

Vet Louise E M，Godfray H C J. 2008. Multitrophic Interactions and Parasitoid Behavioral Ecology[M]. Blackwell Publishing Ltd，229-252.

Villagrán-Mella R，Aguayo M，Parra LE，et al. 2006. Relationship between habitat characteristics and insect assemblage structure in urban freshwater marshes from central-south Chile[J]. Revista Chilena de Historia Natural，79（2）：195-211.

Vinnersten T Z P，Östman O，Schäfer M L，et al. 2014. Insect emergence in relation to floods in wet meadows and swamps in the River Dalälven floodplain[J].Bulletin of Entomological Research, 104（4）：453-461.

Wajnberg Éric, Bernstein Carlos, Alphen Jacques van. 2008. Behavioral Ecology of Insect Parasitoids：From Theoretical Approaches to Field Applications[M].Blackwell Publishign Ltd., Oxford.

Walker A K, Joshi N K, Verma S K. 1990. The biosystematics of Syntretomorpha szaboi Papp （Hymenoptera：Braconidae：Euphorinae） attacking the Oriental honey bee, Apis cerana Fabricius. （Hymenoptera：Apidae）, with a review of braconid parasitoids attacking bees. [J]. Bulletin of Entomological Research, 80（1）：79-84.

Wang Z F, Hamrick J L, Godt M J W. 2004. High genetic diversity in *Sarracenia leucophylla* （Sarraceniaceae）, a carnivorous wetland herb[J]. Journal of Heredity, 95（3）：234-243.

Webb M R, Pullin A S. 1998. Effects of submergence by winter floods on diapausing caterpillars of a wetland butterfly, *Lycaena dispar* batavus[J].Ecological Entomology, 23（1）：96-99.

Whitehouse N J, Langdon P G, Bustin R, et al. 2008. Fossil insects and ecosystem dynamics in wetlands：Implications for biodiversity and conservation[J]. Biodiversity and Conservation, 17（9）：2 055-2 078.

Wieder R K, Bennett C A, Lang G E. 1984. Flowering phenology at Big Run Bog, West Virginia[J]. American Journal of Botany, 71（2）：203-209.

Wirioatmodjo B. 1980. Biology of Phragmataecia castanea, the giant borer of Sumatra, Indonesia[J]. Majalah Perusahaan Gula, 16（1）：18-21.

Wratten S, Sandhu H, Cullen R, et al. 2013. Ecosystem Services in Agricultural and Urban Landscapes[M]. Ecosystem Services in Agricultural and Urban Landscapes.

Xiong LH, Wu X, Lu J J. 2010. Bird predation on concealed insects in a reed-dominated estuarine tidal marsh[J]. Wetlands, 30（6）：1 203-1 211.

Yangihura M. 1936. Results of studies on the distibution of soil insects of sugar cane field in Fomosa（in Japanese）[J]. Formosan Sugar plant Association, 14（9）：341-424.